有机农业种植技术研究

汪利章◎著

天津出版传媒集团
天津科学技术出版社

图书在版编目（CIP）数据

有机农业种植技术研究 / 汪利章著. -- 天津 ： 天津科学技术出版社，2021.5

ISBN 978-7-5576-9212-4

Ⅰ. ①有… Ⅱ. ①汪… Ⅲ. ①有机农业－农业技术－研究 Ⅳ. ①S345

中国版本图书馆CIP数据核字(2021)第081999号

有机农业种植技术研究

YOUJI NONGYE ZHONGZHI JISHU YANJIU

责任编辑：吴　頔

责任印制：兰　毅

出　　版：天津出版传媒集团
　　　　　天津科学技术出版社

地　　址：天津市西康路35号

邮　　编：300051

电　　话：（022）23332377（编辑部）

网　　址：www.tjkjcbs.com.cn

发　　行：新华书店经销

印　　刷：北京时尚印佳彩色印刷有限公司

开本 710×1000　1/16　印张 18.5　字数 240 000

2021 年 5 月第 1 版第 1 次印刷

定价：68.00 元

前　言

我国是农业大国,农业是国民经济的基础,在过去的70多年里,我国农业取得了巨大的成就。用占世界7%的耕地养活了占世界22%的人口,实现了农产品供给由长期短缺到总量的基本平衡、丰年有余的历史性转变。但是,由于农药、化肥等在农业生产中的大量使用,食品安全性问题越来越引起消费者的普遍关注。无污染的健康食品成为人们的首选,在这一浪潮的推动下,有机农业和有机食品得到快速发展。

随着人口的迅速增长和工业化程度的提高,中国农业正在承受自然资源、环境保护和食品安全的巨大压力。有机农业生产方式将作为保障食品安全、保护农村生态环境和维持农业可持续发展的有效方法来改变现代农业生产方式对农产品安全和农业环境保护的不良影响。

有机农业是以有机生产方式从事种植、养殖和加工的综合生产体系。有机农业起源于发达国家,它不仅仅是一种全新的思想、全新的生产模式和管理方式,更是一种全新的思想。于20世纪90年代引进中国,这对推广采用国际标准,加强农业质量标准体系建设,创建农产品标准化生产基地,提高中国农产品质量,建设社会主义新农村等具有重要的现实意义和深远的历史意义。

在中国研究和实践有机农业已经有30年的历史,在这30年中,中国有机农业经历了起步、探索、发展的过程,初步显现出良好的经济、生态和社会效益,成为中国安全农产品认证和发展的模式之一。中国有机农业在经过自由发展到自觉发展,从无序到有序的过程,已经由松散的民间行为转向为政府的鼓励和引导;《有机产品标准》、《有机产品认证管理办法》和《有机产品认证实施规则》等一系列法律法规和监管制度的实施,标志着中国有机农业开始进入规范化、法制化发展的轨道,总结中国有机农业30年的发展的成绩和不足,为将来中国有机农业健康、持续发展奠定基础。

汪利章　著

杭州市富阳区职业高级中学

目 录

第一章 有机农业基础

第一节 有机农业的概念及发展

一、有机农业和有机产品的概念

"有机农业"一词是由英文词组"Organic Agriculture"直译过来的，国际有机农业运动联盟（International Federation of Organic Agriculture Movement，简称 IFOAM）、欧盟、美国等许多国家都对有机农业下有定义，虽有区别，但大同小异。

"有机农业"（Organic Agriculture）是国际上最具生命活力的、可持续农业的替代生产方式，世界各国将其作为可持续农业的先进代表，根据国情和对有机农业关注点的差异，形成了相对一致的理念和概念。综合国际上对有机农业的理解，将对有机农业的概念进行定义。

有机农业（在有些国家也称生态农业、生物农业）是遵照有机农业生产标准，在生产中不采用基因工程获得的生物及其产物，不使用任何化学合成的农药、化肥、生长调节剂、饲料添加剂等物质，而是遵循自然规律和生态学原理，协调种植业和养殖业的平衡，采用一系列可持续发展的农业技术，维持稳定的农业生产过程。在种植生产中，生产技术的关键是依靠有机肥料和生物肥料来满足作物生长对养分的需求，同时必须利用生物防治措施，如生物农药、天敌等，进行病虫害的防治。

有机食品（在有些国家也称生态食品、自然食品）是指来自于有机农业生产体系，根据有机农业生产要求和相应的标准生产加工，并通过独立的有机认证机构认证的农副产品，包括粮食、蔬菜、水果、奶制品、禽畜产品、蜂产品、水产品、调料、药物和酒类等。[①]除有机食品外，还有非食品类的其他有机方式生产的产品，如有机化妆品、有机林产品、有机纺织品等。有机食品和其他有机方式生产出的产品统称为有机产品。此外，在不少国家和地区，还对供有机农业生产使用的有机肥料、生物农药等实施有机产品认证。

二、世界有机农业发展现状

(一)世界有机农业的起源

从世界范围看，有机农业自提出至今已有近百年历史，其间大约经历了4个阶段。

1.第一阶段为启蒙阶段(1900—1970年)。有机农业的历史最早可以追溯到1909年，当时美国农业土地管理局局长King考察了中国的农业，并总结出中国农业数千年兴盛不衰的经验，于1911年写成了《四千年的农民》一书。书中指出中国农业兴盛不衰的关键在于中国农民的勤劳、智慧和节俭，善于利用时间和空间提高土地利用率，并以人畜粪便和农场废弃物堆积沤制成肥料等还田培养地力。

1924年德国的鲁道夫·施泰纳(Rudolf Steiner)开设了"农业发展的社会科学基础"课程，其理论核心为：人类作为宇宙平衡的一部分，为了生存必须与环境协调一致；企业作为个体和有机体，应饲养反刍动物，使用生物动力制剂，重视宇宙周期。20世纪30年代，瑞士的汉斯·米勒(Hans Mueller)积极推进有机生物农业(organic-biological agriculture)，他的目标是：保证小农户不依赖外部投入而在经济上能独立进行生产，施用厩肥以保持土壤肥力。玛丽亚·米勒(Maria Mueller)是将汉斯·米勒的理论应用到果园生产系统的先锋。汉斯·拉什(Hans Peter Rush)强调厩肥对培肥地力的作用，丰富了通过土壤生物保持土壤肥力、促进有机物质循环的理论。汉斯·米勒和汉斯·拉什为有机生物农业奠定了理论基础，使有机生物农业在德语国家和地区得到发展。

英国植物学家霍华德爵士(Sir Albert Howard)被认为是现代有机农业(organic farming)的奠基人。1935年，他出版了《农业圣典》一书，

---

①东明.有机食品生产的基本要求[J].福建质量信息,2001(2):22.

论述了土壤健康与植物、动物健康的关系,奠定了堆肥的科学基础。20世纪40年代,美国的罗代尔(J. I. Rodale)受霍华德的影响,开始了有机园艺的研究和实践,成为美国有机农业的创始人。英国的伊夫·鲍尔费夫人(Lady Eve Balfour)第一个开展了常规农业与自然农业方法比较的长期试验。在她的推动下,1946年英国土壤协会成立。该协会根据霍华德的理论,提倡将有机质返还给土壤,保持土壤肥力,以实现生物平衡。

2.第二阶段为发展阶段(1970—1990年)。20世纪60—70年代,由于"石油农业"在世界上快速发展,导致自然资源,特别是不可再生资源的浪费和逐渐枯竭,以及因大量使用现代技术和不合理利用自然资源而带来的对环境和生态的破坏,已经对人类的生存造成了不可逆转的影响。有机农业在这样的背景下被作为有效保护人类与自然的方法提到了议事日程中。在这一时期,有机农业的理论研究和实践在世界范围内得到了扩展。有机农业、有机生物农业、生物动力农业、生态农业、自然农业等概念得到扩展,研究更加深入,实践活动更为活跃。

1970年,美国的威廉姆·奥尔布雷克特(William Albrecht)提出了生态农业(ecological agriculture)的概念,将生态学的基本原理纳入了有机农业的生产系统。英国土壤协会于20世纪70年代在国际上率先创立了有机产品的标志、认证和质量控制体系。1972年,国际上最大的有机农业民间机构——国际有机农业运动联盟(IFOAM)成立,标志着国际有机农业进入了一个新的发展时期。世界上一些主要的有机农业协会和研究机构,如法国国家农业生物技术联合会(FNAB)和瑞士的有机农业研究所(FiBL)等,都成立于20世纪70—80年代。这些组织和机构在规范有机农业生产和市场,推进有机农业研究和普及上起到了积极的作用。

这一时期的有机农业发展有如下特点:一是通过发展组织会员,扩大有机农业在全球的影响和规模;二是通过制定标准,规范有机农业生产技术;三是通过制定认证方案,提高有机农业的信誉。由于有机农业运动是各国民间组织或个人自发开展的,加上自身具有的分散性和不稳定性的缺点,因而这一时期有机农业的发展仍然比较缓慢,其影响也没有得到大多数国家政府的足够重视和支持。在此期间,德国、英国、法国、瑞典以及美国等国家的农民自发地开展了许多有机农业活动,积累了一定的实践经验。

3.第三阶段为增长阶段(1990—2000年)。20世纪90年代后,世界有机农业进入快速增长期,已成为一种全球性的运动。各国政府或机构纷纷颁布有机农业法规或标准,政府与民间机构共同推动有机农业的发展。目前,世界上许多国家都有有机食品生产组织、加工企业、贸易团体以及研究、培训、认证机构。在上述机构和组织的推动下,有机农业生产运动正在日益扩大,并得到一些国家政府的认可和支持。从区域上看,欧洲、北美、日本、澳大利亚起步较早,发展也较快。东南亚地区虽然起步较晚,但近几年发展也较为迅速。

1990年美国联邦政府颁布了"有机食品生产条例"。欧盟委员会于1991年通过了欧盟有机农业法案(EU2092/91),1993年成为欧盟法律,在欧盟15个国家统一实施。北美国家、澳大利亚、日本等主要有机产品生产国,相继颁布和实施了有机农业法规。1999年,国际有机农业运动联盟(IFOAM)与联合国粮农组织(FAO)共同制定了"有机农业产品生产、加工、标志和销售准则",对促进有机农业的国际标准化生产有着十分积极的意义。

中国于2005年4月出台了GB/T19630—2005《有机产品》,对有机生产、加工、标志和销售以及管理体系4个方面进行了明确的规定。目前世界上已有约60个国家制定了有机农业标准或法规。各国政府通过立法来规范有机农业生产,使公众生态、环境和健康意识得到增强,扩大了对有机产品的需求规模,有机农业在研究、生产和贸易上都获得了前所未有的发展。

4.第四阶段为全面平稳发展阶段(2000年至现在)。从21世纪开始,一方面由于长期发展已经奠定了良好的基础;另一方面则是受到发展潜力、生产成本等的限制,发达国家自身的有机农业虽然还在继续明显发展,但已经开始呈现出逐渐平稳的趋势,而对有机产品特别是有机食品的需求却仍在不断增长。在这样的形势下,发达国家对发展中国家有机产品的需求持续增加,从而加大了从发展中国家进口有机产品的力度。与此同时,一些发展比较快的发展中国家也出现了一批对有机产品有着相当强烈需求的群体,促进了发展中国家国内有机产品市场,特别是有机食品市场的起步和发展。在这样的形势下,中国等一些发展中国家的有机农业和有机产品事业出现了快速发展的势头。从2005年中国的IFOAM会员数已经仅次于德国和意大利而名列全球第三这一现象,即可看出以中国为代表的发展中国家有机事业的发展趋势。

部分发展中国家的国内有机产品市场的兴起和发展,有着深远的历史意义,它标示着有机事业在全球的全面展开。但与发达国家的市场份额相比,发展中国家的国内市场占全球有机市场的份额还是相当低的,因此对全球有机产品市场尚未产生显著影响。可以说,世界的有机事业已经进入了一个全面展开又相对平稳发展的阶段。而且由于发达国家与发展中国家在认证、市场准入等方面还需要有一个适应和协调的过程,而发展中国家在开拓有机农业和有机产品市场中也需要有一个逐渐规范和与国际进一步接轨的过程,因此,当前的这一阶段将会持续相当一段时间。

(二)世界有机农业发展现状

1.全球有机农业生产。20世纪70年代以来,以生态环境保护和安全农产品生产为主要目的,有机农业/生态农业在欧、美、日以及部分发展中国家得到快速发展,特别是20世纪90年代以来,有机农业在全球得到了飞速发展,目前世界上约有120个国家在进行有机农业生产,全球有机农业生产和贸易的份额占1%左右。

目前全球有机农业的统计工作主要是由一些研究机构进行的,由于缺乏各国官方有机农业统计数据,因此资料和信息的收集工作具有相当的难度。自1999年开始,德国的生态和农业基金会(SOEL)和瑞士的有机农业研究所(FiBL)开始进行全球有机农业数据的统计,并每年在德国纽伦堡市召开的全球性的BioFach展会上公布年度最新统计数据。自2003年开始,IFOAM开始与这两个机构合作进行数据统计方面的工作,并每年公布最新的统计结果。

截至2018年年底,根据瑞士有机农业研究所(FiBL)对世界范围内有机产业发展的调查研究,共获取了 186 个国家/地区(2016 年为 178 个国家/地区;2015 年为 179 个国家/地区;2014 年为 172 个国家/地区)的有机农业数据。

2018 年,全球以有机方式管理的农地面积为 7150 万公顷(包括处于转换期的土地)。有机农地面积最大的两个大洲分别是大洋洲(3600 万公顷,约占世界有机农地的一半)以及欧洲(1560 万公顷,22%)。拉丁美洲拥有 800 万公顷(11%),其次是亚洲(650 万公顷,9%),北美洲(330 万公顷,5%)和非洲(200 万公顷,3%)。有机农地面积最大的三个国家分别是澳大利亚(3570 万公顷)、阿根廷(360 万公顷)和中国(310 万公顷)。除了有机农业用地外,还有专门用于其他生产形式的有机土地,其中大部分面积为野生采集和养蜂业用地。其他形式还有非农业用地的水产养殖、森林和天然牧场。这些非农业用地的总面积超过 3570 万公顷。

从全球有机农地的发展来看,全球范围内,有机农地占比为 1.5%——列支敦士登的有机农地比例最高,为 38.5%。从地域上来看,在总农业用地中有机农地占比最高的两个大洲分别是大洋洲(8.6%)和欧洲(3.1%,其中欧盟有机农地占比为 7.7%)。一些国家的有机农地份额占比远远高于全球:列支敦士登(38.5%)和萨摩亚(34.5%)的有机农地占比最高。有 16 个国家,其国内至少 10% 以上的农业用地是有机耕作的。

2018 年,全球有机农地面积增加了 200 万公顷,增长率为 2.9%。许多国家有机农地面积增长显著,例如法国(增长 16.7%,超过 27 万公顷)和乌拉圭(增长 14.1%,将近 24 万公顷)。各大洲的有机农地面积都有所增长:欧洲农地面积增长了近 125 万公顷(增长 8.7%);亚洲有机农地面积增加了 54 万公顷,增长了将近 8.9%;非洲有机农地面积增加超过 4000 公顷,增长了 0.2%;拉丁美洲有机农地面积增加了 13000 公顷,增长了 0.2%;北美洲有机农地面积增加了近 10 万公顷,增长超过 3.5%;大洋洲有机农地面积增加超过 10 万公顷,增长了 0.3%。

2.全球有机产品市场。到 20 世纪 90 年代末,欧、美、日已经成为世界上主要的生态标志型农产品消费市场,而发展中国家出口拉动型的有机农业增长迅速,国内市场随经济的发展也在逐步形成。从发展的规模和数量上看,国民环保意识较强的欧洲、日本、美国等有机食品生产和需求发展较快。2018 年,全球有机市场的销售额已超过了 950 亿欧元,最大的有机产品市场是美国(406 亿欧元)、德国(109 亿欧元)和法国(91 亿欧元)。其中,最大的单一市场是美国(占全球市场的42%),其次是欧盟(373 亿欧元,38.5%)和中国(81 亿欧元,8.3%)。此后,该比例虽然略有变动,但目前的有机市场仍然主要集中在发达国家,并且在相当程度上要依赖从发展中国家进口。在亚洲国家,有机农产品的国内市场还非常小,仅在生活水平较高的大中城市出现,绝大部分有机产品与常规产品的差价在 10%～50% 之间,高的也可达到3～4 倍。

为何有机产品的需求仅集中在少数几个国家/地区呢?据分析,主要原因有两点:首先,目前有机产品的高价使得其只能局限于高消费能力的市场。这也是为什么发展中国家有机产品的消费人群主要集中在中产阶层或大城市中的原因;其次,消费者的教育背景和对有机产品的认知程度也是关键因素。例如有农业或食品教育背景的消费者会更倾向于购买有机产品,因为这部分人群更关注食品安全、环保或健康等问题。但随着有机生产在全球的发展,一些发展中国家的国内有机产品消费市场也正在悄然出现。

3.国际有机农业法规与政策。国际有机农业和有机农产品的法规与管理体系主要分为三个类型:一是国际标准及规定;二是国家标准及法规;三是认证机构标准及规定。

在 20 世纪 80 年代,国际有机农业运动联盟(IFOAM)制定并首次发布了"有机生产和加工的基本标准",经过不断的修改、完善,该标准已成为许多民间机构和政府机构在制定或修订它们自己的标准或法规时的主要参考依据。联合国粮农组织和世界卫生组织联合成立的食品法典委员会(Codex Alimentarius Commission)也于 1999 年通过了"有机食品生产、加工、标识及销售指南"。

进入 20 世纪 90 年代后,随着有机食品市场的兴起和国际贸易的增加,各国政府开始关注有机食品生产和销售的标准化。国家层次的有机农业标准以美国、欧盟和日本为代表。1990年,美国颁布了《有机农产品生产法案》,美国有机农业标准于2002年8月正式执行。1993年,欧盟发布了有机农业条例 EU 2092/91,适用于其成员国的所有有机农产品的生产、加工和贸易(包括进口和出口)。日本于2000年4月份推出了《日本有机农业法》,并于2001年4月正式执行。中国于2005年颁布了有机产品国家标准《GB/T19630有机产品》,同时出台了中国有机认证的管理规范。目前世界上已有约60个国家制定了国家有机标准及认证规范。

世界上很多有机认证机构早在国家有机标准出台之前已经制定了机构自有的认证标准和认证标志。有部分较专业、权威的认证机构的标志早在消费者中产生了深刻的影响,并且是当地有机市场发展的主要推动力。目前世界上共约有400多个认证机构从事有机认证工作,主要分布在欧洲、北美和亚洲。

(三)欧洲有机农业的发展现状

1.欧洲有机农业生产。自20世纪90年代开始,有机农业在欧洲所有国家开始迅速发展:有机农场的数目和有机土地的面积不断扩大,有机市场不断增长,政策支持和研究事业也都在不断发展中。统计表明,整个欧洲已有超过17万个有机农场,总面积超过$670×10^4hm^2$;其中欧盟国家有约14万个有机农场,总面积超过$580×10^4hm^2$,约占欧盟农场总数目的1.5%、农田总面积的3.4%。

由于一些新的成员国的加入,欧盟有机农业的统计数据比前几年有了明显的增长。在欧盟国家中,有机生产面积前三位的是:意大利、西班牙和德国;拥有有机农场数目最多的前三位是意大利、奥地利和德国;从各国有机农田与总的农田面积的比例来讲,前三位分别为列支敦士登、奥地利和瑞士。主要的生产作物有牧场、耕地、多年生作物、以及其他作物。而有一些国家却还没有达到1%。拥有农场数目和面积最多的是意大利,几乎欧盟1/5的有机面积和1/4的有机农场都在意大利。

2.欧洲有机产品市场。欧洲的有机产品销售额已经达到105亿~110亿欧元,增长率约5%。欧洲市场销售的有机食品大部分依赖进口,德国、荷兰、英国每年进口的有机食品分别占有机食品消费总量的60%、60%和70%,价格通常比常规食品高20%～50%,有些品种高出1倍以上。

目前德国为欧洲最大的有机产品消费市场,其市场销售额仅次于美国而位居世界第二。英国是世界第三大有机产品消费国,并保持着不断的增长势头。而瑞士的人均消费额被认为是欧洲甚至世界第一,其人均年有机食品消费支出达到280欧元。西班牙、英国以及许多中东欧国家近几年的有机生产增长势头迅猛,平均增长率超过了10%。而那些较早开始有机农业的国家的有机市场则在前几年的迅速增长之后趋向于缓慢增长。

欧洲有机食品的营销市场比较发达,大多数国家的有机食品营销渠道有普通超市、有机食品专卖店、直接销售和其他销售4种,其中在普通食品超市中销售的有机食品占有机食品的总销售量的比例较大。通过多年的有机市场发展,德国、丹麦、奥地利、瑞士等国家的有机产品畅销率是最高的,有相当数量的有机消费者对有机产品的忠诚率较高,偶尔尝试有机产品的新消费者人数也在不断增加。

3.欧洲有机农业法规与政策。有机农业的长期发展仍然需要政府的推动和支持,目前欧洲大部分国家,特别是欧盟成员国的有机农业获得了法律支持和直接的经济补贴。自1993年开始,欧盟各国开始实施欧盟法规EU2092/91,以规范有机生产,并保护消费者以及有机农民的利益。在2000年,又开始实施了针对有机养殖动物的法规EU1804/99。许多欧盟国家也制定了自己的法规和标志,有的甚至比欧盟的法规还早。欧盟以外的许多其他国家(例如挪威、瑞士等)也都制定了保护有机产品的法规,对本国或进口产品规定了最低要求。

欧盟共同农业政策2003年改革方案中强调了有机农业在欧盟农业政策中所占的重要地位。2005年欧盟委员会通过了"有机食品与有机农业行动计划"(以下简称"行动计划"),该计划提出应该在三个主要领域实施二十一条具体的政策措施。这三个领域是信息与促进、通过农村发展计划提供财政支持、改进标准和进口检验要求。行动计划还将有机农业与欧盟农村发展计划紧密联系在一起,建议各成员国充分利用农村发展计划来支持有机农业的发展。目前欧盟正在开始实施的欧洲有机行动计划将有力地推进欧洲有机农业的发展。

自 1999 年开始,欧盟委员会发布了一个有机产品标志,所有根据 EU2092/91 法规生产的产品都可以使用该标志。但是在欧盟统一标志之前,很多国家已经有了自己的有机食品标志,德国等国甚至有多个以认证机构信誉为基础的标志,而且,有部分较专业、权威的认证机构的标志在消费者心目中已经根深蒂固。因此,欧盟统一的有机食品标志制度没有得到很广泛的实施,使用这一统一标志的国家还很少,其市场影响力有限。专家认为,在现阶段,比较权威的认证机构的标志已经得到了消费者的普遍认同,为了鼓励认证机构提高认证服务质量,建议在使用国家有机认证标志的同时,也要使用各认证机构的标识,保证消费者对有机产品的信心。

(四)美国有机农业的发展现状

1. 美国有机农业和有机食品的发展简介。美国从 20 世纪 40 年代开始有机农业生产。到 90 年代,有机农业已成为美国农业发展最快的领域之一。美国有机食品生产的主体是家庭农场,农场采取的是自负盈亏的企业经营方式。据统计,1992 年全美国从事有机食品生产的面积是 $37.9×10^4 hm^2$,1997 年是 $54.5×10^4 hm^2$,目前,全美国从事有机食品生产的农场有 6949 个,面积是 $93.1×10^4 hm^2$,其中 $52.6×10^4 hm^2$ 属农作物生产,$40.5×10^4 hm^2$ 属畜牧场。全美国有机农场面积占全国农耕面积的 0.2%。从有机农业所涉及的作物种类来看,水果、蔬菜以及其他一些具有较高经济价值的作物的有机生产发展速度快于普通大田作物(玉米、大豆、小麦)。美国玉米、大豆和小麦的有机生产面积分别约占种植总面积的 0.1%、0.2% 和 0.3%;苹果的有机生产面积约占种植总面积的 3%;生菜的有机生产面积约占种植总面积的 5%,而药用植物和小宗蔬菜类作物的有机种植面积达到了其种植总面积的 1/3 以上。有机食品生产从 20 世纪 40—70 年代开始引入登记制度,经过 20 世纪 80—90 年代的发展,已经成为美国农业发展最快的一个领域之一,作为健康食品,越来越受美国消费者的欢迎。

美国有机食品主要有三个销售渠道,即天然食品商店、常规超级市场及农产品直销市场。2000年以前大部分的有机食品通过天然食品商店销售,其次是直销市场,到了2000年,常规超级市场销售额为全美国的49%,有机食品超过天然食品商店的销售份额(占48%),直销市场仅占3%。由于美国有机食品生产过程的控制标准既高又严,多数情况下生产成本会明显增加,所以有机食品的市场价格总是高出同类常规产品价格,通常高出40%,有的甚至高出一倍以上。这一方面是对有机食品生产者的激励;另一方面也成为影响消费者购买有机食品的重要因素,因而有机食品占农产品市场销售额仅为2%。但在人们越来越关心食品安全的时代,按有机食品标准生产出来的食品的安全性使其作为一种健康食品,有着广阔的市场。

2.美国有机农业的标准及监管体系。在20世纪70年代,美国已有3个州制定了有机农业的法规,并开展了有机食品的认证工作。民间的有机食品认证机构如"加州认证有机农民协会"(CCOF),1997年已认证600多个农户,约$7.7×10^4hm^2$土地。其认证活动均在州政府的监督下进行,每年向加州政府食品农业局提交工作报告。到1994年,据美国农业部估算,美国的有机农场总数已发展到2万个左右,如华盛顿州就有300多个有机食品生产农场,有机食品的销售额超过3000万美元。另外,由33个民间有机食品认证机构和11个州立认证机构认证的有机农场为4050个,认证的面积为$45.32×10^4hm^2$。由于各地标准不一致,也引起一些市场问题。1980年后,美国联邦农业政策开始支持有机农业,组织推广有机农业模式,到1991年已有27个州制定了有机农业生产法规或操作规程。1991年提出制定全美国有机食品的统一标准,即确立有机食品的国家标准,保护消费者对有机食品要求,为有机食品贸易创造条件的《有机食品生产法(NOP)》正式颁布。1992年旨在协助农业部制定全国各有机食品标准的国家有机标准委员会成立。经过近12年的筹备、起草、征求意见和试行,美国有机食品生产标准于2002年10月正式颁布实施。美国对有机食品生产的监督管理主要以国家有机农业的统一标准为依据,实行从农场生产、加工、包装、运输、销售各环节,即"从农田到餐桌"全程质量监控,每个环节都有可追溯的详细记录,以备检查。目前,美国已经形成和制定了较完备的监管体系,对美国市场粘贴国家标志的有机产品的有机生产和加工实施有效监管。美国农业部和认证机构是有机食品生产的检查监督机构,对已通过认证的农场或企业实行年审制,检查之前农场或企业必须向认证机构提供最新的资料信息。生产者在生产过程中如果不按标准规定生产,例如在农田中施用了禁用的农药,则一定要向认证机构如实报告。检查监督机构有权随时对任何企业或农场进行检查,并采样进行残留物的检测,如发现有禁用物质残留存在,还要进行更深入的调查,查出其来源,提出相应的处理措施。因此,有机认证和监管体系在有机产品生产加工单元方面强调通过生产加工全过程来进行质量控制,所有生产加工管理环节一定重视资源可持续利用,维护可持续发展。

有机食品标准对农作物和畜禽产品的生产加工过程所采用的方法和物质都有明确的规定,强调有机食品生产不能采用基因工程改良的品种、化学农药、化学肥料及城市污泥肥料、离子辐射处理、禁用的饲料添加剂、激素、抗生素等。从传统生产方式转换到有机农业的过渡期为3年,在这3年期间生产过程严格按有机农业的标准来进行,转换期生产出来的产品不能叫有机食品,也没有"转换产品"的提法。

现将美国有机标准简介如下。

(1)有机农作物生产标准:有机农作物收获前,至少3年内没有向土壤中施用过国家有机标准禁止使用的物质;实行作物轮作;禁止使用转基因技术、离子辐射技术以及污水、淤泥;采用耕作和栽培措施改善土壤肥力和作物营养,辅之以动植物废弃物和允许使用的合成物质;优先选择有机种子和有机苗木等繁殖材料,但在特殊情况下,农民可使用非有机种子和非有机苗木等繁殖材料;主要采用物理措施、机械措施和生物措施等防治作物病、虫和杂草。如果这些措施的防治效果有限,则可采用生物制剂、植物制剂或国家有机标准允许使用的合成物质进行防治。

(2)有机畜牧业产品生产标准:用于屠宰的动物,必须自其在母体内的最后1/3时间起,就开始在有机环境下饲养,家禽不能迟于出生后的第二天进入有机饲养环境;必须采用100%的有机饲料喂养,但可使用许可的维生素和矿物质元素添加剂;如果要将一群普通奶牛转变成有机生产方式,则需用80%的有机饲料饲养9个月,接着用100%的有机饲料饲养3个月;不得用激素促进动物生长,任何情况下,都不得使用抗生素;采用预防性措施(包括使用疫苗)保证动物健康;生产者不得阻止给生病和受伤动物的治疗。如果动物接受了禁用药物的治疗,则必须移出有机饲养环境进行隔离,并不得再作为有机产品销售;所有有机饲养的动物都应有在室外放养的条件,包括反刍动物进入牧场放养等。只有因健康、安全、动物产期或保护水土等原因,才可暂时圈养动物。

(3)有机食品加工(含分装)标准:加工中所使用的非农业原料,无论是合成的还是非合成的,都必须是国家有机标准允许使用的物质;有机原料与非有机原料必须分开存放,有机原料的存放环境不得降低食品的有机特性;禁止有机产品与国家有机标准中的禁用物质接触;使用"有机"标签的加工产品,其所有原料都必须是有机的。

(4)有机食品认证和标签:美国国家有机农业标准规定,有机食品生产和加工者都要由经过美国农业部授权的国家或私营机构按统一标准进行评估认证(年销售额低于5000美元的农场或加工者除外)。至2003年10月,美国农业部已经对90个机构进行了有机认证授权,其中包括外国机构。只有通过认证的有机食品生产者和加工者(按规定可免除认证的小规模生产者和加工者除外)才有资格在其产品标签上注明"有机"字样。根据有机产品中有机成分含量的多少,美国国家有机农业标准将有机产品分为四类进行标签。第一类,100%有机产品。这类产品必须只含采用有机方式生产的原料(水和盐除外),未经加工的有机产品(如水果、蔬菜、牛肉等)亦属此类。在这类产品包装的正面,可注明"100%有机产品"(100% organic)字样,USDA有机产品的标志可以出现在这类产品的包装上和广告上;第二类,有机产品。这类产品中采用有机方式生产的原料必须达到95%以上(水和盐除外),其余成分必须是国家有机农业标准允许使用的产品,在这类产品包装的正面,可注明"有机产品"(organic)字样和有机成分的百分率,USDA有机产品的标志可以出现在这类产品的包装上和广告上;第三类,用有机原料制造的产品。这类产品中采用有机方式生产的原料必须达到70%以上。在这类产品包装的正面,可注明"用有机原料制造的产品"字样,但包装的任何部位都不得出现USDA有机产品的标志;第四类,有机成分含量70%以下的加工产品。在这类产品包装的正面,不得出现"有机"(organic)字样,但可在产品原料介绍中写明具体的有机成分及其含量。

3.政府对有机农业的支持政策。美国政府的农业政策的核心就是补贴支持,有机农业的政策也不例外,尽管有机食品生产在美国蓬勃发展,但由于有机食品生产成本往往高于常规的生产成本,特别是转换过渡时期的生产风险以及人们对有机食品还需要有一个认识过程,因此政府需要对生产者进行扶持,对消费者进行宣传教育。

政府的另一功能就是制定全国统一标准,由国家农业部制定全国统一的有机食品生产和认证标准,对国外进口的有机农产品也执行该标准,保证有机产品都达到统一的标准和要求。统一标准的实施,使消费者买得放心,吃得放心。

政府的还有一项措施是促进有机食品的国内贸易和国际贸易:美国农业部下属的农业市场服务司除了负责制定有机食品的标准和注册与授权有机食品认证机构外,也与民间的有机食品贸易协会(Organic Trade Association)一起,为有机食品生产企业提供市场信息服务,与外国政府签署有机食品互认协议,帮助企业开拓海外市场。

美国政府韵补贴政策:对有机食品生产者认证给予补贴,在2002年的农业预算案中,联邦政府提供500万美元来给予有机认证补贴,每个农场主可以获得高达75%的认证补助费,但补助金额绝对值每户不超过500美元。

美国政府鼓励开展有机农业的研究:从2003—2007年的5年间,联邦政府每年提供300万美元用于开展有机农业生产、加工、包装、贮运等领域的科学研究,为美国有机农业提供技术支撑。

美国政府在有机农业方面采取的宣传教育措施:美国农业部的有机食品项目通过其网站介绍有机食品,回答公众关于有机食品的问题。2002年有机食品贸易协会成立了有机食品教育和推广中心,该中心的主要职责是宣传有机农业的重要性、有机食品的安全性、食用有机食品的好处、有机农业对农业环境的保护作用、有机农业对农业可持续发展的贡献,从而提高人们对有机食品的认识。

(五)日本有机农业发展现状

近年来,伴随着人们生活水平的不断提高,可持续发展观念的日益增强,世界各国越来越重视环境保护,发展有机农业已成为21世纪的普遍趋势。日本已经成为世界上最主要的有机农业发展地区,也是世界有机食品消费三大地区之一。

早在1935年,日本哲学领袖冈田茂吉就倡导"建立一个不依赖人造化学剂和稀有自然资源的农业生态系统"。20世纪60—70年代日本经济高速发展,伴随着工业的发展,农业现代化推进,农业环境日益受到破坏,化学品特别是化学农药在农产品中的残留越来越被人们关注,日本民间一些人士纷纷探索保护环境、发展自然农业、建立有机农业生产体系,并相继产生了一批自然农业、有机农业的民间交流和促进组织,如自然农法国际基金会、日本有机农业研究会、日本有机农业协会等,生产并向消费者提供"无公害、清洁、有益健康"的自然食品、有机食品。日本从20世纪70年代开始实施有机农业,目前,有机农场已发展到8000多个;与此同时,日本国内有机食品消费也日益增加,目前有机食品市场占国内整个食品市场的5%左右。

日本有机农业得以逐步发展的因素之一是日本有机农业民间团体着力培育有机食品的消费市场,构建生产者与消费者之间的桥梁。

日本有机食品的流通,除一般途径外,还有个别生产者与消费者直接见面的方式;许多生产者生产的产品共同销售和由协会、研究会、生活协同组合等组织建立的会员制生产销售方式。

1.日本有机农业的政策制度与发展现状。与欧美等国家有所不同,日本的有机农业政策是建立在国土狭小,农产品自给率低的国情基础上的,侧重于农业的保土功能,主张有效地发挥农业所具有的物质循环功能,使有机农业与生产效率相协调,通过土壤改良减轻使用农药、化肥等造成的环境负荷,兼顾"食"与"绿",即提高农产品自给率与环境保护并举。

应该说,日本发展有机农业的基本思想很早就已确立,但真正兴起则是在20世纪60—70年代。二战后,为了增强粮食等农产品的产量,日本鼓励农民大量施用农药与化肥,这对促进农产品增产,加快农村城市化发展发挥了积极的作用。但伴随而来的是农村环境日益遭受污染,农产品中农药残留物质严重超标,市民食物中毒事件时有发生。因此,从20世纪70年代起,政府相继出台了《农药取缔法》《土壤污染防止法》等,各大城市、农村相继以一般民众活动形式开展有机农业活动。1971年日本成立了全国有机农业研究会,提出了"防止环境遭受破坏,维持培育土壤地力"的口号,广泛发动农民生产更多更好的健康美味的农产品。日本有机农业经过40多年来的发展,已取得了初步成效。从总体来看,日本有机农业注重于"食"与"绿"的结合,适合于日本的国情。

按照日本有机农业研究会制定的产销合作原则,有机农产品的生产者与消费者之间形成"面对面相互信赖关系"。由于有机农业研究会的宗旨十分明确,这一运动得到一部分城市市民的拥护,因此蔬菜等有机农产品很多都采取"产销合作"的形式进行销售。

1971—1985年是日本有机农业发展的起步阶段。1986—1995年的10年间,日本的有机农业进入了迅猛发展阶段。由于有机农产品安全、卫生、优质,且流通方式上采取了"产销合作"的方式,有机农业与有机食品越来越受人关注。由于市场需求增加,日本的有机农业发展面积逐年扩大。以冈山县为例,1988年实行有机农业栽培的农家数为265户,10年后增加到1380户,增加了5.2倍;栽培面积由24hm²增加到226hm²,增加了9.4倍;生产量由310吨增加到2262吨,增加了7.3倍;上市量由217吨增加到2016吨,增加了9.3倍。由于有机农产品生产数量的增加,有机农产品流通渠道发生了显著变化,由最早的以"产销合作"方式为特征的小规模的直销,向大规模的专业配送组织或农协(生协)配送方向发展,一批连锁的有机农产品专卖店也应运而生。这一阶段,政府对有机农产品开始实行监督。

为推进有机农业的发展,日本政府应允都道府县自行规划,管理有机农业的生产和销售,并可批准设立相关的有机农产品认证机构,实行有机认证制度。在1994年的"新政策"中,把有机农业作为环保型农业的一种形式,赋予其农业行政管理职能,颁布"推进环保型农业的基本见解"。农林水产省对有机农业实行的主要政策有:①《按照有机农产品及特别栽培农产品标准》及《有机农产品生产管理要领》的要求,对从事有机农业的农民进行必要的指导;②对从事有机农业提供必要的农业专用资金无息贷款(七年内偿还);③对建设健全堆肥供给设施,有机农产品装运设施等进行补贴;④提供各类有机农业在土地改良、病虫害防治等方面的实用信息等。与此同时,这一阶段,从国外输入日本的有机农产品也不断增加。由于国外有机农产品价格低廉,对日本国内有机生产者带来了一定的影响。

1996年以来,日本有机农业发展一直处于无序徘徊阶段。随着人们生活水平的不断提高,对有机农产品需求量越来越大,不少商社、商贩和食品加工企业觉得有利可图,纷纷加入到这一行业。有机农产品流通销售渠道也实现了多元化,大批批发市场、大卖场、食品加工企业都在经营销售有机农产品。以前由生产者决定价格,转为由商贩决定价格,有机农产品市场竞争日趋激烈;另一方面,由于日本市场上既有完全不用农药、化肥的有机栽培农产品,又有各类特别栽培的农产品(指无农药栽培、无化肥栽培、减农药栽培、减化肥栽培等),一些地方出现了仿冒、假冒的有机农产品,加上不少私人认证机构执行多样化认证标准,因而一段时期有机农产品消费呈现无序与徘徊的状态。由此,对生产者与消费者都造成了不良的负面影响。为了解决这些突出问题,进一步规范有机农产品市场,日本政府在加强市场调研的基础上,加大了对有机农产品的监管力度。2000年制定了《日本的有机食品生产标准》(简称JAS法),2001年4月1正式实施,2005年10月进行修订。JAS法规对农场、加工厂、包装以及进口商都提出了具体标准要求,只有符合JAS法规要求的产品才允许使用JAS标志,否则将处以高额的罚款,严重者还会判刑。同时法规也明确,未经认证许可,不许有类似"有机农产物""有机栽培""有机……"等容易引起误解的用语。此外,日本政府还重新对认证机构进行了清理整顿。到2004年,日本已有经政府确认的有机认证机构66家,近千家企业或个人获得了有机农产品认证。目前日本市场上的有机食品均占整个食品总量的近2%,年销售额15亿美元,其中近60%的有机食品是从国外进口而来的。从总体来看,日本有机农业发展进入了一个新的发展阶段。

1987年日本政府公布了自然农业技术的推广纲要,逐步将自然农业的开发、生产、推广纳入法规管理轨道。1992年日本农林水产省制定了《有机农产品蔬菜、水果特别标识准则》和《有机农产品生产管理要点》,并于1992年将有机农业生产方式列入保护环境型农业政策。

2.日本有机农业的经营与有机农产品的流通。与欧美等国家相比,目前日本有机农业经营以小规模农户与农场占多数,有机农业主要以农作物栽培为主,有机畜牧业发展相对比较薄弱。在实行有机栽培的作物中,有机稻米占50%,有机蔬菜占35%,其余为有机果树与有机茶,各占5%左右。除有机栽培的农产品外,日本还有各类特别栽培的农产品,如无农药、减化肥栽培、无化肥栽培、减农药栽培、减化肥栽培等,其经营面积比无化肥,无农药的有机栽培面积多2~3倍。日本有机农业经营都比较注重精耕细作,强调有机农业的功能和提高农产品的自给率,提倡减农药、减化肥经营;在生产经营认证方面的要求与欧美国家相比,要相对低一些。

日本有机农产品流通的最大特征是十分重视直销。1970年起步阶段,日本有机农产品流通主要采取生产者和消费者直接结合的办法,即成立产销联合组织,其主要优势在于使有机农产品的生产者与消费者之间建立"面对面的相互信赖"关系。1985年随着有机农产品生产规模的不断扩大,一些地方出现了专业配送有机农产品的流通组织,也有一些地方依托生协实行专业配送,这样流通配送覆盖面不断扩大,消费者可随时随地买到有机农产品。

1996年以来,日本市民对有机农产品的需求量不断增加,国外有机农产品也大量进入日本各地,因而日本有机农产品流通进入了多元化的流通时期。其流通的主要形式有六类:一是通过建立产销联合组织,实行直销;二是由专业流通配送组织实行宅配化;三是由生协组织配送;四是大型连锁超市,大卖场与有机农产品生产基地实行订单销售;五是设立连锁专卖店进行销售;六是食品加工企业与日本国内外有机农产品基地实行订单直销。

从总体来看,在日本有机农产品流通与消费方面,有以下四大发展特征。

(1)注重食品安全性:消费者对有机农产品的需求量逐年上升,据预测,日本的有机食品市场每年以30%~40%的速度快速增长。受牛海绵状脑病(疯牛病)、口蹄疫等冲击,市民对食用农产品的安全、卫生、新鲜度提出了更高的要求,有80%的市民都把食品安全作为第一选择。

(2)鼓励销售宅配化:政府和各类协会都鼓励有机农产品销售实行宅配化,专业配送组织或生协与有机栽培专家(或产地组织)每一时期确定好农产品价格后,按照消费者预订单每周1~2次进行配送,既有直接配送到消费者家中,也有将产品分送到各分送点,再由分送点负责分发给周围的消费者。产品销售后的利润,70%给生产者,20%给配送组织或生协,10%给分送点。配送组织或生协在销售中大都采取会员制的办法,并根据各会员每年的销售数量,将一小部分利润返回给消费者。目前日本的消费者在任何地方都可以通过便捷的配送服务品尝到有机食品。

(3)推行订单产销:连锁超市或大卖场与有机农产品生产基地通过订单联结在一起,有机食品销售实行专柜化。

(4)加强产销沟通交流:为了促进有机农产品的流通与销售,日本十分注重加强生产者与消费者之间的相互沟通,通过多种形式,在两者之间架起理解的桥梁。各地的有机农业协会都定期或不定期地举办有机农业节、有机农业体验教育,印制分发宣传资料,举办有机食品品尝会、演讲会,开展有机农业相关调查等,从多个侧面加强生产者与消费者之间的交流,从而调动了不少消费者主动参与有机农业活动,并为发展有机农业从各个方面提出发展建议。

三、世界有机农业发展趋势

(一)全球有机农业发展趋势

1.全球有机生产和市场需求将继续增长。随着各国对有机农业的认知和接受程度的日益增加,将会有越来越多的农民转入有机生产,以满足市场对有机产品的需求。全球性的有机市场增长将是一个大趋势。一些有机农产品生产大国,如阿根廷、巴西、中国等的国内有机消费市场也正在逐渐形成,有机产品将会进军主流销售渠道,而主要的消费人群是追求高质量和健康食品的中上层人士。一些大型食品公司,如麦当劳、雀巢公司等也已经进入有机领域。所有这一切都预示着有机农业正在全世界范围内不断增长,有机产品会越来越多地出现在世界各地的商店和餐桌上。

2. 从关心环保到关注环保和食品安全。有机农业发展初期的主要目的是为了拯救环境,解决农业可持续发展问题。自20世纪90年代以来,特别是欧洲发生牛海绵状脑病(疯牛病)事件以来,消费者由关心环境问题转向关注环境和食品的安全健康问题。在德国,虽然近年来按传统方法生产的牛肉销售量下降了50%,但有机牛肉销售量却增加了30%。虽然购买有机牛肉比购买常规牛肉要多付至少30%的钱,但顾客一般认为,由于有机牛肉的生产付出了更多的环境和安全成本,因此付出高一点的价钱是值得的。据调查,56%的美国公民认为有机食品更为健康;60%的丹麦人经常购买有机蔬菜、牛奶;德国慕尼黑市场上30%的面包是有机的。随着消费者对高质量的有机食品特别是市场份额较高的有机食品如水果和蔬菜、婴幼儿食品、粮食类、奶制品等的需求将稳步增长。

3. 全球贸易壁垒的出现和协调。目前全球60多个国家制定了各自不尽相同的认证和认可体系,不同的体系影响了各国有机产品的贸易过程,违背了有机法规制定的初衷——即增加贸易、发展市场及培育消费者信心。现存的不同的标准和法规产生了贸易技术壁垒,迫使许多有机生产者必须获得多种有机认证才能进入不同的市场。因此UNCTAD(联合国贸易与发展会议)、FAO(联合国粮农组织)以及IF-OAM(国际有机农业运动联盟)等国际性机构和组织正在积极朝着协调各国及各机构有机法规的方向努力,以避免潜在贸易壁垒,促进全球有机产品自由贸易。

(二)欧洲有机农业的发展趋势

1.欧盟成员国的增加。2004年5月,欧盟增加了10个国家:捷克共和国、塞浦路斯、爱沙尼亚、匈牙利、立陶宛、拉脱维亚、马耳他、波兰、斯洛伐克和斯洛文尼亚。这些国家在加入欧盟之前都已经制定了支持和保护有机农业的政策。这些新的成员国也将在欧盟有机农业中扮演重要的角色,特别是将大大增加欧盟有机农业的生产和贸易。中东欧成员国的许多农户使用的仍然是粗放的生产方式,因此他们转换到有机农业是相对容易的,而且他们的生产成本更低,可以向市场提供相对较低价格的有机产品。这些国家的有机产品生产量正在逐年增加,还出口了很多大宗农产品(如谷类)。为了避免有机农户相互之间的竞争和价格下滑,欧盟正在致力于培育这些国家的国内有机消费市场。

2.统计工作的完善。全球及欧洲的有机农业生产及有机产品份额将持续增长,为了使决策者得到更为准确的统计数据,以便于政策的制定,欧洲各国政府及相关机构将投入更多精力来进一步改进和完善有机农业各方面的数据统计工作。

目前有不少机构一直在努力进行着有机农业的数据统计工作,包括德国的"中央市场和价格报告局(ZMP)"英国的"农村科学研究所(IRS)"瑞士的"有机农业研究所(FiBL)"等。目前这三家机构正在努力构建一个公共的数据库,并将在互联网等媒介上向公众发布有机农业的相关数据。

有机市场的数据的收集和处理就更为困难,目前欧盟信息系统正在开展一个关于有机市场的项目,致力于提供更有效的工具来提高数据分析的可靠性,以便为决策者及贸易商提供准确的市场信息。

3.政策支持的加强。由于有机农业对健康和环境的积极意义,有机农业已经获得了全球范围的普遍认可。特别在欧洲,在短短的10多年时间内,有机农业已经从以前的次要农业形式转变成为备受瞩目的农业形式。为了确保有机农业持续稳定的发展,欧洲的各政府及私营机构将更为紧密的合作,以稳步推进欧洲的有机农业行动计划和其他与有机农业相关的政策。荷兰和挪威希望能在不长的时间内将本国的有机农田比例扩大到10%，英国更是把目标提高到30%，市场占有率则定为20%。虽然可能会有一些不可预见的因素制约这些目标，但只要定下明确方向，对有机农业的持续发展必然有利，并且这种明确指标的提出更可以提高社会关注度。根据各国目前的发展水平，预计整个欧盟的有机农田比例可在2030年达到25%。

（三）美国有机农业发展趋势

1.发展迅速。美国作为世界最大的有机食品消费国，自1990年以来，有机食品的销售额每年以20%的速度递增，2002年销售额已达110亿美元，占世界有机食品销售额的47%。据统计，2017年机市场销售额为485.4亿美元，一直是全球最大的有机食品消费国家。强大的消费不断地推动着美国有机农业的发展。在今后相当一段时期内，美国仍将是全球最大的有机产品消费国家。美国有机农业迅速发展是来自国内外有机产品需求不断增加的结果。随着有机产品消费人群的增加，美国国内市场需求日益扩大，而它在有机产品生产方面拥有丰富的土地资源，这为美国有机产品的发展提供了坚实的基础。据统计，美国目前有50%～10%的人愿意购买有机产品，美国的有机食品销售额占食品总销售额的1%～2%，且每年以2%的增长率递增，几乎美国所有的超市、连锁店都销售有机产品。

2.市场销售。统计资料表明，美国大多数有机产品都在国内销售，仅有不到10%的有机产品销往境外市场。美国有机食品的境外市场主要在加拿大、日本和墨西哥。这是发达国家有机产品销售市场的一种普遍现象。那一方面是因为发达国家生产有机产品的成本与发展中国家相比高得多，因此其生产的有机产品很难在发展中国家找到市场；而另一方面则是其对有机产品的需求远远超过了其自我供给的能力，也很少有出口的余地。其所出口的产品往往是起到一种满足发达国家市场品种需求的作用，和满足发展中国家内一部分收入水平较高人群需求的作用。

3.对进口有机产品的需求。与欧盟发达国家在有机产品上大量依靠进口的情况不同，在美国销售的有机食品总量中，进口产品占的比例很低，可见美国在有机产品的供应方面对外部的依赖性不很大。但目前美国的有机产品市场份额还很低,仅为2%左右,与美国整体的消费水平和对安全食品的需求相比,还有着很大的发展潜力。随着美国消费者对有机产品需求量的增加,美国本土生产的有机产品的增长速度已经显现出跟不上需求增长的趋势。由于美国生产有机产品的成本明显高于发展中国家的成本,其有机产品市场需求的增长不大可能主要依靠本国自身来得到满足,而第三世界有机产品事业的快速发展却为国际有机产品市场提供了大量的资源,也正可填补美国在有机产品需求上的空缺。

(四)日本有机农业发展趋势

当前的日本饮食文化的趋势之一是消费者期望购买到安全的食品。在强调食品安全以及食品安全问题层出不穷的今日,有机食品因其可追溯的生产过程、透明的销售过程和可持续的环境生产措施而更受消费者青睐。

2001年有机JAS体系的建立,标志着日本有机市场进入更为规范和严格的调整时期,由于JAS法的实施,特别是由于对国外进口有机产品的严格规定,有机市场的增长在此后的三年中显得比较缓慢。2002年日本市场上的认证有机产品甚至比前一年还有所下降。

尽管某些不利因素阻碍了国内有机JAS认证的发展,但"潜在"的消费者对有机食品的需求远远大于国内有机产品的实际供应量。如果消除了诸如非有机生产者对有机JAS认证缺乏认同,政府缺乏支持有机产品发展的政策等障碍,那么日本国内的有机产品生产将会继续增长。消费者调查的结果表明,日本消费者对食品的安全性和可靠性的关注在持续增长,"潜在"消费者对有机食品的需求非常高,暗示着零售商(如超市、便利店)对这类产品的需求将会持续增长。可以预料,日本有机市场将如美国和欧盟有机市场的发展一样逐渐壮大。

尽管有机产品的类型在不断扩展,并与日本传统食品之间的联系非常紧密,但有机产品的种类还是有限的。潜在需求包括对更多类型的产品的需求,因此可以预期随着更多种类的有机食品被开发出来,销售也有效增长时,日本的有机食品市场也会扩展。

日本高度发达的商业社会造就了消费者挑剔的眼光。消费者从产品的质量和价格判断产品的合理性,另外,消费者还密切关注有关品牌的额外评价。换句话说,消费者不单独信任有机产品本身的品牌,而在其他方面有着近于苛刻的要求,例如,对新鲜度、风味、品牌可信度等的要求,这种消费文化对于日本有机市场的进一步发展是一种很复杂但必须面对的因素。

此外,由于日本的有机食品消费者十分注重进口产品的安全性和质量,因此无论是进口还是国产的有机产品都必须将安全性和质量放在首要位置。

国外供应商在策划出口有机产品到日本时,会选择日本没有或者很难生产的产品,如热带水果加工产品和日本国内加工时所需的加工配料。另外,其他实际因素,例如新鲜度、风味,以及合理的价格也必须着重考虑。也就是说,有机产品的出口国,例如中国应针对日本的国情有策略地选择和发展出口有机产品。

四、中国有机农业发展现状

(一)中国有机农业发展过程

1.第一阶段是启动阶段。

(1)良好的基础:从20世纪50年代开始至20世纪末,中国农业经历了40多年的快速现代化的过程。在中国多数地方曾经存在的适宜于持续发展的传统农业逐渐消失。人们深受农村生态环境被破坏之害,迫切要求改变当时的现状。从20世纪80年代开始,在众多研究机构、大学和地方政府的帮助下,中国各地的相关部门启动并组织了生态农业运动。生态农业在全国各地的推广和发展为中国的有机农业发展奠定了很好的基础。从20世纪80年代末到90年代初短短几年中,中国浙江、江苏、安徽、北京和辽宁先后有8个村因为在生态农业方面所做出的显著贡献而获得了联合国环境规划署颁发的"全球环境保护500佳"荣誉称号。此外,全国有几十个县被评为生态农业与生态建设示范县。到20世纪90年代中期,全国各地已经建成了约1200个生态示范村和生态示范农场。这一时期所积累的许多生态农业实用技术和经验都为此后在中国发展有机农业奠定了基础。随着有机农业的积极意义在很大范围内得到认可,目前在全国积极有序开展的生态示范区建设和各级生态规划中,多数已经将有机农业的发展作为其主要内容之一。

1992年,为了保障食品安全,中国农业部批准组建了"中国绿色食品发展中心"。绿色食品在全国的全面发展,为中国有机农业生产基地的建设和发展也打下了更好的基础。

(2)起步:1989年,多年积极从事生态农业研究、实践和推广的国家环境保护局南京科学研究所农村生态研究室加入了国际有机农业联盟(IFOAM),成为中国第一个IFOAM成员。到2005年,中国的IFOAM成员已经发展到50个。

1990年,根据我国浙江省茶叶进出口公司和荷兰阿姆斯特丹茶叶贸易公司的申请,国际有机认证检查员Joe Smille受荷兰有机认证机构SKAL的委托,对位于我国浙江和安徽的2个茶园和2个加工厂实施了有机认证检查。此后,我国浙江省杭州市临安区裴后茶园和临安茶厂获得了荷兰SKAL的有机颁证。国家环境保护局南京科学研究所的3名成员作为中国有机事业的最早见证人参加了这次有机认证检查工作。这是在中国内地开展的第一次有中国专业人员参加的有机认证检查活动,也是中国内地的农场和加工厂第一次获得有机认证。

可以说中国的有机农业实际上是由于国际有机食品市场对中国有机产品的需求而起步的。此后,在不断的发展过程中,随着人们对有机食品的逐步了解和国内消费者对有机食品需求的增长,才逐渐开拓了国内的有机食品市场。

2.第二阶段是初步发展阶段。1994年,经国家环境保护局批准,国家环境保护局南京环境科学研究所的农村生态研究室改组为"国家环境保护局有机食品发展中心",后改称为"国家环境保护总局有机食品发展中心"(Organic Food Development Center of SEPA,简称OFDC),并积极开展推动中国有机食品事业发展的工作。在IFOAM和其他国际有机认证和咨询机构的帮助下,OFDC积极地参加了IFOAM的几乎所有的重要国际活动,OFDC的成员还先后担任IFOAM的标准委员会和发展委员会的委员。同时,OFDC还与世界各地的有机界同行们建立了广泛的合作关系。从1998年开始,为期5年的中德合作"中国有机农业的发展"项目为推动中国有机事业的发展做出了相当大的贡献。通过不懈的努力,OFDC终于在2003年初正式获得IFOAM的国际认可,成为亚洲100多家有机认证机构中继泰国的ACT和日本的JONA后的第三家获得IFOAM认可的机构,也是到目前为止中国唯一获得国际认可的有机认证机构。OFDC获得IFOAM认可大大有助于中国有机认证与国际接轨,有助于与获得IFOAM认可的其他国家的有机认证机构实施互认,进而有利于打破发达国家在国际贸易上设置的"绿色壁垒"。

在2003年之前,我国只有OFDC和有OFDC茶叶分中心独立后成立有机茶认证中心两家有机认证机构。2003年后,全国各地纷纷在不同行业成立了有机认证机构30多家,有些是新成立的,有些则是在开展ISO标准体系等认证的基础上扩大业务工作范围的。这些机构主要来自3个系统:一是环保系统;二是农业系统;三是质检系统。这些机构中有些是专职从事有机认证的,而有些则是在原有的质量管理和环境管理体系等认证的基础上扩项到有机认证的。目前,国家认监委正在采取各种措施规范有机产品认证行为,一些不能满足国家相关规定和要求的认证机构已经或将被逐渐淘汰。

目前在中国开展有机认证业务的还有几家外国有机认证机构。最早的是1995年进入中国的美国有机认证机构"国际有机作物改良协会"(OCIA),该机构与OFDC合作在我国的南京成立了OCIA中国分会。此后,法国的ECOCERT、德国的BCS、瑞士的IMO和日本的JONA等都相继在我国北京、长沙、南京和上海建立了各自的办事处,在中国境内开展了数量可观的有机认证检查和认证工作。由于目前发达国家多数尚未接受我国认证机构认证的有机产品,因此,近些年来,这些境外机构的认证为我国有机产品的出口做出了一定的贡献。目前,这些国外的认证机构根据"中华人民共和国认证认可条例",已经或正在按规定与国内的机构合作,在中国注册成立合资的认证机构,或采取分包的形式继续开展有机认证工作。

3.第三阶段是规范发展阶段。

（1）我国有机产品标准的发展过程：国家环境保护总局（SEPA）是中国第一个涉足有机食品行业管理工作的政府部门。2001 年 6 月 19 日，国家环保总局正式发布了"有机食品认证管理办法"，该办法适用于在中国境内从事有机认证的所有中国和外国有机认证机构和所有从事有机生产、加工和贸易的单位和个人。从 1999 年开始，国家环保总局邀请了农业、环境、林业和水产等多领域专家讨论和制定了"有机食品生产和加工技术规范"（部颁标准），并于 2001 年底颁布实施。上述关于有机食品的管理办法和规范发布和实施后，较好地规范和管理了包括有机认证机构及有机生产、加工和贸易者在内的中国有机食品行业，使之较健康有序地向前发展。

2003 年前，由于没有制定和实施有机产品认证的国家标准，因而，各个认证机构执行的认证标准也就各不相同，OFDC 执行的是根据 IF-OAM 基本标准制定的 OFDC 有机产品认证标准，有机茶认证中心执行的是自行制定的有机茶标准，中绿华夏最初执行的则是 AA 级绿色食品标准。外国有机认证机构在中国开展认证工作时则各自执行各国或各地区的标准，欧盟批准的认证机构执行的是欧盟 EEC2092/91 法规（标准），美国批准的认证机构执行的是美国国家有机标准（NOP），而日本批准的认证机构执行的则是日本有机农业标准（JAS）。虽说这些标准在原则要求方面（禁止使用合成的农用化学品，禁止使用转基因技术及生物，转换期、缓冲带、轮作、销售量控制等）是基本一致的，然而，在认证过程中执行标准上实际存在的差异则导致了认证活动的一些不协调的现象。

2003 年，国家认证认可监督管理委员会（CNCA）在接管有机产品认证的监管权后，其下属的中国认证机构国家认可委员会（CNAB）为开展对有机认证机构的认可工作，即开始了"有机产品生产与加工认证规范"的制定工作，多次召集各方面专家对今后将要执行的规范进行讨论。由于 OFDC 在申请 IFOAM 国际认可过程中，根据国际专家的咨询意见并针对中国的实际情况，制定并实施了新标准，实施的新版标准既符合国内实际情况，又做到了与国际基本接轨，因此成为制定该规范的主要依据。2003 年 8 月，该规范由中国认证机构国家认可委员会发布和实施。

从 2003 年底开始,国家认监委(CNCA)即组织环保、农业、质检、食品等行业的专家开始了有机产品国家标准的起草工作。在起草过程中,起草小组的成员始终坚持从有利于发展国内和国际有机产品市场出发,既考虑到我国的实际情况,又在一定程度上合理地借鉴了 IF-OAM 基本标准、联合国食品法典 CODEX 标准、欧盟的 EU2092/91 法规(标准)以及美国的 NOP 标准等国际和国外标准,经过一年多反复多次的讨论与修改,最终形成了标准草案,并通过了专家组的评审。在经过认真修改后,该标准由国家市场监督管理总局和国家标准化管理委员会共同于 2005 年 1 月 19 日共同正式发布,并于 2005 年 4 月 1 日起正式实施。该国家标准(标准号为 GB/T 19630—2005)分为 4 个部分,即第 1 部分生产(包括作物种植、畜禽养殖、水产养殖、蜜蜂和蜂产品 4 个内容,作物种植中又附加了食用菌栽培和野生植物采集的内容)、第 2 部分加工、第 3 部分标志与销售和第 4 部分管理体系。将管理体系单列为国家标准的一个部分,这在国际上还属于第一次,表明了有机产品认证中管理体系的重要性。国家标准的发布和实施是我国有机产品事业的一个里程碑式的事件,标志着我国有机产品事业又走上了一个规范化的新台阶。

除了国家和各认证机构的有机认证规范和标准外,各地还已经、正在或计划制定分类产品的有机认证标准。如中国农科院茶叶研究所制定的"有机茶认证标准"、中国水稻研究所制定的"有机稻米认证标准"、江苏省标准局与环境保护厅合作制定的有机鸭、有机梨、有机蟹等多项标准都已经成为部级或省级标准,北京市技术监督局委托中国农业大学有机农业技术研究中心制定了"有机蔬菜""有机果品"标准和"有机果园生态环境建设规程""有机农业生产资料标准"等。所有的部级的、省级的、机构的或企业的标准都必须以国家标准为基础,所有的条款都只能严于国家标准而不能低于国家标准。

(2)我国有机农业产业管理和发展:在有机产品认证的管理方面,相关管理部门已经制定了一系列法规和制度。2003 年 9 月 3 日由温家宝同志签署发布,并于 2003 年 11 月 1 日起实施的《中华人民共和国认证认可条例》共有7章78条。第一章共8条,是总则,明确了我国认证认可活动的监管部门,对认证认可作了定义,规定了认证认可工作必须遵循的原则。第二章共8条,对设立认证机构(包括外商投资机构)提出了必须达到的要求,规定了设立认证机构的申请和批准程序,也对回避利益冲突做出了规定。第三章共20条,是对认证活动的具体规定。第四章共14条,是对认可机构做出的规定。第五章共6条,是关于对认证认可活动的监督管理的规定。第六章共18条,规定了认证认可机构的法律责任,主要是对违反条例行为的处罚规定。第七章共4条,是附则,对一些特殊行业和领域的情况做出了规定,并指定了认证培训和咨询机构的管理部门。这一条例虽然是对所有的认证认可部门而不是专门针对有机认证认可的,但实际上每一条都适用于有机认证认可,因此这一条例是有机认证认可工作必须遵守的最基本法规。

2004年11月5日,国家质检总局局长签署发布了国家质检总局第67号令,颁布《有机产品认证管理办法》自2005年4月1日起施行。该办法也有7章,共46条。第一章共6条,是总则,介绍了制定"办法"的目的,对有机产品和有机产品认证作了定义,指出了办法适用的范围,规定了有机产品认证活动的监管部门,还规定了国际互认的原则。第二章共4条,是机构管理的规定,强调了有机认证机构必须遵守《中华人民共和国认证认可条例》,规定了有机认证检查员必须经过注册,对相关的检测机构的条件做了要求等。第三章共11条,是对实施认证的具体规定,即对实施认证的标准、应当公开的信息、申请认证需要具备的材料、受理申请的时限、认证活动及认证结论的客观和真实性、有机转换产品的认证、有效的跟踪检查、认证产品销售量的控制等的具体规定。第四章共12条,是对认证证书和标志的规定,就证书的内容、有效期、对情况变更的处理、重新申请的条件、暂停和撤销证书的条件、国家有机产品认证标志的组成和使用、有机认证机构标志及其使用、产品的"有机"标示等做出了详细规定。第五章共4条,是关于监督检查的规定,就监管部门对有机认证活动监督检查的方式、记录档案制度的建立、对进口有机产品的要求、申诉和投诉等做出了具体规定。第六章共6条,是罚则,即对违反该办法的情况的具体处罚规定。第七章共3条,是附则,是对收费、解释权等的规定。该办法的出台,为规范我国的有机认证事业提供了政策保障和监管体系,也是确保我国有机产业健康、有序、持续发展的有力措施。

由于各国、各认证机构执行的有机认证标准不同,有机认证的互认已成为有机产品国际贸易上的绿色壁垒。以欧盟为例,只有阿根廷、以色列、匈牙利等国家由于与欧盟签署了协议,完全执行欧盟标准,而被列入欧盟的第三国名单,在这些国家获得认证的有机产品可以顺利地进入欧盟市场。我国目前虽然尚未就有机认证的互认问题与其他国家或地区展开正式谈判,但我国相关部门已经开始与国外和国际有机认证机构和组织就国际合作事宜开展了有益的接触。

中国合格评定国家认可中心(CNAS)是国家认监委(CNCA)下属的专门对全国认证机构、认证人员、培训机构和实验室实施认可管理的机构。该中心内设的中国认证机构国家认可委员会(CNAB)对有机认证机构开展认可工作,这是CNAB的一个新工作领域。在接手有机认证认可工作后,CNAB制定了"认证机构实施有机产品生产和加工认证的认可基本要求"(CNAB-AC23:2003),并结合CNAB-AR01:2002即CNAB的认可规则,对经国家认证认可监督管理委员会批准的有机食品认证机构进行认可。认可的范围为:有机产品种植、养殖和加工;认可评估的内容是:认证机构如何开展有机认证工作和实施内部管理,有机认证的程序和操作,有机认证的检查,有机认证中的关键点,有机标志的使用,有机产品销售的控制以及证书互认和产品接受,等等。目前,国家认监委(CNAB)正在积极开展对有机认证机构的认可工作,力争从开始阶段就引导有机事业走向正规。

中国认证人员与培训机构国家认可委员会(CNAT)是中国合格评定国家认可中心内的另一个机构,在有机产品认证认可领域负责对参与认证的人员及相关的培训机构的认可,所有欲从事有机产品认证检查工作的人都必须通过CNAT认可的培训机构的培训,并取得相应的检查员资格后才能开展有机产品认证检查工作。当然欲从事有机认证检查员培训的机构也必须首先取得CNAT的认可。

中国实验室认可委员会(CNAL)在有机认证认可领域负责对相关

实验室的认可。当然,由于有机认证中采集样品的实验室分析工作量相对于其他检验分析工作来说要少得多,因此这些分析工作一般都是委托已经获得CNAL认可的实验室中开展,即分包,一般不会专门就有机认证样品的检测分析工作申请CNAL对某实验室的认可。

总之,国家认可制度是有机产品认证事业质量及公正、公平、公开性的一种有力保证。

(二)中国有机农业发展现状

1.品种。我国自开展有机认证以来获得国内外有机认证机构认证的有机和有机转换产品已经有20多个大类300多个品种。1995年以来,获得过国内外认证机构认证的有机食品(产品)名录(部分)见表1-1。按照目前的发展趋势,认证产品的类别和品种还将不断增加。

表1-1 我国获得有机认证的产品名录

类别	品种
谷物杂粮类	大米、小麦、玉米、大麦、荞麦、莜麦、燕麦、薏米等
豆类	大豆、绿豆、红小豆、芸豆、黑豆、青豆等
蔬菜类	保鲜蔬菜、速冻蔬菜、脱水蔬菜,共计200多个品种
水生作物类	莲藕、慈姑、水芹、茭白等
茶叶类	绿茶、红茶、普洱茶、乌龙茶、苦瓜茶、茉莉花茶等
蜂产品	蜂蜜、蜂王浆、蜂花粉、蜂蜡等
乳品类	鲜奶、奶粉等
油料作物类	大豆、花生、芝麻、向日葵、亚麻子、油菜籽等
子仁、坚果类	白瓜子、葵花子、板栗、核桃、杏仁等
经济作物	棉花、亚麻等
笋类	春笋、笋干、雷笋、山笋、小竹笋、盐水笋等
水果	苹果、梨、西瓜、葡萄、菠萝、西番莲、猕猴桃、脐橙、枇杷、大樱桃、水蜜桃、山楂、柑橘等
中草药类	甘草、五味子、灵芝、灰树花、大叶芹、刺五加、防风、柴胡、黄芪、冬虫夏草、雪莲、大黄、面参、人参、贝母、羌活、秦艽、不老草等
野生植物类	蘑菇、蕨菜、松子、榛子、山核桃、蓝靛果、山梨、天麻、香榧、苦菜、山葡萄、富硒茶、苦丁茶、绞股蓝茶等
调料类	八角、生姜、花椒等

类别	品种
调味品类	酱油、面酱、豆瓣酱等
家畜类	猪、牛、羊、驼等
家禽类	鸡、鸭、鹅等
淡水水产类	鱼、蟹、虾等
海产类	鱼、紫菜、对虾等
粮油加工制品类	各类豆粉、米粉、麦粉、玉米粉，各类豆制挂面和蛋白，各类豆油、豆制品，大麦茶、玉米茶、山茶籽油、魔芋制品、仙人掌面等
畜禽、海产加工制品类	猪肉、牛肉、羊肉、光鸡、紫菜片等

2.发展区域。目前，我国绝大多数有机食品生产基地分布在东部沿海地区和东北部各省区，近两三年来，西部地区利用西部大开发的优势发展有机畜牧业，也已呈现出良好的发展势头。从数量和面积来看，东北三省最大；从产品加工程度和质量控制方面来看，北京和上海、浙江、山东、江苏等东部省份较占优势。这首先与有机产品生产的环境条件有关；其次与当地企业的市场开拓与超前意识有关；再次与地方政府的支持政策也很有关系。未来几年，新疆、内蒙古、宁夏、甘肃等西北部地区有机农业有望凭借环境和资源优势，以及当地政府逐步出台的优惠产业扶植政策，获得快速的发展。其中，天然采集产品、特色区域产品、土地密集型产品等相比其他省份有明显的比较优势。东部省份将继续发挥产品链和市场优势，在有机加工产品和拓展国际国内市场方面，保持优势。

我国有机产品以植物类产品为主，动物性产品相对缺乏，野生采集产品增长较快。植物类产品中，茶叶、豆类和粮食作物比重很大，有机茶、有机大豆和有机大米等已经成为中国有机产品的主要出口品种，而日常消费量很大的果蔬类，有机产品的发展则跟不上国内外的需求。

3.面积。根据国家认监委对全国有机认证情况的统计，截至2018年底，我国实行有机耕作的土地总面积为310万公顷，仅占我国总可耕地面积的2.58%。2019年我国获得有机认证的有机种植面积则已达到约200万公顷(不含水产、野生产品、畜禽养殖),有机产品总量接近100万吨。我国的统计数据与国际的统计数据有比较明显的差距,那是因为国际统计数据的来源比较粗放,有时还把农业、野生、水产、牧场的面积都计算在内。CNCA从2004年起就开始着手全国有机认证数据的统计工作,统计数据的可靠性、精确性和综合性都正在不断增强,向国内外发布的有机认证统计数据的权威性也将越来越高。

4.我国有机产品的市场与贸易。我国有机产品是自1999年才在国内市场真正开始出现的,当时主要是OFDC认证的产品。目前,国内市场的有机产品已涉及蔬菜、茶叶、大米、杂粮、水果、蜂蜜、中药材、水产品、畜禽产品等100多个品种。我国有机食品出口额在近几年一直呈逐年增加的态势。根据国家认监委统计数据,2018年中国有机产业的生产总值为1666亿元,出口有机产品的贸易总值为8.94亿美元,国内销售总额为631.47亿元。我国出口的有机产品主要包括大豆、茶叶、蔬菜、杂粮等,出口对象主要为美国、欧盟、日本、韩国和东南亚国家等。

1999年之前,我国的有机产品主要是根据日本、欧盟和美国等发达国家的需求生产的,其中95%以上出口到国外。在2001年之前,我国认证的产品出口还是比较顺利的,没有遇到明显的障碍。但2001年以后,日本制定了有机农业法(JAS),规定凡是进入日本的产品,必须由获得日本农林水产省注册批准的有机认证机构认证后,才能作为有机产品在日本市场上销售。美国也通过并实施了国家有机标准(NOP),未通过NOP认证的产品一律不得进入美国有机产品市场。

随着我国人民生活水平的不断提高,在1999年还基本不存在的国内有机食品市场,到2000年就开始启动了,此后的几年中,国内有机食品市场的增长趋势明显。目前,国内市场上销售的有机食品主要是新鲜蔬菜、茶叶、大米、水果和蜂蜜等,在北京和上海的超市里人们可以比较方便地买到经过认证的有机蔬菜,在北京的马连道茶叶一条街上,有数十家商店都在销售经过认证的有机茶。

根据对北京和上海有机食品市场的调研,北京和上海的超市中销售的有机转换蔬菜价格一般是常规蔬菜的3~5倍,而且销售状况相当不错,这一方面反映了"物以稀为贵",在有机产品供应量尚少的阶段,价格高是一种必然的市场趋势;另一方面则是这两个城市的中等收入以上水平消费者比例高,总体消费水平明显高于其他城市,真实地反映了中国有机食品发展初期,在最发达城市中有机食品的价格定位。而根据对南京等城市的调查,有机转换蔬菜的价格为常规蔬菜的1.5～3.0倍,明显低于经济最发达的北京和上海的价格。按照市场发展规律,有机产品的价格最终必将随产品供应量的增加而逐渐下降到一个比较合理的水平,消费群体也必将会逐渐扩大。

国内有机食品的市场目前尚处于起步阶段,需要加大管理力度。例如,几乎所有购买在中国境内认证的有机食品的外商都会根据国际惯例要求供货方提供由有机认证机构出具的销售证(TC—Transaction Certificate),证明其出售的产品是经过该认证机构认证的并且在认证的数量范围之内,因此在中国有机认证产品的出口方面,不容易出现假冒和超额销售的问题。而许多销售有机产品的国内超市或商家却还不知道需要由供应方提供销售证这种做法;国内消费者也很少有人知道国际有机产品市场上销售有机产品除了应出示认证证书外,还应具备相应的销售证。相当一部分有机产品贸易商虽然清楚地知道申请销售证的要求,但由于种种原因,他们会尽量采取各种办法来避免申办销售证。事实上,有机认证机构一般都会向获证者一再强调申请有机产品销售证和规范使用有机标志的重要性,但由于对有机认证产品的有效监管体系尚在建设中,国内某些地方的有机产品市场仍存在着程度不同的混乱情况。国家质检总局发布的有机产品认证管理办法对我国有机产品认证标志的使用做出了具体而详细的规定,要求凡是在中国市场上销售的有机产品必须粘贴国家有机产品标志,粘贴的标志必须由认证机构根据认证产品的数量和包装规格定量核发,这在相当程度上起到了控制市场上有机产品的质量和数量的作用,也是对进口有机产品的一种有效监管。

为国内的有机产品市场走上真正规范化和健康持续发展道路,认证监管、质检和工商管理、卫生、环保、农业等部门需要共同合作,在规范有机产品市场和保障有机产品质量等方面发挥各自的职能。此外,各机构还应经常跟踪国际动态,学习先进国家在有机产品市场管理方面的经验,通过不断摸索、不断实践、不断改进,把中国的有机产品市场抓好。

五、中国有机农业的发展趋势

市场问题对有机事业的发展来说是最为关键的问题之一,只有有机产品在市场上体现了其真正价值,才能从根本上调动起从事有机事业的生产者、加工者和贸易者的积极性,只有规范了有机产品的市场,才能防止假冒伪劣产品的出现和泛滥,也才能使消费者信任有机产品,离不开有机产品。如果有机产品长期不能体现其真正的价值,如果有机产品的市场得不到消费者的信任,则有机事业不但不会发展,反而会逐步萎缩,直至消失。

众所周知,有机农业在中国,乃至世界范围内迅猛发展,并成为生态农业的一种重要的表现形式。有机农业对于我国这样一个发展中国家,不但可以提高农业生产资源使用效率,促进出口农产品结构的优化,而且可以渐进性地改善生态环境,增加外汇收入等。这种以可持续发展思想为指导,兼顾多种效益统一,并使产业与事业相结合的生产模式必然受到人们的欢迎。这就是目前有机农产品的生产与贸易遍布全世界的主要原因。鉴于此,我们在了解有机农业的特征以及迫切性的同时,必须清楚它在中国发展传播的优势。

(一)国际环境

1.加入WTO后的新切入点。我国加入WTO后,各种关税和非关税壁垒门槛大大降低,我国农产品的出口面临着国际农产品市场的严峻挑战,国外大量的农产品已经并将继续进入我国的农产品市场,例如,我国目前大量地从美国、阿根廷、巴西等国进口大豆,而且某些年份的进口大豆量甚至超过了我国自产的大豆量,我国常规农产品的总体出口优势正在减弱。在此情况下,我国的有机农产品因其较低的生产成本和较丰富的品种,已逐步成为我国的一种优势外向型产品,从而成为我国农业经济和农民增收的新增长点,也是我国农产品出口的一个新的切入点,这对保持我国的贸易顺差,拉动农业经济和国民经济的发展将发挥不可低估的积极作用。

2.市场需求。由于有机产品的安全性与优良品质,有机产品消费需求进一步扩大,超市和大型连锁零售业等主流销售渠道越来越青睐有机产品,有机产品市场呈现快速增长势头。尤其是西方发达国家市场,仅有机食品的消费就已经占到食品消费市场的2%～4%,而且发展趋势仍相当看好。在这样的前提下,我国有机产品的出口贸易额也从20世纪90年代中期的不足100万美元,达到了2004年的2亿多美元,而且此后我国有机产品的出口额仍在以较快的速率增长。

(二)国内环境

1.良好的生态环境和传统农业基础。我国国土辽阔,西部地区地处偏僻,沿袭传统农业生产方式,自然资源未受破坏,很少或从未使用过化肥、农药、除草剂等化学合成物质,呈现出自然生态优势和地方资源优势,为我国生产有机食品提供了有利条件。

传统农业的技术精华可用于有机农产品生产。我国有着丰富的传统农业的经验,自古以来就有使用堆肥、沤肥等农家肥的良好习惯,有物理、机械、生态技术防治病虫草害的丰富经验,这些传统农业的技术精华为我国有机农产品的发展提供了有力的技术支持。

2.政府支持。我国不少省、市、县政府从农村发展和保护生态环境出发制定了鼓励政策,对有机农业和有机产品开发实行补贴,加大了对有机农业和加工业的投资力度,推动了有机农业的发展。

由于有机农业是提高食品安全,保护生物多样性,促进可持续发展的一条有效途径,有机农业已被列为16项多学科行动重点领域之一。不少科学研究机构都把有机农业和有机产品作为重点研究项目。

有机食品的开发与生产符合国家方针政策。国家要求农业从总体上优化结构,突出质量,突出效益,向多样化、高品质的方向发展。发展有机农业符合生态学和可持续发展战略,符合国家的基本要求。有机食品价格比普通食品高,因此将会产生良好的经济效益;能切实增加农民收入;符合我国农村产业结构调整政策,从而得到了我国各级政府的大力支持。

3.创造农村就业机会。由于有机农业属于劳动密集型农业,发展有机农业在增加农民收入的同时,可以为农村创造更多的就业机会,从而减少农村剩余劳动力对城市的压力,这十分有利于保障城乡社会的和谐与安定。

第二节 有机农业的特征和基本原则

一、有机农业的特征

1.遵循自然规律和生态学原理。有机农业的重要原则就是充分发挥农业生态系统内部的自然调节机制。在有机农业生态系统中,采取的措施均围绕实现系统内养分循环,最大限度地利用系统内物质的目的,采用包括利用系统内有机废弃物质、种植绿肥、选用抗性品种、合理耕作、轮作、多样化种植、促进天敌、采用生物和物理方法防治病虫草害技术,建立合理的作物布局,满足作物自然生长的条件,创建作物健康生长的环境条件,提高系统内部的自我调控能力,从而抑制害虫的暴发。

2.实行有机耕作增加土壤肥力。有机农业实践者尝试着尽最大可能获取饲料及充分利用农家肥料来保持土壤肥力的平衡。有机耕作的农民不用人工合成肥料,而是通过种植豆科植物,利用豆科作物的固氮能力来满足植物生长的需要,同时种植的豆科作物还可用作畜牧养殖的饲料,由牲畜养殖积累的圈肥再被施到地里,培肥土壤和植物。

利用土壤生物(微生物、昆虫、蚯蚓等)使土地固有的肥力得以充分释放。植物残渣、有机肥料还田以及种植间作作物有助于土壤活性的增强和进一步的发展。土地通过多年轮作的饲料种植还得到休养,农家牲畜的粪便也可被充分分解并释放出来。这样,自我生成的土壤肥力并不依赖于代价昂贵且耗费能源生产出来的化肥,从事有机耕作的农民不会在农场里简单地引进缺少的东西或找替代品,因为他们知道如果使用化学手段会产生对农业、牲畜及环境的无法估量的副作用。他们有意识地精心照料土地,其任务就在于促进、激发并利用这种自我调节,以期能持续生产出健康的高营养价值的食品。因此,它要求有机生产体系中的耕作者具有广博的知识背景和实用的生产技术。

3.协调种植业和养殖业的平衡。因为有机生产标准只允许从外界购买少量饲料,实施有机耕作的农民只能养殖其土地能承载的牲畜量,即每公顷一个成熟牲畜单位,所以这种松散的牲畜养殖方式可以避免环境受太多牲畜或人类粪便的污染,因此牲畜养殖规模还取决于土地能容纳的粪便量。在这种情况下,饲料和作物的种植处于一种动态平衡且经济效益最大化。

4.禁止使用基因工程获得的生物及其产物。基因工程是指人工将一种物种的基因插入到另一物种基因中。基因工程不是自然发生的过程,故违背了有机农业与自然秩序相和谐的原则。而且许多科学事实已证明基因工程品种对其他生物、对环境和对人身体健康造成的影响,另外,基因工程品种还存在着潜在的、不可预见的破坏自然生态平衡的影响。因此,有机农业坚决反对应用基因工程技术。

5.禁止使用人工合成的化学农药、化肥、生长调节剂和饲料添加剂等物质。

二、有机农业的基本原则

有机农业以生物学、生态学为理论指导,以实现环境、经济和社会三大效益完美结合为目标,其基本原则可概括为8个方面。

(一)建立相对封闭的养分循环利用体系

有机农业的指导思想是耕作与自然的结合。在有机农业中,自然的生命进程应受到促进,营养物质的循环应尽可能保持完整,种植和养殖应该结合起来,包含人类、土地、植物和动物的农场被视为一个多元的整体,即一种有机整体。

有机农业禁止使用人工合成的化学肥料,尽量减少作物生产对外部物质的依赖,也即强调系统内部营养物质的循环。土壤为作物提供养分,各种废弃物携带的营养又必须重新归还土壤。通过营养物质的循环使用,可以大大减少外部物质的投入,建立一个人健康、经济的体系。万一需要从外部补充一些养分,也只能以有机肥或难溶的矿物性肥料如磷矿粉、钾矿石,碳酸钙石粉等方式投入。

有机农业运动的先驱 Mueller 建议农民不要购买化肥和饲料,他说:"健康和肥力不是买来的。"由于作物只能利用化肥的一部分养分,多余的养分流出系统,给环境造成负担,如今江河湖泊的富营养化就与农业生产中大量使用化肥有关。另外,生产化肥需要消耗大量不可再生资源,长期来看农业生产依赖化肥是不可持续的。封闭式经营一方面可减少农业对生态环境的污染和对不可再生资源的消耗;另一方面也有利于农业系统的健康。从外界购买的粪肥、饲料等可能含有化学药物残留、杂草种子或其他有害物质,这些都会影响土壤生物活性,破坏系统的稳定。

生产所需的氮肥,可以通过种植豆科饲料或绿肥和有机废弃物的循环利用等方式在系统内解决,磷、钾等养分主要通过提高土壤生物活性,促进作物从土壤后备养分中活化养分。

当然,封闭是相对的,并不是零投入。它主要是说要充分利用系统内现有资源,尽可能减少外部投入。在充分利用系统内养分的基础上,有机农业生产标准也允许从外界购买一部分粪肥。例如一个只种植蔬菜而没有条件搞养殖的农场,仅靠作物收获残留部分的循环利用和种植绿肥是不能满足养分需求的,这种情况下农场就可以购买一些有机粪肥,当然,最好是从有机养殖场购买。

养分封闭式循环利用是有机农业理论的基础,有机农业的其他原则都是这一理论的延伸,它既符合生态规律,又符合经济规律。由于减少了外部购买,自然就降低了生产成本,因此有机农业是一种低投入高效益的生产方式。

(二)培养充满生命活力的土壤

土壤哺育了整个自然界,是生命生存的基础。常规农业致使土壤肥力下降,结构破坏,水土流失严重,而保护土壤却是有机农业的核心。由于尽可能的封闭式养分循环,来自外界的养分有限,作物要依靠生产系统自身的力量获得养分。在农业生产系统内营养物质循环的基础是土壤。健康的土壤→健康的植物→健康的动物→人类的健康。因此土壤是有机农业的中心,有机农业的所有生产方法都应立足于土壤健康和肥力的保持与提高。只有肥沃的土壤才能维持整个系统(图1-1)的正常运转。

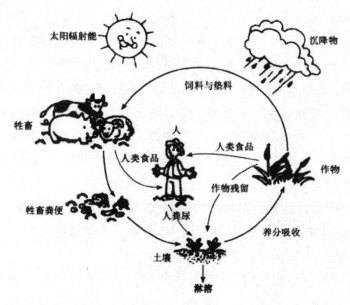

图1-1　土壤、作物和人类的关系

常规农业生产中,一方面放弃了有机肥料,只使用易溶解的化肥,营养物质直接被植物吸收,土壤只是一个载体,土壤结构差,作物根系不发达,营养不和谐;另一方面作物对化肥的利用率很低,未被利用的化肥则会污染环境。

土壤也是一个农业系统内营养物质循环的基石。对于有机农业来说,健康的土壤就是有生命的土壤。一把土壤中含有无数的土壤生物,它们分解、运输养分并提供给植物的根部。与家畜一样,土壤生物也需要"喂食",有机粪肥、作物残茬与绿肥都能为土壤中的生命提供营养,而且活着的植物通过其根部释放有机物质也可用作土壤生物的食物。因此,有机生产中土壤培肥是先用有机肥喂土壤,这些有机物质再通过土壤生物的加工分解又反过来为植物提供生长所需的各种物质,而不像常规农业那样用化学肥料直接为作物提供养分。因此说,健康的土壤是有生命的土壤。土壤生物(微生物、昆虫、蚯蚓等)的活性决定着土壤是否肥沃。肥沃的土壤结构保持了适宜的土壤湿度，保证了最佳的植物生命状态，从而也能提高植物抵抗病虫害的能力。这样，植物与土壤生物活动相互促进，植物通过发达的根系和根际微生物积极寻找营养。Klanpp指出，"只有无须辅助物质就能实现持续产量的土壤才是肥沃的土壤"。肥沃的土壤，或者说健康土壤的特征之一是具有良好的可扎根性，作物根系能够均匀地深入其中，从而使动植物健康生长所需的养分、水分、空气和能量处于生命循环之中。

土壤是有机农业的核心，可以说对土壤的认识与重视程度不同是有机农业与常规农业的根本区别之一。有机农业强调土壤的可扎根性，通透性和土壤的有机质含量及土壤生命活力，这是作物吸收所需养分，增强对病虫抗性的关键；而常规农业由于易溶性化肥的使用，使得土壤的理化、生物特性对作物养分的获得并不那么重要，但却使得农业生产的产品质量下降，作物频繁受到病虫的危害，农药的使用日益增加。

有些常规农业生产措施不利于土壤生物的生活。例如，从外界大量购买常规饲养的家畜粪便中抗生素含量较高，会抑制系统内生物活性，这就是有机农业标准中限制购买常规饲养的畜禽粪便的原因之一，如果迫不得已需要购买，也必须经过堆制发酵才能使用。

有机农业对土壤肥力的理解还不只这些。试验证明，土壤有机质不一定都要矿化分解后才能被作物利用，作物根系也可以直接吸收大的有机分子。这些有机分子是构成细胞的成分。有机农业的先驱Rusch先生称它为"生命物质"，并提出生命物质的循环论，"生命物质"从作物到人和动物，再通过人畜粪便回到土壤，在土壤中又被作物吸收。当我们在农业生产中放弃有机肥而只用化肥时，这一"生命物质"循环就被打破，与这一循环相伴的土壤微生物也就失去了存在的条件，土壤肥力下降。

有机农业的土壤营养与常规农业土壤营养的差异见表1-2。另外，亿万年以来形成的覆盖在地球表面的一层肥沃的土壤是我们人类赖以生存的基础，因此，防止水土流失也是有机农业的基本要求。

表1-2　有机农业的土壤营养与常规农业土壤营养的差异

项目	有机农业	常规农业
需要肥料的类型	有机肥	可溶性肥料（化肥）
肥料特点	速溶性成分浓度低	浓度高
肥料的接受者	土壤	植物
植物根系	十分发达	无须发达的根系
根系的功能	扎根能力强，主动寻找营养	扎根能力弱，无须主动寻找
土壤微生物	是植物养分来源的主体	无须太多
土壤活性	高	无关紧要
土壤有机质	微生物生活的寄主	无关紧要
土壤肥力的维持	肥料、植物、微生物整体	外部大量高浓度速效肥

（三）保护不可再生性自然资源

常规农业中，农业的大幅度增产是通过大量增加农业生产资料（如化肥和农药）的投入来实现的。我们知道，生产氮肥和农药需要大量的能源，如石油、生产磷肥或钾肥需要相应的矿石，而地球上的石油和矿床中磷、钾的储量都是有限的，总有一天会用完。而且，化学合成的氮肥是水源污染、水体富营养化的重要因素。

按照 Global 关于全球已知矿藏量数据，因消费增长预测结果不同，全球矿藏钾量还够用 84～430 年，矿藏磷还够用 88～1659 年。通过矿藏储备向土壤归还养分只能在较短时期内实行。中长期来看，要保护这些不可再生性自然资源，走可持续发展的道路，就必须利用耕作层中的后备养分，或者从岩石中萃取磷和钾用以补充土壤。

土壤中磷和钾的储量要比矿层中的储量多许多倍，因此，有机农业生产中，强调通过提高土壤生物活性，使植物主动活化分解土壤中处于难溶状态的矿物质（磷和钾）等养分，充分利用土壤中的现有营养资源，减少矿物资源的使用。

有机农业还重视豆科作物的种植。豆科作物根瘤菌利用太阳能将空气中的氮固定下来，为作物所利用，从而可以节省大量化肥。太阳能是取之不尽的，而化学合成 1kg 氮肥则需消耗 77700kJ 的化石（石油）能量。

有机农业与自然环境的保护及可持续发展有着极为紧密的联系。当前环境保护工作中保护生物多样性,减少农业生产的污染源,生物安全,生态建设等热点工作与有机农业有许多共同的目标,发展有机农业是开展这些工作的重要方式与内容之一。对于从事有机农业领域的各级人员,要树立起强烈的生态道德观,培养生态文明意识,尽量保护各种自然资源,这样才有可能发展真正意义上的有机农业,实现有机农业的目标。

(四)充分利用农业生态系统内的自然调节机制

有机农业的另一重要原则就是充分发挥农业生态系统内的自然调节机制和作物的健康栽培。正常的农业生态系统中,害虫和益虫的密度都是在不断变化的,它们之间是相生相克、此消彼长的关系,总体上来说,系统处于一种平衡状态,不会暴发病虫害。害虫也是生态系统固有的组成部分,是益虫的食物。因此,有机农业生产中的病虫害防治原则首先在于模仿自然生态环境、采取适当的农艺措施、建立合理的作物生长体系和健康的生态环境,提高系统内自然生物防治能力,从而抑制害虫的暴发,而并非像现代农业那样力求彻底消灭害虫,更不是等到病虫害暴发时才采取措施,即通过生态而非农药的方式来防治害虫的发生。反过来说,如果在有机农业生产中暴发了病虫害,恰好说明整个生产系统还不稳定。要建立稳定(平衡)的农业生态系统,就必须增加系统内物种的多样性。

举例来说,根据能量流和物质流把一个系统简单分成4级:太阳、植物、食草动物、食肉动物。假如一个系统内只有一种植物、一种食草动物、一种食肉动物,在这个食物链上一旦某一个环节出现问题,这个生态系统就遭到破坏。假如结构稍微复杂一点,植物有2种,食草动物和食肉动物也各有2种,即使其中一个环节遭受破坏,整个系统也不会毁灭。

为了抑制害虫的爆发,有机农业还要求提高农业生态系统内物种的多样性。因为,一般情况下物种越丰富,系统就越稳定,自然调控能力也就越强。促进有机农业系统内物种多样化的主要措施有:①多样性种植(轮作,间作,套种);②适度控制作物的营养水平;③有目的地建立天敌栖息地和群落生境;④机械或人工(而不是化学)除草。

健康栽培是有机作物抵抗病害的主要措施。通过抗性品种,培肥土壤,合理轮作,科学的肥水管理,使得作物生长健壮,有效地抵抗病原菌的侵染。

病虫害的生态防治是一项长期的工作,但生产者刚开始有机转换时往往比较急切,希望能够获得与化学农药同样有效的生物农药。这种想法具有相当的普遍性,但却必须得到纠正。要发展有机农业,一定要改变常规农业的思维与行为习惯,认识到健康栽培、生态防治才是病虫害的关键控制方法,生物、物理手段只是必要时的一种辅助手段。

(五)根据土地面积决定家畜饲养量

随着竞争的加剧,国内外的农业生产都朝向规模化、集约化和单一化发展。这就导致农场只种地而没有养殖业,或者只搞养殖而饲料种植面积很少甚至没有饲料地。只搞种植的农场只能靠化肥向土地归还或超量补充被植物吸收的养分,同时,在只搞养殖的畜牧场,粪便堆积如山,严重污染生态环境,或者由于饲料地面积有限,大量的家畜粪便使土地营养超负荷,最后还是污染环境。由于种植农场对养分单方面最大化的吸收和集约化养殖农场中土壤养分的过分集中乃至危害环境。不同类型的农场,以及不同地区和国家之间的养分转移量成倍增加。

相反,有机农业把整个农场作为一个有机体,实现农场内部尽可能封闭的养分循环。一个农场如果有与土地生产量相应的养殖业和加工业,则植物养分的循环在农场内部就达到了最大化,同时农场之间的养分转移量也就最小。考虑到作物主动活化的养分和农产品加工下脚料归还的养分,一个种养结合合理的综合性农场,即使其产品离开农场循环体系也没有必要使用化肥。

可见,有机农业提倡种养结合,养殖动物的数量应根据土地面积确定。也就是说,农场能生产多少饲料就饲养多少头家畜。有机农业的封闭式循环不仅是指不从外界购买肥料,而且也包括不从外界购买饲料。由于饲料与肥料一样都含有营养物质,在过量饲养家畜的情况下,必然要从外界大量购买饲料,这会引起一系列的问题:过量的家畜产生过量的粪便,过量施用粪肥又使土壤养分过剩造成环境问题(亚硝酸盐污染地下水、氨气挥发等)。根据土地总生产量不同,一般每公顷可以饲养0.8~1.5个大家畜单位(一个大家畜单位相当于体重500kg牛全年的营养需要量)。

因此,有机农业要求农民只能养殖其土地能承载的家畜数量,这样,家畜产生的粪便量正好能被土地所接受。种植与养殖处于一种相互平衡的关系,另外,家畜的数量少一些,农民可以更精心地照料它。

在我国农村,"一亩地,一头猪"的说法就与此原则意义一致。当然,在现在社会经济条件下,完全按照这种原则发展有机养殖比较困难,但大规模的集约化养殖是不符合有机农业的原则的。

(六)根据动物行为和生理特点进行饲养管理

按照家畜自然习性进行饲养管理就要求在饲养过程中要充分满足动物的行为需要与生理特点。现代畜牧业片面追求动物的高产和快速生长,导致家畜的工厂化集约化饲养,猪被成群地关在带有漏缝地板的猪舍内,鸡被密集地关在鸡笼内,终年不见天日,完全成了生产机器,失去了其生命的意义,满足天然习性更无从谈起。由此引起一系列问题:奶牛繁殖力下降、生长寿命缩短、发病率增高;猪因为生活环境单调无味而自相残杀。近年在英国发生的"口蹄疫"就是高度集约化养殖的结果,而在有机农场很少发现此病也是有机养殖尊重家畜自然习性,有利于动物健康的有利证明。

有机农业要求,人们首先要从思想上尊重家畜,把动物看作是人类的朋友。这里涉及"生态道德"问题。在中国向市场经济全面过渡的今天,急功近利的短期行为随处可见。而发达国家市场经济的历史早已证明,市场经济不是万能的。对于地区、集团间贫富差距的缩小,对于公共性资源的合理使用与保护,对"成木外摊"的防止等,市场经济都显得无能为力。在这种情况下,特别是在西方发达国家便产生了一种新的概念,即生态伦理观。这种观念的核心:一是考虑到后代人与当代人的平等权益;二是认识到人类同自然界和谐关系的重要性。如果不从这种理性的高度来总结、分析和反思历史,尤其是"工业革命"以来的人类行为,就很难跳出传统概念的框架,就很难理解有机农业的一些做法。进入19世纪之后,一种全新的道德观开始被智者所意识,即如何正确对待人和"土地社群"(包括土壤、水、动物与植物)的关系。这种道德观要求摒弃那种把自然界和资源看作是人类私有财产、可以"征服"的观点,摒弃人为了一己和眼前的私利而本能地掠夺资源、破坏环境和榨取其他生物的行为。

因此,有机农业在家畜管理方面,要创造舒适的环境,让家畜能够按其天生的行为习惯自由地生活。畜舍的设计要有利于畜禽健康,畜舍要铺加垫草,以便牲畜能够舒适地起卧而不受伤害;畜舍要有运动场。鸡舍要有供其啄食和扒挠的地方;猪要让它能够四处活动和拱土,不能为了管理方便而割断层巴、拔掉牙齿。

在饲养方面,不允许片面追求超过畜禽自然生产能力的高产,例如为提高产奶量而大量喂给奶牛精饲料。饲料也应是有机的,力争系统内饲料自给,在不得不购买非有机饲料的情况下,购买部分不应超过所需饲料干物质的10%~20%。不使用化学合成药物进行疾病的日常预防,例如饲料中禁止添加抗生素和激素等其他化学药物。

在家畜的疾病防治方面,应以改善管理、为家畜提供理想的生活条件从而增强体质为基础。家畜一旦发病,要立即治疗,减轻家畜病痛,排除发病原因。治疗时尽量使用自然疗法(在西方顺势疗法为主要的有机养殖动物病害防治办法),在不得已时才可使用化学药物。有机农业禁止使用化学合成药物进行疾病的日常治疗和预防。根据IFOAM标准,动物的运输与屠宰过程应平静和温和,要尽量减少对动物的胁迫和痛苦。每一动物在流血死亡之前要使其处于无知觉状态。

在国外,很重视动物福利问题,这不仅是追求高质量的食品,更重要的是一种生态道德观、文明观的体现,体现了人类对生命的重视与珍爱。作为有机养殖者,要逐渐培养这种观念与意识。

(七)生产高品质的食品

生产高质量的营养健康食品是有机农业的根本目的之一。有机农业生产中不使用化学合成的农药,因此,产品中农药残留就降低到最低限度;有机农业耕作中施肥水平较低,因此,产品中硝酸盐含量也就较低。更重要的是有机食品生长于健康的,充满生命活力的土壤上。

有机农业的创始人之一拉什(Rush)医生,就是从天然食品有益健康的角度出发而提出发展有机农业的。另外,为了保证有机产品的质量,不仅要求生产过程按有机农业的要求进行操作,在产品的加工、包装、运输、储存及销售过程中部必须注意保持有机产品质量的完整性,避免破坏食品的营养物质和受到有害物质的污染。因此,有机生产提倡尽可能减少不必要的加工,以免破坏产品的营养成分,如在日本,部分有机大米就只进行初加工,销售棕色的"五分米",而在欧洲,有机食品消费者更钟情于新鲜蔬菜水果和"黑面包"。

众所周知,有机农业运动蓬勃发展的原动力来自于消费者对有机产品的需求,而消费者,特别是欧美的消费者,之所以愿意出高价购买有机产品,是因为他们认为有机生产的产品品质更好,更有利于健康,有机生产方式有利于保护环境或有利于农民摆脱贫困。另外,人们普遍感觉,有机食品口感比常规食品更好。根据我们对上海超市内有机蔬菜专柜的了解,许多消费者都是回头客,他们往往是在发现有机蔬菜比较好吃后才继续购买的。

在有机农业运动初期,由于缺乏相应的技术措施以及人们把有机农业错误地理解成不采取任何措施的自然农业,当时生产的有机食品有时在外观上不及用农药化肥种出的产品那么漂亮,水果和蔬菜尤其如此。例如,有机种植的猕猴桃往往比用大果灵处理的要小一些,有机苹果虫斑可能多一些,但是消费者往往不会因为是有机种植的就接受这种不符合外观标准的产品。以后,随着有机种植水平的提高,特别是生物防治技术的应用,有机产品外观并不比常规的差。

在我们实际生活中,来自农村的"土鸡""土鸡蛋"味道特别好,用有机肥生产的蔬菜、水果味道鲜美纯正。这就是有机产品是高质量的食品的有力证明(注:此指"土鸡"的生长方式与有机鸡养殖要求相似)。

(八)禁止使用基因工程品种及其产品

基因工程品种是指用人工方法将一种生物的基因整合到另一生物基因中,从而形成的具有特定性质的品种。因基因工程导致的生物基因变化不是自然发生的过程,故违背了有机农业与自然秩序相和谐的基本宗旨。另外,基因工程品种还存在着潜在的、不可预见的破坏自然生态平衡的影响,以及伦理道德危机等。因此,有机农业坚决反对应用基因工程品种及其产品。其实,在许多国家,对常规食品也要求基因工程的食品必须有明文标识,以便于消费者进行选择,而且欧盟国家、日本、韩国等都制定了限制转基因农产品进口的规定。

第三节 有机农业与有机食品

一、有机食品概论

(一)有机食品相关概念

有机食品在不同的语言中有不同的名称,国外最普遍的叫法是有机食品(Organic Food),在其他语种也叫作生态或生物食品。

有机食品与国内其他优质食品的最显著差别是,前者在其生产和加工过程中绝对禁止使用农药、化肥、激素等人工合成物质,后者则允许有限制地使用这些物质。因此,有机食品的生产要比其他食品难得多,需要建立全新的生产体系,采用相应的替代技术。

"有机食品"通常需要符合以下4个条件:①原料必须来自已经建立或正在建立的有机农业生产体系(又称有机农业生产基地),或采用有机方式采集的野生天然产品;②产品在整个生产过程中必须严格遵循有机食品的加工、包装、储藏、运输等要求;③生产者在有机食品的生产和流通过程中,有完善的跟踪审查体系和完整的生产、销售的档案记录;④必须通过独立的有机食品认证机构的认证审查。

有机食品的主要特点是来自于生态环境良好的有机农业生产体系,在生产和加工中不使用化学农药、化肥、化学防腐剂等合成物质,也不用基因工程生物及其产物。因此,有机食品是一类真正来自于自然,富营养、高品质、安全的食品。

有机食品不等于无污染食品。不少人认为,不含任何化学残留物质,绝对无污染的食品就是有机食品。应该说,食品是否有污染物质是一个相对的概念,自然界中不存在绝对不含任何污染物质的食品。只不过是有机食品中污染物质含量比普通食品要低得多。过分强调有机食品的无污染特性,只会导致人们只重视对环境和终产品的污染状况的分析,而忽视对整个生产过程的全程控制。

(二)发展有机食品的原因

我国环境保护前些年重点在城市、在工业污染防治上,对农村环境保护工作事实上没有摆上议事日程。最近几年,从中央到地方认清了这个问题。农业环境问题主要表现在3个方面。

第一,农业自然资源开发利用有的是不合理的不恰当的开发利用,造成新的生态破坏,造成水土流失,这是个生态问题。

第二,农业生产本身所造成的污染,过去我们没有认识到。最近几年逐渐认识到农业生产本身所使用的化肥、农药、地膜等所造成的污染比较严重。现在国家环境保护重点是"三河""三湖"。"三湖"之所以污染严重,主要是化肥施用量过多,因为我国施化肥量比较大,但利用率比较低,一般只利用30%～40%,其他的部分都进入了环境,进入了水体,造成了湖泊、水库污染,这是太湖、滇池、巢湖污染的主要原因。另外化肥施用过多以后进入地下水,变成了强致癌物硝酸盐、亚硝酸盐,影响人体健康。菜篮子工程中的畜禽粪便、大中城市周围的中型养殖场,污染比较严重,少数经过处置做沼气、肥料被利用,一些没有处理直接进入环境,污染了环境。农村的秸秆焚烧也是比较严重的问题。这些污染影响了农产品的品质,总的来说农村环境问题比较严重,影响了人们的身体健康。

第三,食品加工过程中利用防腐剂、色素等化学物质。在这种情况下,国际上非常重视,早就开始在这方面搞研究,发展有机农业,开发有机食品。美国、加拿大、法国、德国、瑞士、荷兰等国家在这方面都比较发达。国际上有个有机农业国际运动联合会,具体搞有机农业和有机食品开发工作。从我国来看,开发有机食品主要目的意义在于通过有机农业的生产和有机食品开发实现农业生产中清洁生产和实现创两高一优的目标,建立一个没有生态破坏、没有环境污染、生态良性循环的农业生产体系,改善农村环境,保证农业的可持续发展。

1.利于保护生态环境,维护生态平衡。目前,我国农业生产普遍存在化肥、化学农药过量使用问题。化学农药在杀死害虫的同时,也杀死了大量的益虫、益鸟、益兽,破坏了原有的生态系统平衡。大量的事实表明:由于大量使用化肥、农药,现在土壤中的生物活性只及20世纪70年代的1/10。土壤有机物的大幅度减少和耗竭,使其保水、保肥能力下降,加剧了水土流失和旱涝。除此之外,大量的化肥流失进入水体以后,也给湖泊造成了严重的富营养化。

由于有机食品生产的基本要求是生产种植过程中不施用农药、化肥等化学合成物质,充分利用生物用物理方法防治病、虫、害,合理使用有机肥料和农业废弃物。因此,发展有机食品将农业生产从常规方式转向有机方式,以建立和恢复农业生态系统的良性循环,可以从根本上避免这些问题的产生,促进农业的可持续发展。从已通过认证的有机食品生产基地来看,农田生态环境普遍好转,各种有益生物种群明显增加,农业废弃物得到了充分的利用。可以说,有机食品的发展对保护生物多样性,控制农业污染,维护生态平衡,促进自然资源的合理利用,具有十分重要的意义。

2.可以向社会提供高品质的安全、健康、环保的食品。食品安全是全社会广泛关注的问题。近年来科学研究表明,食物中的农药残留对人体的影响不仅表现为直接的毒害,间接的危害也很严重。食品污染是食物受到有害物质的侵袭,造成食品安全性、营养性或感官性状发生改变的过程。随着科学技术的不断发展,各种化学物质的不断产生和应用,有害物质的种类和来源也进一步繁杂,食品污染大致可分为:①食物中存在的天然毒物;②环境污染物;③滥用食品添加剂;④食品加工、贮存、运输及烹调过程中产生的有害物质或工具、用具中的污染物。食用了被污染的食品会造成的危害,可以归结为:①影响食品的感官性状;②造成急性食物中毒;③引起机体的慢性危害;④对人类的致畸、致突变和致癌作用。拿水产鱼类来说,如果自然界有了汞的污染,而土壤中的有些微生物可以把汞转变成有机汞,鱼类吃了这样的微生物就会把有机汞储存在身体中,而人吃了这样的鱼,汞就会进入人的神经细胞中,人就会得可怕的水俣病。水俣病是人类污染环境,而污染物最终通过食物链进入人体并严重伤害人的中枢神经,损害人的小脑和大脑的最典型的例子。还有报道说,农药在降解过程中将形成各种中间体,其中某些分子结构与动物体内的雌性激素十分相似,这可能是导致整个生物界(包括人类)雄性退化的重要原因。

3.有助于增加农民收入和推进农业产业化。推进农业产业化是我国农业和农村经济发展中实现"两个根本性转变"的战略措施。党的十五大提出要积极发展农业产业化经营,形成生产、加工、销售的有机结合和相互促进的机制,推进农业向商品化、专业化、现代化转变。我国有机食品产业及其所依托的有机农业生产,正是以市场为导向逐步发展起来的,并已显示出强劲的增长势头。从事有机生产的农民普遍增收,贸易商的利润大幅度增加。

二、有机农业与有机食品的关系

有机食品是有机农业生产体系生产的与人们生活最密切的产品,是个狭义的概念,而有机农业生产体系中生产的所有的有机产品除包括食品外,还包括纺织品、皮革、化妆品、林产品、家具等其他与人类生活相关的产品。所以,有机食品是有机农业的部分产品。

有机农业侧重农业生产体系和生产过程的控制和管理,食品仅仅是其部分产出形式,它还包含有生态农业和环境保护的诸多内容;有机食品侧重于产品的开发。所以,有机农业的内涵和外延更深刻、更广泛。

第四节 有机农业的意义

一、动植物健康

(一)作物健康的概念

作物是人类赖以生存的资源,理应受到保护,研究作物的生命活动,通过增进健康、防治疾病以提高其生产量和品质是作物健康的核心内容。栽培植物是农业生态系统的核心,它和其他生物一样,需要能源(土壤、矿物质)和生长条件(光、气、温、水),同时也受到以栽培植物为能源的生物(植食性动物、病原微生物、杂草、寄生性植物)的侵袭。因为植物不能行动,不能躲避一切不利的环境因素,更由于植物需要接受阳光进行光合作用,枝叶常处于伸展状态,因而更易受到不利因素的袭击。所以在如此不利的条件下,植物还能在地球上生存、发展,必然具有比其他生物更强的自我调节和御害能力。因此,健康作物的特征表现在:①使遗传性状得到充分表达;②能主动从土壤中获取足够的营养满足自身的营养需求;③具有较强的耐受和抵御外界不良环境条件的能力及抗干扰的能力;④有持续的产量和产出高品质的产品。

(二)促进作物健康的途径

1.调控作物营养平衡,保持作物健康。德国化学家李比希于19世纪中叶提出养分归还学说,该学说成为现代常规农业施肥的理念基础:植物生长发育需要通过其根系从土壤吸收必要的营养元素如氮、磷和钾,从而使得土壤中这些水溶态元素含量减少。施肥就是为下茬收获向土壤归还被取走的养分。土壤的作用是为植物提供扎根的基础,并作为肥、水、气、热的蓄积库和载体。土壤中的毛细管存储可供植物利用的水分,土壤大孔隙负责空气交换。盐类养分溶解在土壤中,被吸附在带电的黏粒和胡敏酸类腐殖质的表面,或固定在有机质、黏粒和矿物性母质中。土壤肥力状况的好坏是根据上述性能的总和来评价的。

在常规农业中,植物根系被看作是水分和盐类营养的吸收器,吸收的方式有质流、截获和扩散。被土壤胶体吸附的离子与土壤溶液离子总是处于一种交换平衡状态,从而在养分输出或输入时,对土壤溶液浓度起到缓冲作用。人们把土壤溶液中的离子和土壤胶体表面容易被释放的离子看作是可被植物利用的养分。以钾为例,可利用的养分有溶解于土壤水分中的钾以及可与 H^+、NH_4^+ 或 Ca^{2+} 交换的钾。根据可交换养分含量的高低,人们将土壤划分为不同的级别。实践证明,通过施肥将土壤养分提高到C级(表1-3),才能达到理想的产量。

表1-3 农业土壤中的P_2O_5和K_2O含量等级

营养含量等级	每100g土壤中所含P_2O_5和K_2O的质量/mg			
	P_2O_5	K_2O		
	所有类土壤	沙土	壤土	黏土
A 低	<11	<8	<12	<15
B 中	11~18	8~15	12~24	15~30
C 高	19~35	16~25	25~40	31~50
D 很高	36~60	26~50	41~60	51~70
E 过高	>60	>50	>60	>70

在现代农业中,农作物产量的大幅度增长确实主要归功于人们这种通过施用化肥向土壤有目的地归还养分。但是,化肥的使用会消耗不可再生自然资源,并且会污染环境。除了向土壤归还养分,植物还有没有其他养分来源呢?

德国土壤学家过去几十年中进行的许多关于磷或钾的长期施肥试验的结果显示,每100g土壤中可交换钾储备达8mg K_2O就足够了,每100g土壤中可溶性磷达到10mg P_2O_5即可。超量施肥,即使磷和钾都达到最高供应水平也无增产效果。有些试验显示,只要施用作物吸收量20%~40%的钾即可达到最高产量。德国科学家在施魏因富特的Geldersheim农场进行了连续30年的施钾肥试验。该场土壤为次生黄棕壤土,试验从1953年开始,分60块小区,每4块一个重复,按钾肥施用量由低到高分4种处理,农民按农场通常的做法施磷肥和氮肥。经过30年试验后对照组(不施钾肥)每公顷作物吸收K_2O 5000kg/hm²,在未见明显减产的情况下土壤可交换钾储量降至每100g土壤5~6mg K_2O。对照组在最后一年即1982年产量达到谷物7t/hm²、甜菜80t/hm²。

如果按照养分收支平衡进行计算,试验作物吸收的养分只有部分甚至根本没有一点来自土壤的营养库(可交换养分储备),这不符合最小养分律和李比希的养分归还学说。这就说明作物还有其他养分来源。

科学试验证明作物可以主动活化非水溶的土壤后备资源即营养

源(黏粒矿物,如云母和长石)中的养分。当根系周围某种矿物质养分浓度低于一定阈值时,植物根系、其伴生生物群中的真菌和细菌,或者二者一起开始相互作用,产生和分泌特异性载体,作用于相应矿物质结构离子的螯合剂或相应的酶(有机酸),从而主动活化养分。

在种养结合良好的有机农场体系中,农场内部循环的基础养分最多只有20%~30%随收获离开农场。通常,从土壤主动活化获得的养分就足够补充从农场流失的这部分养分而满足作物高产的需要,而不必再额外施肥。但在常规农业中,人们往往忽略作物主动活化获得的养分,大量施用化肥,一方面抑制了作物主动活化养分的能力;另一方面也给环境带来负担。

有机农业强调整体的、系统的思想,即通过促进土壤肥力,进而提高土壤的抗植物病原潜力以增强植物的自身抵抗力。作物的健康和产量如何,说到底是土壤好坏的结果。这就像一个人的健康一样,如果他能吃能喝,身体就好,即使有点小病也能抵抗过去。相反,如果他总是靠输入营养液生活,健康就有问题。因此,有机农业把培育健康肥沃的土壤作为核心内容,而提高土壤肥力并不是靠从系统外大量购买有机肥来实现的。德国的有机农业开始较早,现在有很多有机农场良好地运作了五六十年,从来不需从外界购买养分。关键在于如何活化土壤,利用土壤中难溶的养分。进一步说就是如何提高土壤生物活性,使土壤变得疏松而有利于植物扎根和吸收养分。

2.保持和建立生态平衡,促进作物健康。在从常规农业向有机农业转化的过程中,首先面临的问题是如何替代常规农业的化肥和农药。在有机农业实践中,用有机肥、厩肥、饼肥等基本上可以满足农作物对营养的需求,肥料已经不是有机农业最感到头痛的问题。病虫害的防治则不然,由于多年来的现代农业,农民已经习惯使用各种化学农药,同时由于化学农药的物美价廉,使用方便,农民很少花时间和精力去尝试不用化学农药防治害虫的办法。因此,在有机农业的转化初期,面对突然发生的害虫农民往往束手无策。有机农业病虫害的防治成为有机农业健康发展的障碍。

在常规农业中,病虫害防治的策略过去是治理重于预防,强调对症下药、合理用药,着眼于作物—有害生物的关系,特别是病虫害对作物的影响,形成了以有害生物为核心、以药剂为主要手段的治理策略;而有机农业病虫害的防治是以预防为主,使作物在自然生长的条件下,依靠作物自身对外界不良环境的自然抵御能力提高抗病、虫的能力,人类的工作是培育健康的植物和创造良好的环境(根部、树冠和周围的环境条件),对有害生物采取调控而不是消灭的"容忍哲学",有机农业允许使用的药物也只有在不得不用的应急条件下才可以使用,而不是作为常规的预防措施。原因如下。

第一,当植食性昆虫的种类和数量达到一定程度时,才称其为害虫,这是因为,在自然界,真菌、细菌、病毒、叶螨和昆虫无处不在,而在自然生态条件下,由于天敌的大量存在,这些生物一般无法大量繁殖,因此,只要它们不影响作物的产量和品质就称不上是病虫害。一旦这些生物大量繁殖,给作物带来危害,恰恰又说明我们在农业生产中存在失误。也就是说,病虫害的暴发往往是有机农业系统不完善的表现。而且人们发现,在自然生态条件下,最容易发病的往往是哪些瘦弱的植株。就像人们生病与饮食、应激、气候等因素有关一样,病虫害的暴发往往与土壤、天敌、耕作措施乃至人类活动等密切相关。所以,如果暴发病虫害,首先要找出造成它暴发的条件。

第二,模拟自然生态系统,增加种植作物多样性,是促进作物健康、预防病虫害的基本原则。以害虫防治为例,多样化种植是利用作物栽培方式的改变,增加生态系统的植物多样性,通过植物间的相克相生和天敌食物的数量变化,提供天敌替代性食物,增加天敌的种类和数量,增强天敌对害虫的自然控制能力。这是因为单一种植由于提供高度集中的资源与统一的生态条件,促使那些适合该环境下的害虫迅速发展;又由于单一的环境因素不能提供丰富的可供天敌选择的食物及繁衍与栖息场所,以致天敌减少。有两种假说可解释多样化种植使害虫减少的现象:第一种假说是"天敌假说",认为多样化种植能为天敌提供更好的生存条件,更多的花粉、花蜜和猎物,吸引天敌和增强它们的繁殖能力;增加植食性昆虫的多样性,以便在主要害虫减少时,作为自然天敌的替代食源而使其继续保留在本作物系统中,使该系统拥有更多的害虫捕食者和寄生者;第二种是"资源密度假说",认为多样化种植同时包含有害虫的寄主与非寄主作物,使寄主作物空间分布上不像单作那样密集,且多种作物具有不同的颜色、气味与高度,使得害虫很难在寄主作物上着落、停留与繁育后代,使专性寄生害虫减少。

第三,作物多样化不仅有益于害虫防治,对作物病害与杂草的控制也同样有很大作用。由于不同作物根系的深浅不同和对不同营养元素的需求程度不同,作物多样化种植有利于改善植物的营养水平,充分利用土壤中的营养,提高作物的抗病能力,抑制杂草的生长;多样化种植还可以切断病原菌的食物链和营养供应,避免病原菌的过度积累而导致作物根部病害。

第四,多样化种植包括轮作、混作、间作、设置田间隔离带和种植非作物等多种形式,分为时间与空间两种范围,时间上主要是指合理轮作与播种、收获时间的变化选择;空间上为多种作物及不同品种的复合种植(如间作、混作),在田间地头有意识地设置昆虫栖息地带。

3.预防与治疗手段相结合,恢复作物健康。常规农业对植保的理解往往是病原菌、害虫等有害生物和化学农药。为了扑灭有害生物,人们使用大量的化学合成农药;为减轻各种化学农药的副作用,力求研制出对环境危害较轻的农药;为了使作物具有抵抗某一有害生物的机制,人们甚至不惜使用转基因技术,如 Bt 玉米。所谓的生物防治也主要是利用微生物的代谢产物杀灭有害生物。但是,实践证明这些技术只能解决短期问题,随着各种化学农药的大量使用,有害生物的耐药性越来越强,新的有害生物种类不断出现。

有机农业所追求的不是要消灭有害生物,而且要使二者达到一种平衡,一种没有必要采取直接防治措施的平衡。有机农业顺应自然,重视农业与自然的和谐。不是简单地用生物农药代替化学合成农药,而是从促进作物健康入手,提高作物自身抵御有害生物的能力。由于作物的健康与整个农业系统内的多种因素密切相关,因此,有机农业从系统的整体的角度采取综合措施保证作物健康生长,建立以作物健康为核心,不利于有害生物发生而有利于天敌繁衍增殖的环境条件是有机生产中有害生物防治的核心。

由于有机农业是一个复杂的生产体系,特别是在转换初期阶段,由于生产者缺乏必要的有机农业生产经验,有机农业系统尚不完善,往往会发生一些严重的病虫害,影响作物产量和质量。这时既要找出引起病虫害暴发的原因,同时也要采取紧急措施尽快控制病虫害,而不是任其危害。有机农业并不是不管不治的农业。通过多年的有机农业实践,人们已经掌握了一些能够直接控制病虫害的有效制剂和措施,这些制剂和措施当然是有机农业生产标准中允许使用的,例如,释放天敌、Bt制剂、楝树制剂、乳化植物油、苏打水、黑光灯、防虫网等等。但思想上不能依赖于这些制剂和直接防治措施,不能因为有了有效的制剂就忽视综合预防措施,否则又回到了常规农业植保思路上来了。这些制剂和措施只能作应急使用,也就是说,在迫不得已时才能用。况且,即使是有机农业标准中允许使用的生物农药,也不可无限量使用。我们在德国考察时发现,从事有机生产时间较长的农场,基本没有严重的病虫害,这些应急措施一般也就不需要使用。

二、农产品安全

我国是化肥施用大国,1997 年化肥用量达 39.8×10^6 t(其中氮肥 21.7×10^6 t),居世界第一,每年以7%的速度递增。在化肥使用上,我国氮肥平均用量达 $227 kg/hm^2$,超过了许多欧洲国家及日本、美国。在广大农村,盲目、不科学施肥的现象十分普遍,造成环境及农产品污染。据1993年以来对北京、天津、河北、山东等省市农业地区200个地点的抽查显示,约46%样点地下水、饮用水硝酸盐质量浓度超过50mg/L,其中最高达500mg/L。南方太湖地区农田平均氮素过剩每年超过 $300 kg/hm^2$,大范围的农业非点源氮素污染进入太湖,使得水体富营养化相当严重,严重威胁当地的饮用水资源。此外,由于农田、菜园大量施用氮肥,致使硝酸盐在蔬菜体内大量积累。近年对广州市蔬菜硝酸盐含量调查显示,白菜类、绿叶蔬菜类、甘蓝类和根菜类硝酸盐残留量超标率分别为89%、53%、32%和38%,其中菜心、白菜、芹菜、菠菜超标100%。

目前,我国每年使用的化学农药成药有 $(23 \sim 24) \times 10^4$ t。在农药施用水平上,全国平均水平为 $2.34 kg/hm^2$,超过了主要发达国家的使用水平,造成了对水体、土壤及农产品(尤其是蔬菜、水果)的不同程度的污染。据调查,我国江西、江苏以及河北等地的地下水已经遭受到六六六、阿特拉津、乙草胺、杀虫双等农药的污染;在江苏一些沙性土壤地区,地下水中也已检测出涕灭威、呋喃丹、拉索等农药。此外,在我国使用的农药品种中,有机磷农药占60%以上,且农药的滥施及误施现象十分普遍,造成农产品严重的农药污染。

随着城乡人民生活水平和受教育程度的提高,人们越来越讲究购买安全食品,特别是在购买婴幼儿食品以及直接供人们食用的瓜果蔬菜等时。安全食品将逐步取代常规食品,成为21世纪食品市场的主角。

有机农业在生产过程中禁止使用人工合成的化肥和农药,减少了生产过程中对最终产品的污染,使产品的安全程度达到最高。

(一)营养质量提高

实例1:以有机生产方式(如堆肥)种植的蔬菜,其有益成分的含量远远高于用化肥种植出来的蔬菜,见表1-4。

表1-4 使用堆肥与化肥种植的蔬菜的相对产量及营养成分比较

比较项目	施堆肥比施化肥提高/%
干物质	23
蛋白质	18
维生素C	28
总糖分	19
蛋氨酸	13
铁	77
钾	18
钙	10
磷	13

实例2:以有机生产方式生产的草莓的全氮、热值和可溶性糖的含量高于常规生产的草莓,见表1-5。

表1-5 草莓的品质与生产方式的关系

项目	水分/%			全氮/%			质能量/(J/g)			可溶性糖/%
	根	茎叶	果实	根	茎叶	果实	根	茎叶	果实	果实
有机	60.34	77.47	90.71	0.858	1.23	1.001	17652	16686	17489	6.82
无机	62.14	75.28	90.77	0.716	1.21	0.987	16979	16602	17518	5.86

(二)有害物质减少

1.有机食品农药残留低。如果说有机产品不含任何农药残留,其实是不确切的。由于大气、水源和土壤的污染以及要经过运输、加工和销售等过程,谁也不能保证有机食品绝对不含农药残留或化学物质。但是,由于有机生产过程中不使用农药,有机产品中含有农药残留的概率和数量要比常规食品低得多。

(1)母乳:根据法国科学家 Aubert 的报道,1987年法国的母亲乳汁中 DDT、HCH、PCB 的含量仍然超过 1986 年世界卫生组织公布的最高限,因为这些有害物质随生长发育而蓄积在人体脂肪内,最后随乳汁释放出来而危害婴儿。母乳中 DDT 浓度可达牛奶中的 127 倍,减少母乳中 DDT 的方法,一是在怀孕前抽除多余的脂肪;二是吃有机食品。Aubert 的研究表明,当有机食品占饮食比例的 80% 时,则乳汁中 DDT 浓度只有吃常规食品妇女的 30%。

(2)新鲜水果和蔬菜:参见表1-6 和表1-7。

表1-6 新鲜水果和蔬菜中农药残留情况

项目	常规食品	有机食品
样品数量	856	173
未检出比例/%	60.90	97.1
农药残留一般比例/%	32.9	2.9
农药残留过高比例/%	6.2	0

表1-7　德国Sigmaringen农业化学监测站水果和蔬菜农药残留检出情况（括号内为%）

年份	有机食品				常规食品			
	样品数	未检出数（比例%）	<0.01mg/kg	>0.01mg/kg	样品数	未检出数（比例%）	不超标	超标
1983	43	43(98)	1(2)	0	484	222(46)	249(51)	13(3)
1984	108	100(93)	7(6)	1(1)	383	180(47)	191(50)	12(3)
1985	43	37(86)	6(14)	0	456	244(53)	200(44)	12(3)

2.有机蔬菜中的硝酸盐含量低。人体平均每天摄入的硝酸盐,大约有70%来自蔬菜,有20%来自饮水。当蔬菜被人体摄食或烹煮时,硝酸盐就有可能转化成亚硝酸盐,而后者能够与胺结合形成有致癌作用的亚硝酸胺。亚硝酸盐也可与某些农药残留结合形成有致癌作用的化合物。有机种植施肥水平较低,因此,产品中硝酸盐含量也较低,瑞士科学家对有机蔬菜和常规蔬菜中的硝酸盐含量进行比较后发现,两者有明显差别。有机蔬菜中不仅硝酸盐蓄积量较低,而且蛋白氮与硝态氮的比率也较高。

3.有机食品中的其他有害成分降低。以有机生产方式种植的蔬菜,钠、硝酸盐和自由氨基酸低于使用化肥种植的蔬菜(表1-8)。

表1-8　使用堆肥与使用化肥种植的蔬菜中的有害成分比较

有害成分	使用堆肥后/%
钠	降低12
硝酸盐	降低93
自由氨基酸	降低42

实验表明,大量使用化肥会影响作物的营养成分。随着氮肥使用量的增加,作物中不仅硝酸盐含量增加,而且自由氨基酸、草酸盐和其他不良成分的含量也较高,相反,维生素C含量却较低。有机农业合理的土壤培肥措施,使作物积极地获取非常全面而平衡的养分。而常规农业提供的是能够被作物直接吸收的可溶性的氮、磷、钾化肥,作物营养单一而不平衡。

（三）对健康的影响

人们虽然对具体营养物质的作用比较清楚，但由于各营养物质之间，以及营养物质与食品中的其他物质之间的相互作用非常复杂，因此，很难区别有机食品与常规食品对人类健康的影响。由于个体差异、生活习惯和其他环境因素的影响，即使人们的饮食完全相同，也很难确定有机食品对人类健康的作用。一个折中的方法是，测试有机食品对动物健康的影响。

根据 Plochberger 的实验，给鸡饲喂常规种植的饲料，第一代鸡的4周龄和8周龄生长率较有机饲料的高，但32周后，采食有机饲料的第二代鸡的体重已超过采食常规饲料的鸡。两年产蛋总重量，有机的比常规的高，蛋黄总重有机的也较高，而常规饲养的鸡的蛋白总重较高。在对饲料的选择上，常规饲养的蛋鸡明显喜欢选择采食有机饲料。

1986年，Staiger 做过一个实验，给两组家兔分别饲喂有机饲料和常规饲料，同时保证两组饲料的营养成分（化学分析）相近。最后，两组家兔的实验结果还是不一样：有机饲养的家兔受胎率、分娩次数、每胎产仔数均较高；常规饲养的家兔比有机饲养更容易患病。

三、环境保护

（一）生产区的环境因素

在有轻度污染的城郊结合处改造环境开发有机食品，使环境条件达到有机食品的生产要求；在有明显水土流失的地区从事有机生产，必须采取极其有效的水土保持措施。

有机农业强调避免农事活动对土壤或作物的污染及生态破坏，要求制定有效的农场生态保护计划，采用植树种草、秸秆覆盖、作物间作等方法避免土壤裸露，控制水土流失，防止土壤沙化和盐碱化；要求建立害虫天敌的栖息地和保护带，保护生物多样性。禁止毁林、毁草、开荒发展有机种植。在土壤和水资源的利用上，要求充分考虑资源的可持续利用。

有机农业的耕作方法可以改进土壤的物理结构，增加孔隙度，使土壤吸收和保持雨水的能力增加，防止土壤侵蚀，降低雨水的流失比率,从而减少洪水危险。

因此,有机农业对环境保护的贡献远较仅仅是利用和保护现有的环境条件更大。

(二)生产过程的环境因素

在种子种苗的选择方面,有机作物生产要求所用的种子和种苗必须来自经过认证的有机农业生产系统;选择品种时应注意其对病虫害有较强的抵抗力;严禁使用化学物质处理种子;不使用由转基因获得的品种。

在水肥管理方面,有机农业生产严禁使用人工合成的化学肥料、污水、污泥和未经堆制的腐败性废弃物。禁止使用硝酸盐、磷酸盐、氯化物等营养物质,以及会导致土壤重金属积累的矿渣和磷矿石。

重视栽培方式,可以建立包括豆科植物在内的作物轮作体系,进行作物的间、套种,采用合理的耕作措施,禁止使用化肥,定量施用有机肥,施肥的目标是培育土壤,增强土壤的肥力,提高土壤自身的活力,从而形成健康的土壤微生态,再通过土壤微生物的作用供给作物养分,提高作物自身的免疫能力,减少病害的发生。

禁止使用合成肥料和农药,代之以堆制腐熟的有机肥料和利用生物多样性,改善了土壤结构和水的渗透。管理良好的有机农业保持养分的能力增强,大大减少了地下水被污染的风险。有机农业能够把碳截留在土壤中,其使用的少耕制、秸秆还田、轮作、间作套种固氮豆科作物等管理方法,可以使更多的碳返回土壤,有助于碳储存,帮助了减轻温室效应和全球变暖。

倡导使用堆制腐熟的有机肥。有机肥为长效肥,有利于对生产区的土壤进行改造,使其保水保肥能力增强,不仅可以减少灌溉用水,也可以减少硝态氮向土壤下部的淋溶,减少对地下水的污染。同时,减少地表径流,从而减少随地表径流流失的氮、磷等营养元素,减少对地表水体的影响和河流、湖泊的富营养化。

有机水产养殖禁止使用对环境有害的物质,其底泥中又富含有机质,因此封闭的有机养殖水体中的底泥应该作为有机肥源供农业生产使用,从而避免和减少对水环境的污染。

有机农业强调生产区内的循环生产(图1-2)。有机农业的投入物料以自己园区的产出为主,本园区的一切副产品均为己用,既提高了有机物的投入和土壤的肥力,还达到了没有废弃物排放的目的,从而使环境得到保护。

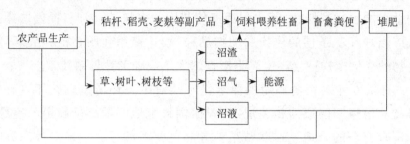

图1-2　有机农业生产区内的物质循环

强调以有机肥作为土壤培肥的主要手段,提倡种植业和养殖业之间的协调和平衡,充分、合理地利用有机肥,可以解决农村环境和畜禽粪便的污染。

有机农业既强调保护人类健康,又强调充分利用资源,保护生态环境,因此获得有机认证的农场是禁止随意焚烧秸秆和杂草的。至于农膜等焚烧后会产生有害污染物质的农用材料则更不允许任意焚烧,而要予以回收利用或处置。这样避免了由于焚烧而消耗贵重的有机物,杀害细菌、真菌、原生动物和其他有益的土壤生物及野生生物,保持土壤中的水分,保护土壤结构及其肥力。如果将秸秆和杂草合理加工利用,还会给土壤带来大量腐殖质,从而提高土壤的肥沃度。

通过采用适当的模式,利用生物防治病虫害。有机农业的病虫草害防治主要就是要保持生产体系及周围环境的基因多样性。采取各种非农药的自然防治法,促使益虫益菌能够与害虫病菌维持在良好的生态平衡状态。例如,轮作、间套种模式,通过合理安排间作套种和轮作倒茬可以均衡利用土壤养分,改善土壤理化性状,调节土壤肥力,通过形成一个良好的以食物链为中心的各组成要素之间建立相生相克关系的生态系统,达到预防病虫草害、减轻杂草危害的目的,从而间接地减少废料和农药的投入,保护环境;以沼气为核心的种植模式,通过合理配置,形成以沼气为能源,以沼液、沼渣为肥源,实现种植业和养殖业相结合的能流、物流的良性循环系统,实现对农业资源的高效利用和生态环境建设等。

有机农业强调重视水土保持和生物多样性保护。除前面提到的水土保持等外,包括有机养殖业在内的有机农业的目标之一就是要保护世界的生物多样性,其中包括遗传基因的多样性,因此,提倡选择能适应当地环境条件的作物和动物品种,禁止使用胚胎移植、克隆等对生物的遗传多样性会产生严重影响的人工或辅助性繁殖技术。

有机农业对畜禽养殖的要求是不能对生态环境造成破坏。有机畜禽养殖遵守国家的相关规定,根据饲料基地的承载量确定养殖量,并留有充分的余地。在养殖品种方面也要考虑尽量选择对生态影响小的品种,以生态环境破坏为代价的,养殖场是不能获得有机认证的。同时为避免养殖业畜禽粪便随意排放对水环境的污染,有机畜禽养殖要求在养殖场建设时就必须将畜禽粪便的储存、处理和利用考虑在内,同时,由于有机养殖场的粪便正是有机农业需要的大量的有机肥的极佳原料,将有机畜禽养殖场的粪便加工成供有机农场使用的有机肥既解决了养殖场粪便污染问题,保护了环境,又充分利用了资源。

第二章 有机农业生态学原理

有机农业是社会经济过程和自然生态过程相互联系、相互交织的生态经济有机体。有机农业生态系统包括生态系统、农业经济系统和农业技术系统,这些系统按照各自的组织原理,最终使复合型生态经济系统结构合理、功能健全、物质流、信息流、价值流皆可正常流动、系统稳定、净生产量最大且可持续发展。在该系统中,经济增长与生态稳定程度之间存在一种协调发展的作用机制,以技术为中介和手段,实现经济生态的协调发展。

有机农业从农业生态系统出发,以生态学理论为基础,通过物质循环和生态平衡,达到作物健康与环境保护的目的。有机农业的最终目标就是要建立系统结构合理,功能健全,物质流、信息流和价值流流动正常,系统最稳定,净生产量最大,并且能够持续发展的良性循环系统。

第一节 农业生态系统

一、生态系统

(一)生态系统的定义

生物群落与其生存环境之间,以及生物群落内生物种群之间、相互作用,通过物质交换、能量转化和信息传递,成为占据一定空间、具有一定结构、执行一定功能的动态平衡整体,就是生态系统。也可以说,生态系统就是在一定空间内生物群落与非生物环境相互作用的统一体。①

(二)生态系统的基本组分

生态系统在结构上包括两大组分,生物组分和非生物环境。

1.非生物环境。非生物环境包括参加物质循环的无机元素和化合物(如C、N、S、P、CO_2、K等);联系生物和非生物成分的有机物质(如蛋白质、糖类、脂类和腐殖质等)和气候因子或其他物理条件(如温度、压力等)。

2.生物组分。生物组分包括生产者、消费者和分解者。

(1)生产者(producer):生产者是能以简单的无机物制造食物的自养生物(autotroph),主要是指脸色植物,也包括一些化能合成细菌。这些生物能利用无机物合成有机物,并把环境中的能量以生物化学能的形式第一次固定到生物有机体中。生产者的这种同化过程又称为初级生产(primary production),因此又把生产者称为初级生产者(primary producer)。

(2)消费者(consumer):所谓消费者是针对生产者而言,即它们不能从无机物质制造有机物质,而是直接或间接地依赖于生产者所制造的有机物质,因此属于异养生物(heterotroph)。

消费者按其营养方式可分为三类:①食草动物(herbivores)。它是直接以植物体为营养的动物,食草动物也称为一级消费者(primary consumer);②食肉动物(carnivores)。即以食草动物为食者,也称为二级消费者(secondary consumer);③大型食肉动物或顶级食肉动物(top carnivores)。即以食肉动物为食者,也称为三级消费者(tertiary consumer)。

(3)分解者(decomposer):分解者是异养生物,其作用是把动植物体的复杂有机物分解为生产者能重新利用的简单化合物,并释放其中的能量,其作用与生产者相反。分解作用不是一类事物能完成的,往往有一系列复杂的过程,各个阶段由不同的生物来完成。

(三)生态系统的分类

生态系统有多种不同的分类方法,分类标准不同其结果也就不

---

①刘大洪,岳振宇.论环境法的终极价值[J].甘肃政法学院学报,2004(5):1-6.

同。在此主要是根据人类活动对生态系统干预的程度,生态系统分为自然生态系统、半自然生态系统和人工生态系统。

1.自然生态系统(natural ecosystem)。在该系统中无人类干预,系统的边界不十分明显,但生物种群丰富、结构多样,系统的稳定性靠自然调控机制进行维持、系统的生产力较低。

2.人工生态系统(artificial ecosystem)。人工生态系统是指人类为了达到某一目的而认为建造的生态系统,包括城镇生态系统、宇宙飞船生态系统、高级设施农业生态系统等。在该系统中,人类不断对其施加影响,通过增加系统输入,期望得到越来越多的输出。

3.半自然生态系统(semi-natural ecosystem)。半自然生态系统是介于人工生态系统和自然生态系统之间,既有人类的干预,同时又受自然规律的支配,是人工驯化的生态系统,其典型代表就是农业生态系统(agro-ecosystem)。它有明显的边界,有大量的人工辅助能的投入,属于开放性系统,并具有较高的净生产力。

(四)生态系统的结构

生态系统是由生物组分与非生物组分组合而成的有序结构系统。所谓生态系统的结构是指生态系统中组成的组分及其在空间上、时间上的分布和各组分的能量、物质、信息流的方式和特点。具体说生态系统的结构包括空间(形态)结构、时间结构、营养结构(食物链结构)和物种结构。

1.空间结构(space structure)。空间结构是指生物群落在垂直方向和水平方向上的格局变化,构成空间三维结构格局。空间结构又分为垂直结构和水平结构。

(1)垂直结构:垂直结构是指生物种群在垂直方向上的分布格局,在地上、地下和水域都可以形成不同的垂直结构。上层为自养层的绿色带,以绿色植物的茎、叶为主,进行光合作用,实现有机物质的合成和积累;中层为异养层的动物层,以食草动物、食肉动物和昆虫为主体,完成有机物质的营养消费和能量转化;下层为异养层的棕色带,包括土壤、土壤微生物、沉积物、腐烂的有机物、根等,完成复杂死有机物的分解、利用和重新组合。

（2）水平结构：水平结构是指在一定的生态区域内，各种生物种群所占的面积比例、聚集方式等，主要表现为所有植物、动物的种群在水平结构上的分布状况，可分为均匀分布、聚集分布和随机分布3种。均匀分布指的是生物物种的分布是均匀的；聚集分布指的是生物物种的分布呈现团块或核心分布；而随机分布指的是物种在空间上的分布是彼此独立的，生物个体之间有一定的距离，其分布是不规则的，是生态系统平面格局的主要形式。

2.时间结构（time structure）。时间结构是指在生态区域内各种生物种群生活周期在时间分配上形成的格局。即在生态系统中合理安排各种生物种群，使它们的生长发育及生物量积累时间错落有序、充分利用当地自然资源的一种时序结构。

3.营养结构（trophic structure）。生态系中，各种生物因子之间的最基本的联系是食物联系，又叫营养联系。食物联系是生物物质循环与能量转化的基础，生物通过食物联系构成一个相互依存、相互制约的统一整体。

食物联系的起点是植物，植物从土壤中吸取水分和矿质营养，从空气中吸收二氧化碳，在太阳的辐射下，经过植物叶部的光合作用，合成有机物质。这些有机物质为植物提供生命活动所需的能量和热量。植食性动物自己不能制造营养物质，必须通过取食植物才能获得营养物质，同时又作为捕食性和寄生性天敌的营养来源，这样，植物、植食性动物、肉食性动物就形成了以植物为起点的彼此依存的食物联系的基本结构，我们称为"食物链"。在一个生态系中，有多条食物链，彼此相互交织在一起，构成"食物网"。通过食物链和食物网就建立了生态系的营养结构。食物网是生态系统中物质循环、能量流动和信息传递的主要途径。

4.物种结构（species structure）。物种结构也称组分结构（components structure），是指生态系统结构中生物组分由那些生物种群所组成，以及它们之间的量比关系。生物种群是构成生态系统的基本单元，不同的物种以及它们之间的不同的量比关系，构成了生态系统的基本特征。

(五)生态系统的功能和特点

生态系统内的各个组分按照一定的结构组合在一起,行使各自特殊的、不可替代的功能,构成多种多样的生态景观。

1.生态系统的功能。生态系统具有能量流动、物质循环和信息传递三大功能,能量流动和物质循环是生态系统的基本功能,信息传递是在能量流动和物质循环中起着调节作用,能量和信息依附于一定的物质形态,推动或调节物质运动,三者不可分割,成为生态系统的核心。

(1)能量流动(energy flow):生态系统的能量来自于太阳辐射,能量沿着生产者→消费者→分解者单向流动,是驱动一切生命活动的动力。

(2)物质循环(nutrient cycle):生态系统中的物质,主要是指生物为维持生命所需要的各种营养元素,它们沿着食物链在不同营养级生物之间传递,最终归还于环境,并可多次重复利用,构成物质循环。

(3)信息传递(information transfer):在生态系统中,生物与环境产生的物理信息(声、光、色、电等)、化学信息(酶、维生素、抗生素等)、营养信息(食物和养分)、行为信息(生物的行为和动作)在生物之间、生物与环境之间的传递,把生态系统的各组分联系成为一个整体,具有调节系统稳定性的功能。

2.生态系统的特点。其特点有:①系统由有生命的和无生命的两种物质组成,不仅包括植物、动物、微生物,还包括无机环境中作用于生物的物理化学成分;②生态系统反映了一定地区的自然地理特点和一定的空间结构特点(包括水平结构与垂直结构);③生物具有生长、发育、繁殖与衰亡的特性,生态系统按其演化的进程可分为幼年期、成长期和成熟期,表现为时间特征和由简单到复杂的定向变化特征,即有自身发展的演替规律;④生态系统有代谢作用即合成代谢和分解代谢,是生命系统所特有的,它通过复杂的物质循环和能量转化来完成;⑤生态系统具有复杂的动态平衡特征,系统内在生产者、消费者和分解者在生物种群的种内、种间及生物环境中起协调作用,维持生态系统的相对动态平衡,生态系统具有自然调控和人为调控的特点。

(六)环境因子的生态学分析

1.生态因子作用的综合性。生态环境是许多环境因子的综合作用的结果,进而对生态系统起着综合作用。各个因子之间不是孤立的,而是相互联系,相互制约的,环境中的任何一个因子的变化,都将引起其他因子不同程度的变化。

2.主导因子和限制因子。

(1)主导因子:组成环境的因子,都影响生态系统的结构与功能。但是在一定条件下,其中必有一两个因子起主要作用,它的存在与否和数量上的变化,使得生态系统的结构与功能发生明显的变化。这种起主要作用的因子就是主导因子。

(2)限制因子:在众多的环境因子中,任何接近或超过生态系统的耐受极限,而影响生物的生长、繁殖或扩散的因子就是限制因子。限制因子和主导因子在某些情况下是一致的,但在概念上主导因子侧重于生物的适应方向与生存状况,而限制因子侧重于生物对环境适应的生理机制。关于限制因子的研究,最著名的是 Liebig 最小因子定律和 Shelford 的忍性定律和 Good 的耐性定律。

1)最小因子律(Law of Minimum):19 世纪,德国化学家 J. Liebig 在研究谷物的产量时,谷物常常并不是由于需要大量营养物质而限制了产量,而是取决那些在土壤中极为稀少,且为植物所必需的元素,如果环境中缺乏其中的一种,植物就会发育不良,如果这种物质处于最少状态,植物的生长量就最少。以后人们将这一发现称之为最小因子定律。而影响植物生长发育的这个最小因子就是限制因子。

2)忍性定律:1913 年 Shelford 提出的忍性定律。其主要内容:具有对所有环境因素忍性较广的有机体分布较广;某种有机体可能对某一因素忍性较广,而对另一因素忍性较窄;外界环境条件对某一因素不适合时,可能对其他因素的忍受界限也将缩小;当环境因素受限制时,繁殖时期往往是关键。

3)耐性理论:1931 年由 Good 提出的,其主要内容:每种植物只适宜于在一定气候土壤范围内生长发育;耐性和适应能力是由遗传进化规律控制的,是一种专有的特性;耐性的改变有可能表现在形态上,也有可能不表现在形态上。相同耐性的种在形态上差异很小,但形态相同的种不一定耐性相同。

3.生态因子的不可替代性和部分补偿性。生态因子是生物生活所必需的条件,对生物的作用虽不是等价的,但都是同等重要的和不可缺少的。如果缺少其中任何一个因子,就会引起生物的生长受阻,甚至死亡,因此生态因子中的任何一个因子,都不能由另外一个因子来代替,这就是生态因子的不可替代性和同等重要性定律。但是在一定条件下,某一因子在量上的不足,可以由相关因子的增强而得到部分补偿,并有可能得到相近的生态效果,但是要注意生态因子的补偿作用并非是普遍和经常的。

4.生态因子作用的阶段性。因生物生长发育不同阶段对生态因子的需求不同,因此,生态因子对生物的作用也具有阶段性,这种阶段性是由生态环境的规律性变化所造成的。

5.生态因子的直接作用和间接作用。区分生态因子的直接作用和间接作用对认识生物的生长、发育、繁殖及其分布都很重要。环境中的地形因子,其起伏程度、坡向、坡度、海拔高度、经纬度等对生物的作用不是直接的,但它们影响光照、温度、水分等因子的分布,因而对生物产生间接作用,这些地方的光照、温度、水分状况则对生物类型、生长、分布起着直接作用。

二、农业生态系统

(一)农业生态系统(agro ecosystem)的定义

农业生态系统是指在人类的积极参与下,利用农业生物和非生物环境以及农业生物种群之间的相互联系,通过合理的生态系统结构和高效生态机能,进行能量转化和物质循环,并按人类社会需要进行物质生产的综合体系。如农田生态系统、森林生态系统、牧场生态系统等。

(二)农业生态系统的组成

农业生态系统类似于自然生态系统,其基本组成也包括生物与非生物环境两大部分,但是由于受到人类的参与和调控,其组分的构成与自然生态系统不同,其生物是以人类驯化的农业生物为主,环境也包括人造环境部分。

(三)农业生态系统的特点

1.群落结构比较简单。自然生态系统和农业生态系统的特征如表2-1所示。

表2-1 自然生态系统和农业生态系统的特征

项目	自然生态系统	农业生态系统
生产者	多种绿色植物	一种或多种农作物
消费者	丰富、复杂	单一
对环境的适应能力	强	差
自我调节能力	强	差
维持平衡能力	强	差

2.在时空变迁中是不连贯系统。自然生态系统通常在时间上是连贯的,从单一植物向顶极群落变迁;层次结构也连续发展,食物链关系逐渐复杂化。

农业生态系统是以某一种或几种作物生产为目的,经常人为地限制植物群落的变迁,所以导致植物层次比较单纯,加上作物周期短,有的几个月,有的几十年,所以植被组成经常在人为条件下不连贯地被更新。在空间上,自然生态系统中不同植被呈镶嵌分布,其边界呈现连续状况,而农业生态系统是从经营管理方便的观点出发,经常大面积种植单一作物,因此其分界很明显,是完全不连续的。

3.物质循环需要不断补充。自然生态系统虽不是完全封闭系统,物质循环在生产者、消费者和分解者之间有一定的平衡,自发地向着种群稳定、物质循环能量转化与自然资源相适应的顶级群落发展,生物的组成、物质供应由自我定结,即自我施肥系统。

农业生态系统是在人类的控制下发展起来的,目的是获得更多的农产品、畜产品以满足人类的生存需要。由于植物产品不断被人类取走,营养物质不能自我补充,植物的生产量往往大于现存量,因此需要从系统外不断予以补充,借此维持该系统物质循环的平衡;为了长期持续增产,人们在保护和增殖自然资源、保护和改造环境的同时,向系统内输入了大量的外来物质(肥料、农药等),因此,农业生态系统是补充施肥系统。

4.种群组成单纯、不稳定。自然生态系统中多种植物的种群都是适应自然淘汰的结果,由适应当地的气候和土壤等条件的个体构成,并保持着适应环境条件变化的遗传多样性。

农业生态系统中的生物物种是人类按其品质和产量及经济效益的要求进行人工培育和选择的,其结果,抗逆性差,生物物种单一,结构简单,系统的稳定性差,容易遭受自然灾害,遗传变异幅度较窄,个体对环境变化的适应性和种间竞争的抵抗性较低,作物年龄结构比较单纯,营养物质和水分人工补给,因而作物体内的营养价格也较高。由于作物种群的单纯性和不稳定性,可以引起生态系统的单纯性和不稳定性。从农业生态系统的内部来看,与作物种群单纯性相联系的昆虫类群,也变得比较单纯,少数种类由于获得了较好的营养条件,个体数量剧增,成为当地的重要害虫。如果再人为地滥施化学农药,则植物相(杂草减少)和昆虫相(天敌减少)就变得高度单纯、趋于不稳定,一旦物理条件(气候、土壤温度)对某种害虫发育繁殖有利,就可能在短时期内出现暴发性大发生现象。

农业生态系统主要靠人工调控和自然调控结合,多属外部调控。如通过绿化荒山、改良土壤、兴修水利、农田基本建设,在技术上采取选育优良品种、作物布局、栽培管理、病虫害防治等措施提高系统的生产力,获得高额的产量;而自然生态系统主要通过自然力作用于系统的反馈作用来自我调节。

农业生态系统由于生物物种有高产优势,加上辅助能源、物质、资金、技术、劳力、管理的投入,其生产效率比自然生态系统高。

三、农业生态系统与自然生态系统的比较

农业生态系统是一个十分复杂的生态系统,具有自然生态系统的特征之外,因受人为因素影响较大,又有区别于自然生态系统的特点。

1.农业生态系统生物构成不同于自然生态系统。自然生态系统的

生物种类构成是在特定环境条件下,经过生物种群之间、生物与环境之间的长期相互适应形成的自然生物群落,具有特定环境下的生态优势种群和丰富的生物多样性。农业生态系统中最重要的是生物品种是经过人工驯化培育的农业生物以及与之有关的生物。

2.农业生态系统的环境条件不同于自然生态系统。人类在驯化优良自然生物成为农业生物的同时,也在对自然生态环境进行调控和改造,以便为农业生物生长发育创造更为稳定和适宜的环境条件,使环境资源更加高效的转化为人类所需要的各种农副产品。

3.农业生态系统结构与功能不同于自然生态系统。农业生态系统是在自然生态系统基础上的一种继承,从系统的结构组成上,既包含了自然生态系统的组分,同时也包含了社会经济因素的成分,农业生态系统的生产是物质生产的生物学过程和人类农业劳动过程的集合。农业生态系统在自然生态系统能量流动、物质循环、信息传递三大功能基础上,添加了人类社会劳动过程中的价值流,具有四大功能。其主要区别见表2-2。

表2-2 农业生态系统与自然生态系统结构和功能上的比较

特征	农业生态系统	自然生态系统
净生能力	高	中等
营养变化	简单	复杂
品种多样性	少	多
物质多样性	少	多
矿物质循环	开放式	封闭式
熵	高	低
人为调控	明显需要	不需要
时间	短	长
生境不均匀性	简单	复杂
物候	同时发生	季节性发生
成熟程度	未成熟(早期演替)	成熟

4.农业生态系统的稳定机制不同于自然生态系统。自然生态系统通过多样化的物种、错综复杂的网络形成了一个维持系统稳定的调节

机制;农业生态系统物种结构单一化,自动调节机制削弱,系统的稳定性更多地依赖人类调节。

5.农业生态系统的生产力特点不同于自然生态系统。农业生态系统中的生物种类多数是按照人类的目的驯化培育而来的,物质循环与能量转化能力得到了进一步的加强和扩展,呼吸消耗降低,因此农业生态系统比同一地区的自然生态系统具有较高的生产力和较高的光能利用率。

6.农业生态系统的开放程度高于自然生态系统。农业生态系统通常大量输出农副产品,并通过大量输入,补充能量和物质,比大多数自然生态系统更加开放,对外联系更加紧密。而自然生态系统自我维持能力较强。

7.农业生态系统与自然生态系统所遵循规律不同。农业生态系统不仅要遵循自然规律,同时还要受到社会经济规律的支配。

第二节 有机农业的物质循环

营养物质循环就是把人、土地、动植物和农场视为一个相互关联的整体,把农业生产系统中的各种有机废弃物,如人畜粪便、作物秸秆和残茬等,重新投入到农业生产系统内。也就是说,有机农业不是单一的作物种植,而是种、养结合,农、林、牧、副、渔合理配置,从而实现物质循环利用的综合农业系统。

有机农业要求建立一个相对封闭的物质循环体系。所谓封闭式,是指尽可能地减少外部购买,不使用化肥、农药,基本不从外界购买粪肥、饲料等。当然,封闭是相对的,它要求有机生产中所需要物质的全部或大部分均来自有机农场,农场内的所有物质均得到充分合理的应用,做到"人尽其才,物尽其用"。

封闭式循环运动是有机农业理论的基础,它既符合生态规律,又符合经济规律。在充分利用农场各种有机物的同时,减少了外部购买,自然就降低了生产费用。

有机农业强调通过各种有机生产技术和措施,调节物质循环,使物质循环朝着健康、合理的方向发展。建立良好的物质循环系统是有机农业健康发展的物质基础。[①]因此,有机农业物质循环的原则有以下几点。

1.合理运用人工投入手段。防止盲目使用、开采和排放,施肥和浇水符合有机农业生产标准,要以供求平衡为目标。

2.稳定库存。保护生态系统的稳定机制其库存主要包括水资源、植被资源、土壤碳库和土壤氮库。

3.充分发挥生物在养分循环调节中的主导作用。通过扩大养分的输入——生物固氮,提高根系的吸收能力,枯枝落叶的转换、畜禽粪便的利用;保蓄作用——植物对养分和水分的保蓄作用和能力;促进物质循环——微生物对有机物质的分解作用,充分利用有机废弃物和提高综合作用效能;净化作用——处理废水、废物、垃圾、粪便,促进物质的再循环、再生和再利用。

第三节 有机农业的生态平衡

一、生态平衡的概念

生态平衡是指在一定的时间和相对稳定的条件下,生态系统内各部分(生物、环境、人)的结构和功能处于相互适应与协调的相对稳定状态。生态系统的平衡包括结构上的平衡,功能上的平衡和输出、输入物质数量上的平衡。生态平衡是生态系统的一种良好状态,是有机农业生产追求的目标。

生产者、消费者和还原者构成完整的营养结构:对一个生态平衡的系统来说,生产者、消费者和还原者都是不可缺少的,缺少哪个环节都会影响生态系统正常的物质循环和能量流动,影响生态系统的稳定

①奚振邦.农业的有机物质循环与有机农业[J].磷肥与复肥,2008,23(3):1-5.

性,导致该系统的衰退,甚至瓦解。

生物的种类和数量要保持相对稳定:生物之间是通过食物链维持自然的协调关系,控制物种间的数量和比例的。如果人类破坏了这种协调关系和比例,就会带来危害。例如,过量施用农药会使害虫天敌的种类和数量减少,带来害虫的再度猖獗。人类对生物的种类和数量是可以发挥积极作用的,例如,通过人工培育创造新的品种,以增加生态系统的遗传基因的多样性;通过轮作和多样化种植,增加物种的多样性。

能量与物质的输入、输出的相对平衡:生态系统是一种开放性的系统,能量和物质在生态系统之间不断地进行着开放性流动,既有物质和能量的输入,也有物质和能量的输出。对生态平衡的系统,其物质和能量的输出与输入应是平衡的,若输出多、输入少就会引起系统衰退。对处于发展中的或以获取不断增加生产量为目标的生态系统,物质和能量的输入应大于输出,这样,才能有物质和能量的积累,为提高生态系统的生产力打下基础。

生态环境协调:生态环境各因子间是相互影响的,例如,在一定区域内的森林、草地、农田、水域等,各代表着不同的生态环境,并构成一个统一的整体。合理地配置隔离带、栖息地和保护带的比例,就会产生相互有利的影响。

二、生态平衡的特点

1.生态平衡是动态的平衡,不是静止的平衡。生态平衡是生物与生物、生物与环境之间辩证发展的产物,不同发展阶段有不同发展阶段的平衡生态系统,不同地区有不同地区的处于平衡的生态系统。另外,任何一个生态系统都有它的弹性或可塑性,即生态系统内的某一环节,在允许限度不发生变化,系统可以进行自我调节,保持相对稳定状态。所以,生态平衡是指生态系统总体而言的。但是,如果超出生态系统所允许的限度,自我调节就不能再起作用,而引起系统的改变,甚至破坏系统的平衡。还有生态系统中的生物也可以通过本身的变化来适应变化了的环境,这就是生物的适应性。总之,生态平衡是动态的、发展的、相对的、暂时的,而不是静态的、不变的、绝对的、永久的。

2.生态系统具有自我调节平衡的能力。生态系统之所以能够保持平衡状态,主要是由于它内部具有自动调节能力,以保持自身的相对稳定性。这种调节能力有赖于组成成分的多样性和能量流动、物质循环途径的复杂性。一般来说,系统组成成分多样化,能量流动和物质循环途径复杂的生态系统,比较容易保持稳定。因为系统的一部分发生功能障碍,可以被不同部分的调节所补偿。例如,一个复杂的生态系统,天敌可以阻止任何一个种群达到过大的数量,从而避免平衡被扰乱。相反,一个简单的生态系统通常是比较脆弱的。但是,即使复杂的生态系统,其自动调节能力也是有限度的。如果超出这个限度,调节就不再起作用,生态平衡就会遭到破坏。这个界限就是生态系统所能承受的外界干扰或压力的极限,叫作阈值。生态系统的稳定性,就决定于它的阈值和负载能力的大小。这一基本原理,限制着对生态系统的干扰程度。

3.生态平衡根据人类的需求而变化。生态平衡对人类来说并不总是有利的,需要建立人工生态系统以满足人类的需要。人工生态系统的平衡也必须与人类的生产和生活相适应,满足人类的多种需求,例如,通过兴修水利,打破旱田农田生态系统的低水平的输入输出平衡状态,建立高水平的平衡。

三、生态平衡的标准

生态平衡是一种相对的动态平衡,其标准应包括:①系统结构的稳定与优化,生物的种类和数量最多、结构最复杂、生物量最大,环境的生产潜力高效而稳定;②物流和能流的收支平衡;③系统自我修复、自我调节功能强。

四、建立平衡生态系统的方法

1.建立多元化的子系统。如在有机生产基地,通过多元化的种植模式和种植多种作物,建立多元化的生态子系统。

2.建立镶嵌式的环境。有利于天敌生存,不利于害虫繁衍。

3.建立多样化的小生境,丰富生物种类和食物网络结构。

4.建立复杂的食物链(食物网)。食物链是生态系统内部物质循环和能量流动的渠道,食物链越复杂,系统越稳定。

第三章 有机种植业的基地建设及转换

第一节 有机种植业基地的选择和建立

一、基地建设的必要性

土地是有机食品生产和认证的基本单元。基地是有机农业生产的基础,选择并建立一个良好的生产基地是保证有机食品生产的关键。

(一)基地必须具备的条件

有机产品生产以生产基地为核心。必须满足以下要求。

第一,生产基地保持环境优良,要求在整个生产过程中对环境造成的污染和生态破坏的影响最小,并建立良好的生态平衡(环境—作物—土壤—害虫—天敌)。

第二,对各地块上每种作物生产全过程的控制是有机产品的标准和全程质量控制的核心。

第三,有机食品出自有机农业生产基地,有机原料必须是出自已经建立或正在建立的有机农业生产体系,或采用有机方式采集的野生天然产品。

第四,在生产和流通过程中,必须有以土地为源头的完善的质量控制和跟踪审查体系,并有完整的生产和销售记录档案(生产操作记录、外来物质输入记录、生产资料使用和来源记录)。

第五,经过有机食品认证机构对生产基地的实地检查和认证。

(二)基地建设的原则

有机农业是按照生态学和生态经济学的观点和基本原理,把人类社会和自然看成一个完整的生态系统,使这个系统中的各部分协调持续发展。因此,在基地建设中,应遵循以下原则。

1.生物与环境协同发展。生物与环境之间存在着复杂的物质交换和能量流动的关系。环境影响生物,不同的环境孕育了不同的生物群体(包括有益的和有害的);生物也影响环境,二者不断相互作用,协同进化。生物既是环境的占有者,也是环境的组成部分;既有独立的成分,二者又密切相融。生物不断地利用环境资源(生存物质),又不断地对环境进行补偿(分解动植物废弃物和残体,使之重新回到环境中),使生态系统保持一定的平衡,以保证生物的再生。有机农业遵循生物与环境协调发展的原理,从基地选择或开始建设时起,强调全面规划,整体协调,因地制宜,合理布局,优化产业结构。

2.营养物质封闭式持续循环。有机农业将人、土地、动植物和农场作为整体,建立生态系统内营养物质循环,在这个循环中,所有营养物质均依赖农场本身。这就要求全面规划农场土地面积、种植结构、饲料种类和数量、饲养动物的数量、有机肥的数量和利用方式,从而保证营养物质的均衡供应和持续发展;充分利用生态系统中各元素之间的关系,设计多级物质传递、转化链,多层次分级利用,使有机废物资源化,减少污染,肥沃土壤。

3.生态系统的自我调节机制。自然生态系统本身具有很强的抗干扰和自我修复的能力。有机农业生态系统是介于农田生态系统和自然生态系统的中间类型,需要在人为的干预下,使之既有农田生态系统的生产量,又具有自然生态系统的自我调节机制。合理安排作物的轮作,种植有利于天敌增殖的作物或诱集植物、害虫的驱避植物,协调天敌与害虫的比例,通过生态系统中的食物链(食物网)的量化关系,形成生态组合最优、内部功能最协调的生态系统。

4.生态效益和经济利益相统一。农业生产的目的是为了增加产出和经济收入。由于农业受到自然生态环境的制约,因此改善生态环境可以促进农业生产,特别是有机农业的生产。有机农业生态系统是一个平衡的系统,该系统中物质的产出最多,投入最少,所以,有机农业是一种低投入、高产出的农业,是经济、生态和社会效益有机结合的产业。

(三)有机农业生产基地的条件和背景

1.环境条件。有机农业生产基地是有机产品的初级产品、加工产品、畜禽饲料的生长地,产地的生态环境条件直接影响有机产品的质量。因此,开发有机产品必须合理选择有机产品产地。通过产地的选择,可以全面地、深入地了解产地及产地周围的环境质量状况,为建立有机产品生产基地提供科学的决策依据,为有机产品的质量提供最基础的保障条件。

环境条件主要包括大气、水、土壤等环境因子,虽然有机农业不像绿色食品那样有一整套专门的对环境条件的要求和环境因子的质量评价指标,但作为有机产品生产基地应选择空气清新、水质纯净、土壤未受污染或污染程度较轻,具有良好农业生态环境的地区;生产基地应避开繁华的都市、工业区和交通主干线,并且周围不得有污染源,特别是上游或上风口不得有有害物质或有害气体排放;农田灌溉水、渔业水、畜禽饮用水和加工用水必须达到国家规定的有关标准,在水源或水源周围不得有污染源或潜在的污染源;土壤重金属的背景值位于正常值区域,周围没有金属或非金属矿山,没有严重的农药残留、化肥、重金属的污染,同时要求土壤具有较高的土壤肥力和保持土壤肥力的有机肥源;有充足的劳动力从事有机农业的生产。

2.生态条件。有机农业生产基地除了具有良好的环境条件外,基地的生产条件也是保证基地可持续发展的基础条件。

(1)基地周围的生态环境:包括植被的种类、分布、面积、生物群落的组成。建立与基地一体化的生态控制系统,增加天敌等自然因子对病虫害的控制和预防作用,减轻病虫害的危害,减少生产投入。

(2)隔离带和农田林网的建立:一是起到与常规农业隔离的作用;二是起到有机田块的标识、示范、宣传、教育的作用。

隔离带和农田林网的建立应充分明确隔离带的作用。建立隔离带并不是为了应付检查的需要,隔离带能够起到与常规农业隔离的作用,避免常规农田种植管理中施用的化肥和喷洒的农药渗入或漂移至有机田块,所以,隔离带的宽度应与周围作物的种类和作物生长季节的风向有关;隔离带的树种和类型(多年生还是一年生;乔木还是灌木;诱虫植物还是驱虫植物等)依具体情况而定。另一方面,隔离带是有机田块的标志,起到示范、宣传和教育的作用。

(3)基地内的生态环境:包括地势、镶嵌植被、水土流失情况和保持措施。若存在水土流失,在实施水土保持措施时,选择对天敌有利,对害虫有害的植物,这样既能保持水土,又能提高基地生物的多样性。

(4)基地的土壤肥力及土壤检测结果分析:分析土壤的营养水平和制定有机农业的土壤培肥措施。

3.种植历史。基地的种植制度和管理方法影响有机种植基地的转换年限和操作的难易程度,因此,在选择基地时应关注以下几个方面:①种植作物的种类和种植模式;②种植业的主要构成和经济地位;③经济作物种植的种类、比例和效益;④作物的产量;⑤肥料的种类、来源和土壤肥力增加的情况;⑥当地主要的病虫害种类和发生的程度;⑦病虫害防治方法。

二、有机农业种植基地建设的内容

基地建设包括现状评估、制定总体规划、选择种植与加工模式、引进生产技术和建立质量管理体系。

1.有机农业区域的现状评估。有机农业区域的现状评估是有机农业基地建设的基础。在区域现状评估过程中,要对生态系统、社会发展要素、经济基础做出系统的调查、分析和研究。生态系统内生物与非生物因素间相互依存、相互制约,是个有机的整体,若内部关系处理不好,就无法实现生态系统内部的良性循环。社会发展要素主要是人的要素,人是决定社会发展和进步的决定因素,有机农业发展在促进经济发展和物质生活水平提高的同时,要不断提高人的素质。人的素质提高了,才能推动有机农业事业向前发展,才能促进社会的进步。经济基础是建设有机农业基地的物质基础,经济基础决定一个好的规划和思想是否能够实施。因此,在现状评估时,要从整体出发,明确现有的优势、不足和发展的潜力,抓住主要矛盾,为制定有机农业发展的总体规划提供科学的背景材料。

2.有机农业发展的总体规划。有机农业生产基地是有机农业发展的基础,应将其放在核心的地位。制定有机农业发展规划是一项技术性很强的工作,要保证规划具有指导性、适应性、先进性和科学性。良好的有机农业发展规划应具备以下特征。

(1)整体性原则:根据生态经济学原理,将自然生态、经济和社会三效益综合考虑,注重协调发展。

(2)系统性原则:利用系统学原理,将经济、生物、技术和人口素质等进行系统的有机地结合,建立自然、社会、物质、技术等多元多层次保障体系。

(3)配套性原则:有机农业既要生产足够高品质的有机产品,又要保护生态环境,必须建立长、中、短期相结合的阶段性发展目标和与之相适应的综合配套技术方案。

3.种植与加工模式。

(1)种植经营模式:种植模式的选定应建立在基地的实际情况和市场要求的基础上。种植经营模式的产生、完善和发展,既要有稳定性又要有相对可变性。所谓稳定性是指主导产业是不变的,所谓可变性是指某一商品的数量、种植规模受市场的需求而调节。

因此,种植经营模式的选择应遵循以下原则。

1)系统组配原则:发展有机农业必须要注重基地与实际条件相匹配。如发展有机蔬菜,必须要以便利的交通条件和城镇近郊及购买能力较好为前提;发展有机畜牧业,必须抓好饲料粮基地和配套的加工厂,使种畜生产、防疫技术、产品加工等系统相组配,才能形成集约生产、规模效益持续发展。

2)量比合理原则:充分考虑生产基地的自然条件、生产能力,根据市场的供需变化的信息反馈,及时调整有机食品的生产规模和生产效率,避免因原料不足或生产过剩而导致生产率下降。有机农业提倡种植与养殖相结合,养殖的规模与饲料的供给能力相适应,否则,就会出现饲料不足而导致效益下降。

3)互利的原则：系统的整体效益要大于系统各组分效益的总和。例如，在种植区域发展养殖业，种植业为养殖业提供饲料，养殖业为种植业提供足够数量的有机肥。

（2）加工设施建设。

1）因地制宜原则：在有机生产的区域内建设工程，一定要根据自身的地理位置和发展目标，因时因地制宜，注重内在的技术含量和发展创新点和增长点。

2）综合效益原则：实施一个项目不能单纯地计算经济效益，还要考虑社会效益和生态效益，实现三种效益的同步发展。

3）科学配装的原则：在有机生产的系统中，任何部分和组分都不是孤立的，有机农业区域的工程技术一定要与生物技术结合，才能发挥更大的效益，才有可能实现可持续发展。

（3）模式。

1）林农多层次平面套种模式：这是农作物耕作制度在组合对象上的拓展和延伸。以在果园的树行间种植小麦、豆类、花生、蔬菜、牧草和食用菌为例，该模式不仅起到果园保墒、固土，加速土壤有机质的腐熟，增加土壤团粒结构，提高土壤肥力水平和有机质含量的作用，而且还可以改善果园的小气候，创造有利于植物生长、天敌增殖和繁衍以及不利于蚜虫、红蜘蛛等害虫发生的环境条件，增加天敌的种类、数量及群落的丰富度和生物多样性，提高天敌控制害虫的效果。

采用此模式要注意不同区域、不同气候、不同作物立体配置时的量比不同。

2）山区或丘陵地区的"立体种养模式"。

第一，"杨梅—茶叶——年生作物—养鸡"模式。南方杨梅树下种茶叶，在杨梅和茶叶的行间种植一年生或多年生的草本植物，充分利用土壤不同层次的营养、地面以上的空间及阳光，形成乔、灌、草相结合的立体植物营养层次，合理利用资源，控制病虫害。在此系统中还可以散放养鸡，发展有机禽类。

第二，"果、林、茶—水库（池塘）—水产"模式。在水库或鱼池边栽种林、果、茶或粮食作物，库内或池内养鱼，水面养鸭，形成水库（鱼池）

中的鱼、鸭与岸边林、果、茶共生互惠的综合效果。

4.有机农业生产技术体系。有机农业生产的目标和任务是追求优质、高效和保护、改善农业生态环境,协调发展,达到经济、生态和社会效益的同步提高。上述目标只有在生物与环境关系协调的基础上才能实现,而构成和建立这种协调关系的主要途径就是研究生物怎样适应环境。有机农业是在总结自然界生物自身适应环境条件的规律并继承传统农业精华的生物技术和结合现代生物技术基础上(排除基因技术),形成现代有机农业生物技术体系。有机农业生产技术体系的建立就是让植物、动物、微生物等生命体在生长、发育、繁殖过程中,与周围环境相互密切配合,最大限度地形成农业生产需要的物质,并把这种通过实践积累起来的经验和知识推广到生产实践中,产生更大的综合效益。

(1)环境要素的调控技术:对农业生产来说,水、肥、气、光、热等是影响生物生长的主要环境因素。随着科学的进步,人们可以通过各种技术措施,对植物生长的环境进行调控,不仅拓宽了发展范围,而且打破了季节的限制,做到周年种植,周年生产,提高作物产量,增加了农民的收入。

1)温度的调控:北方城市郊区开发的日光型节能温室技术,利用太阳能增加温室内的温度。通过对温度的调控,可以生产反季节蔬菜,取得显著的经济效益。类似的还有地膜覆盖技术,形成较大的昼夜温差,有利于作物的生长。

2)湿度的调控。湿度是诱发作物病害的最重要因素,人们可以采取各种措施来调节小气候的湿度,以减少病害的发生。如利用排风口、排风机等设施和技术,降低温室或连栋温室的湿度;通过渗灌、滴灌和暗灌,减少地表水分的蒸发;铺设地膜,减少水分蒸发,降低湿度;采取合理灌溉和合理密植,增加空气和土壤的湿度与通透性。

3)光的调控:光是植物进行光合作用的能源,其波长、强度和辐射量,不仅会影响植物正常的生理活动,而且也会影响病害和虫害的发生,因此,对光的调控主要用于光照较弱的保护地生产。

4)气的调控:二氧化碳是植物进行光合作用的原料,大气中二氧化碳的存储量是取之不尽的,但在保护地生产中,增施二氧化碳技术已成为提高品质和增加产量的重要措施。

(2)土壤的施肥与培肥技术。

1)增施有机肥技术:旱地深耕后,要增施有机肥,推广秸秆还田、残茬覆盖、等高种植、种植绿肥等生物技术,使旱地生土不断风化、培熟,改善土壤理化性状,增加土壤微生物的数量和活力,使土壤形成一个真正的生命体。

2)培肥技术(土地的自养能力培养):土地既然是个生命体,就有其自身的新陈代谢、营养循环和能量流动,土壤微生物是完成土壤生命活动的物质基础,人类需要为其创造良好的土壤环境(如通透性和酸碱度),以提高土壤的自养能力。如采用平整土地、精耕细作等耕作措施。

(3)病虫害防治技术:优化生态环境,减少病虫害危害的频率和程度,主要采取"一保二防"的策略。"一保"是运用多种生物技术保护物种和资源的多样性;"二防"是利用病虫害的预测预报的预防技术和综合防治技术,预防为主,综合治理。

1)推广农作物间作、混作和轮作:调整耕作制度,发挥多物种间相克相生的作用,打乱病虫害的生活规律和生活周期,降低病虫害对寄主的适应性,减少其危害的时间与程度。

2)建立有利于天敌增殖、繁衍的生态条件:根据生物与环境相互协调的原理和天敌生存、繁衍与大环境、小生境的关系,利用有机田块的缓冲带、隔离带、诱集带、多物种的生态岛、田边的矮树丛和保护带乃至周围的植被景观,为有益的动物和天敌昆虫提供多样化的生存空间。

3)病虫害生物防治技术:病害生物防治技术包括抗性诱导技术、拮抗微生物和农用抗生素。虫害生物防治技术,从途径上讲,可分为天敌的保护、天敌的繁殖释放和天敌的引进,从方法上讲,又可分为以虫治虫、以菌治虫。以虫治虫是指捕食性天敌对害虫的捕食和寄生性天敌对害虫的寄生;以菌治虫主要是指利用昆虫病原微生物及其代谢产物杀死害虫。

4)天然药物防治技术:我国植物、动物资源丰富,可以用来防治病虫害的植物有140多个科1300余种。实践证明,许多杀虫、防病植物对目前很多重要病虫害的防治效果很好,是将来替代化学农药的主要方向。

5)物理防治和农业防治技术:物理防治是在病虫害与寄主之间制作一道物理屏障,避免病虫害接触寄主而产生危害的防治方法;农业防治主要是利用农业耕作措施,破坏病虫害的寄主环境,消灭越冬虫卵和病菌。

(4)废弃物资源的综合利用技术:有机农业强调在有机生产区域内建立封闭的物质循环体系,通过对生产基地的作物秸秆、藤蔓、枝叶、皮壳、畜禽粪便以及饼粕、酒糟、产品工业和畜禽制品的下脚料等的综合利用和减量化、无害化、资源化、能源化处理,将废弃物变成一种资源,使处理与利用统一起来。废弃物处理和利用的途径和技术主要有以下几种。

1)沼气发酵工程:以沼气工程技术作为"纽带",将种植业和养殖业有机地结合起来,形成多环结构的综合效应。

2)有机肥的堆制生产技术:有机肥是种植业的基础,无论作物残体还是畜禽粪便都含有对作物和环境有害的物质和成分,必须经过无害化处理。高温堆肥和活性堆肥是无害化处理和提高肥效的重要措施和环节。废弃物的利用率、腐熟的速度、堆肥的质量、无害化程度是堆肥技术的衡量指标。

3)微生物处理技术:作物残体含有碳水化合物、蛋白质、脂肪、木质素、醇类和有机酸等,这些成分通过微生物的作用,可以变成富含蛋白和氨基酸的动物饲料如青贮饲料,从而提高饲料的利用率。

4)利用植物残体生产食用菌:食用菌一般是指真菌中能形成大型子实体或菌核类组织并可食用的种类,味道鲜美,具有较高的营养价值。食用菌大多以有机碳化合物为碳素营养,所以许多农产品加工中产生的废弃物均可作为培养食用菌的原料。

5.有机农业生产的质量管理体系。

1)产品质量:有机产品的质量是通过生产过程的严格管理来实现

的,不能单从外部形态和感官颜色上与常规产品相区别。因此,为了充分保证基地的生产完全符合有机农业的标准,保证有机产品在生产、收获、加工、储存、运输和销售各个环节不被混淆和污染,在基地内要建立专门的内部质量管理机构。内部质量管理包括基地规划生产的组织管理体系、技术咨询及指导的技术服务体系和生产资料供应的物质保障体系。

2)人员素质和培训制度:有机农业的生产管理包括对物的管理和对人的管理。生产者的业务水平、文化素质和对有机农业的认知程度将决定有机农业发展的进程,所以,在基地管理方案中,人的管理比物的管理更重要。

培训是从对人的管理开始的,从事有机农业的生产和开发的管理者、具体技术的参与者、实施者,都必须了解和掌握有机农业的原理和方法,了解有机农业的标准,做到从思想上接受有机农业的思想,在行动上自觉按照有机农业的技术标准实施。

人的培训实行三级培训制度,首先由有机农业专家或专门从事有机农业研究的人员对基地的管理干部进行有机农业原理、标准、市场和发展概况的一般性培训,使之从宏观上了解和认识有机农业,这是第一层次的培训;第二层次是对基地技术人员进行专业技术培训,使其掌握有机农业生产技术的基本原理和方法;第三层次是对有机农业生产的直接从事人员进行实际操作技能的培训,培训以实用技术和解决问题为主,可以只教方法,不求理论,关键在于提高实际操作能力。

第二节 有机农业转换

一、有机农业转换的概念

有机农业转换是指在一定的时间范围内,通过实施各种有机农业生产技术,使土地全部达到有机农业生产标准要求。

有机转换期的具体定义:是指从有机管理开始直到作物或畜禽获

得有机认证之间的这段时间。

二、有机农业转换的目的和意义

有机农业建立有机转化过程和有机转化期的目的在于以下几点。

1.土地残留物质的分解和土壤肥力的培养。目前实施有机农业生产的土地，除了极少数为新开垦或多年的撂荒地之外，大部分均已开垦多年，并有多年常规农业的种植历史。在常规农业生产中，已经向土地投入了大量的人工合成的化肥、农药和对土壤有害的物质（如除草剂和硝酸盐等），这些物质不可能在短期内全部降解，需要一段时间的土壤改良，使土壤达到有机农业生产的标准。

2.生产技术的改进和完善。有机农业的最大特点是禁止使用各种人工合成的化学物质，这是对现代常规农业生产方式的全部否定；常规农业的生产技术是以提高产量为目的，而有机农业则要求在保证一定产量的前提下，追求有机农产品的品质。

由于有机农业生产和常规农业生产存在巨大的差异，因此，生产者在决定实施有机农业生产的时候，首先面临的是生产技术问题，生产者不但要彻底转变思想，而且要在具体操作上初步掌握有机农业生产技术，才能保证有机农业转化的顺利进行，这也需要一定时间的学习和实践经验的积累。

3.改造、建设环境。常规农业以化学防治为主要手段，与生态系统内及其周边的环境没有太大的关系，但有机农业是以农业防治和生物防治为基础，保护和利用自然天敌是有机农业生态系统良性循环的核心，也是实现低投入、高产出的主要技术和措施，因此，必须经过一段时间的建设，才能逐步完善生态环境，建立生态平衡。

4.质量管理体系的建立与完善。目前，我国特别是农业生产的管理水平和从业者的文化素质较低，因此质量控制与跟踪体系（如相应文件与记录）的建立与完善均需要一段时间的努力才能实现。

三、有机农业的转换时间

由常规农业向有机农业的转换通常需要2年或3年的时间（即转换期要满24个月或36个月），其后播种的作物或收获的产品，才能作为有机产品。

对一年生作物，有机转换期为24个月，产品只有达到有机食品标准全部要求的24个月以后，播种收获的作物才能够以"有机产品"的名义出售。如果在实施转换的前12个月，已使用了与有机农业十分类似的农业生产技术和管理，可根据生产者所提供的档案材料，经认证组织确认后，转换期可以减少12个月；如果在转换期内，技术和管理工作没有达到有机农业的基本要求，将延长转换时间。

对于多年生作物，转换期为36个月，产品只有达到有机食品标准的全部要求的36个月后收获的产品，才可以冠以"有机产品"的名义。

新开荒、撂荒多年没有农业利用的土地以及一直按照传统农业方式种植的土地，都要经过至少12个月的转换期才能获得有机产品的颁证。

已经通过有机认证的农场一旦回到常规农业生产方式，则需要重新经过相应的有机转换期后才可能再次获得有机颁证。

四、有机转换原则

在常规农业生产向有机农业生产的转换过程中，不存在任何普遍的概念和固定的模式，关键是要遵守有机农业的基本原则。有机农业的转换，不仅仅是放弃使用化肥、合成农药和停止从外界购买饲料，更重要的是要把整个生态系统调理成一个尽可能封闭的、系统内各个部分平衡发展的、稳定的循环运动系统。

根据IFOAM的文件，有机农业以健康（health）原则、生态（ecology）原则、公正（fairness）原则、关爱（care）原则为基础。这四项原则是通过广泛征求所有相关方的意见而制定的，它们是有机农业得以成长和发展的根基，是设立有机项目和制定有机标准的指南。

1.健康原则。这一原则要求有机农业将土壤、植物、动物、人类和整个地球的健康作为一个不可分割的整体而加以维持和加强，它认为个体与群体的健康与生态系统的健康不可分割，健康的土壤可以生产出健康的作物，而健康的作物是健康的动物和健康的人类的保障。

健康是指生命系统的完整统一性，它不仅仅是指没有疾病，而是在身心、社会和生态各层面都能够维持健康。健康的关键特征是具有健全的免疫性、缓冲性和可再生性。不论在农作、加工、销售和消费中,有机农业的作用都要维持和增强整个生态系统以及从土壤最小生物直到人类的所有生物的健康。有机农业要生产出高质量和富有营养的食品,为预防性的卫生保健和福利事业做出贡献,应避免使用会有损健康的化肥、农药、兽药和食品添加剂等。

2.生态原则。有机农业应以生态系统和生态循环为基础,并与之和谐共生,共同发展。生态原则是有机农业的根本,它表明有机生产要建立在生态过程和循环利用的基础之上。生物的营养和健康来自特定的生态环境,比如,栽培作物的土壤、养殖动物的牧场和鱼类等水生生物生活的水环境。

为了维持和改善环境质量,保护资源,有机管理必须与当地的条件、生态、文化和规模相适应,通过系统内物质和能量的循环再生和有效管理来减少外来投入物质的使用。为实现系统的生态平衡,需要对农业体系进行设计、为野生动植物提供多样化的生境,并保持基因与农业多样性。而且,所有从事有机产品生产、加工、销售及消费有机产品的人都应为保护包括景观、气候、生境、生物多样性、大气和水在内的公共环境做出贡献。

3.公正原则。有机农业应建立起能确保公平享受公共环境和生存机遇的各种关系。公平原则要求我们尊重人类共有的世界,平等、公正地管理这个世界,这既体现在人类之间,也体现在人类与其他生命体之间。有机农业应向所有相关人员提供高质量的生活,并保障食物主权和减少贫困,其目标是生产足够的食物和其他高质量的产品。

公正原则强调所有从事有机农业的人都应当以公平的方式来处理各种人际关系——包括农民、工人、加工者、经销者和消费者等之间的关系。这一原则还要求根据动物的生理特征、自然习性及它们的健康需要来为它们提供其必要的生存条件和机会。应本着开放、平等并认真考虑环境和社会成本的态度建立生产、流通与贸易体系,并以公平公正和对子孙后代负责任的方式来管理利用自然资源。

4.关爱原则。有机农业应承担起保护当代人和子孙后代的健康以及保护环境的责任。有机农业是一个充满活力的动态系统,预警和责任是有机农业的管理、发展和技术选择所要考虑的两个关键因素。从事有机农业的人应对拟采取的新技术进行评估,对正在使用的方法也应当进行审核;要充分关注生态系统和农业生产中的不同观点和认识,不能为提高系统的效率和生产力而对人类和环境的健康和福利造成危害。

Care除翻译为"关爱"外,还含有"审慎、谨慎"的意思。有机农业在技术选择上,要报以审慎和负责的态度,即使某些新技术、新手段和新产品能够显著提高生产力,在其安全性还没有完全确定之前,也不要轻易采用,比如,当前颇受争议的转基因技术和转基因产品。有机农业要通过合理的技术选择、抵制无法预知后果的技术等方式来防止重大风险的发生,要采取多方参与的方式进行决策,所做的任何决定都应公开明了,要如实反映出各方的价值和诉求。

五、有机转换的内容

1.制定增加土地肥力的培肥制度。

2.制定持续供应系统的肥料和饲料计划。

3.制定合理的肥料管理计划和有机食品生产配套的技术和管理措施。

4.创造良好的生产环境,以减少病虫害的发生,并制订开展农业、生物和物理防治的计划和措施。

六、有机转换计划的制定

转换计划没有固定的模式,不同的转换计划各有不同,但应包括以下内容:①对基地或企业的基本情况进行调查和分析,了解企业或实施有机生产的种植面积、种植历史(包括种植的作物、施肥的种类和数量、病虫害的种类和防治方法)、养殖规模和生产的管理,明确转换的目标和理解有机农业的概念;②设计未来的农业生产体系的概况和分析将要面临的主要问题;③必须解决与有机农业思想和有机食品标准相违背的问题;④在专家的咨询与指导下,精心拟订一个详细的转换计划。其内容包括:作物的茬口安排;水土保持的措施;有机肥的堆制、施用;土壤的耕作与深翻;灌溉的方式及影响;预防性的植物保护措施;直接性的植物保护措施;生态环境的设计及利用;档案的格式、记录与保管。

第三节 有机生产基地的规划设计与实施

一、规划设计

对选择好的基地或决定转换的基地,非常重要的工作是对其进行因地制宜的规划,建立良性循环和生态保护的有机生产体系。

1.基本情况调查。对基地的基本情况进行调查,了解当地的农业生产、气候条件、资源状况以及社会经济条件,明确当地适合开发的优势产品和有机转换可能遇到的问题。

2.制定发展规划及生产技术方案。在掌握了基地基本情况的基础上,制定具体的发展规划及生产技术方案。规划要遵循生态工程原理,符合当地自然、社会、环境条件。规划内容应包括:①有机生产土壤培肥方案;②病虫草害防治方案;③耕作方法(免耕法、垄耕法、穴耕法等)及相应的管理方法;④农场生态保护计划。包括种植树木和草皮,控制水土流失,建立天敌的栖息地和保护带,保护生物多样性等;⑤畜禽的生活环境(圈舍、围栏、野外觅食和活动空间)设计和卫生管理(包括畜禽粪便处理)计划、有机饲料生产、购买计划、畜禽健康计划以及运输屠宰计划;⑥全过程质量管理计划(内、外部质量控制、内部跟踪审查);⑦基地经营模式;⑧基地的保障措施,如技术保障、资金投入等;⑨有机农产品的检查认证计划;⑩营销策略规划。

二、规划的实施

1.人员培训。农业生产技术人员与生产人员了解并掌握有机农业的生产原理与生产技术、基地建设的原理与方法,是有机农业成功开发的关键。因此,必须由有机农业专业人员和生态工程专业人员以及相应种植、养殖领域的专家召集基地管理、技术人员、生产人员进行以下几方面的培训:①有机农业与有机产品的基础知识;②有机农产品生产、加工标准;③有机农业的基本原理和一般模式;④有机农业生产的相关技术;⑤国内外有机农业发展状况;⑥有机农产品检查认证的要求与申请有机认证的程序;⑦有机农产品的营销策略。

2.基地规划与生产技术方案的实施与监督。基地必须建立起专职部门负责实施规划与生产技术方案,以保证各项措施能够及时落实。根据实际情况,可以以公司—农户/农场的形式组织基地生产,也可以通过地方政府建立专门机构组织农户/农场进行生产,或通过农民专业协会的形式,形成以政府/公司—农场/农户—农民/技术员的实施与监督基地规划与生产技术方案的三级结构,确保有机生产的顺利进行。

3.基地申请有机认证。基地开始有机生产后,应及早向有机认证机构申请有机农产品的检查与认证,做好接受检查的各项工作,使基地能够顺利地通过检查并获得有机生产转换证书(证明)或有机生产证书。

4.销售有机产品。有机农产品获得认证后,其证书就是进入国内外有机农产品市场的通行证。但有了证书并不意味着产品销售就没问题,就能以高于常规产品的价格出售。为了顺利地出售有机产品,需要在生产的同时制定一个切实可行的销售方案,不要等产品收获后再找市场。

5.有机农产品质量控制。有机生产基地执行全过程质量控制系统,是保障产品质量的重要手段。全过程质量控制系统包括外部质量控制、内部质量控制和内部跟踪审查三方面内容。

(1)外部质量控制:外部质量控制是通过有机农产品认证机构,派遣检查员对有机生产企业进行实地检查,审核企业的生产过程是否符合有机农产品生产标准。检查员一方面通过实地考察、同生产者直接交流,了解生产者是否了解有机农业的基本知识,同时检查生产者是否采用有机农业生产方式,是否使用违禁物等内容;另一方面,通过对企业内部质量控制系统的考察,了解生产者质量控制体系是否健全有效。

（2）内部质量控制：内部质量控制是指生产、加工的操作者内部本身采取的保证有机农产品质量的措施。首先，需要建立从上层领导至管理人员，再至生产人员代表的质量管理小组，制定生产管理政策和内部质量管理章程，督促生产、加工过程严格遵守有机生产标准；其次，必须建立完整的文档记录体系，记录生产、加工过程中的各项物质的投入、产出，包括产品的生产、包装、运输、贮藏、销售各个环节都要有详细的文档记录，相互之间要能够互相衔接，保证能从终端产品追踪到作物的生产地块，从而保证产品有机质量的完整性。

（3）内部跟踪审查：内部跟踪审查系统是保存完整的记录体系，有机农产品记录要根据认证机构标准进行存档。内部跟踪审查有助于检查员审查生产者有机生产系统的有机管理，帮助生产者采取科学的决策。附表列出了CHC有机生产基地内部跟踪审查。

第四章 有机种植业的植物营养与土壤培肥

第一节 植物营养

植物营养是植物体与环境之间进行物质和能量的交换过程,也是植物体内物质运输和能量转换过程。

一、植物必需的营养元素及其功能

植物必需的营养元素包括大量元素和微生物元素(表4-1)。

大量元素:C、H、O、N、K、Ca、Mg、P、S。

微量元素:Cl、Fe、Mn、B、Zn、Cu、Mo。

表4-1 植物必需的营养元素

营养元素		植物可利用的形态	在干组织中的含量/%
大量元素	C	CO_2	45
	O	O_2、H_2O	45
	H	H_2O、	6
	N	NO_3^-、NH_4^+	1.5
	K	K^+	1
	Ca	Ca^{2+}	0.5
	Mg	Mg^{2+}	0.2
	P	H_2PO_4、HPO_4^{2-}	0.2
	S	SO_4^{2-}	0.1
微量元素	Cl	Cl^-	0.01
	Fe	Fe^{3+}、Fe^{2+}	0.01

续表

营养元素		植物可利用的形态	在干组织中的含量/%
微量元素	Mn	Mn^{2+}	0.005
	B	$H_2BO_3^-$、$B_4O_7^{2-}$	0.002
	Zn	Zn^{2+}	0.002
	Cu	Cu^{2+}、Cu^+	0.0006
	Mo	MoO_4^{2-}	0.00001

二、植物营养的诊断

1.形态诊断。植物在缺乏某种元素时,一般都在形态上表现出特有的症状,也就是所谓的缺素症,如失绿、现斑,畸形等。因元素不同,生理功能不同,症状出现的部位和形态常常有它的特点和规律。一些容易移动的元素如 N、P、K、Mg 等,当植物体内呈现不足时,就会从老组织移向新生组织,因此缺乏症状最初总是在老组织上先出现。一些不容易移动的元素如 Fe、B、Ca 等,其缺乏症则常常是从新生组织上开始表现的。

这种外在表现和内在原因的联系是形态诊断的依据。形态诊断主要凭目视判断,经验在其中起着重要作用。但是当作物缺乏某种元素而不表现该元素的典型症状或者与另一元素有着共同的特征时就容易误诊,因此,在形态诊断的同时还需要配合其他的检验方法。

2.化学诊断。分析植物、土壤的元素含量,与预先拟定的含量标准比较做出判断。一般来说,植株分析结果最能直接反映植物营养状况,是判断植物营养最可靠的依据。土壤分析结果和植物营养状况一般是有密切关系的,但是植物营养除了土壤元素含量不足外,还与生态环境条件影响下植株根系的吸收不良有关,因而会出现土壤养分含量与植物生长不一致的现象,所以土壤营养分析结果与植物营养状况的相关性不如植株分析结果可靠。

3.酶学诊断。

(1)酶学诊断原理:许多元素是酶的组成成分或活化剂,所以当缺乏某种元素时,与该元素有关的酶的含量或活性发生变化,故测定基数或活性或以判断这种元素的丰缺。

（2）酶学诊断特点：①灵敏度高。有些元素在植物体内含量极微，常规测定比较困难，而酶测法比较容易；②相关性好，吻合度高；③酶促反应的变化远远早于形态变异。

三、植物营养来源和特点

1.植物营养的来源。植物养分主要来源于土壤养分和施肥。土壤的养分包括养分的总量和养分的有效含量，养分的总量代表了土壤养分的供应潜力，而养分的有效含量则决定了土壤对当季作物养分的供应能力。土壤养分总量比一季作物的需要量要大得多。在作物生长发育过程中，对养分的要求常常有两个极其重要的时期，即作物营养临界期和作物营养最大效率期。如果能满足这两个时期对养分的要求，一定能显著地提高作物的产量和品质。

2.作物营养临界期。作物在生长发育的某一时期，对养分的要求虽然在绝对数量上并不多，但是要求比较迫切，如果此时缺乏该养分，就会明显抑制作物的生长发育，产量也受到严重影响，此时造成的损失，即使以后补施这种养分，也很难弥补，这个时期称为作物临界期。作物养分临界期对不同的作物，不同的养分是不同的。而磷的临界期常常出现在苗期，氮的临界期出现在作物营养生长转向生殖生长的时期。

3.作物营养最大效率期。在作物生长发育过程中还有一个时期，作物对养分的要求不论是在绝对数量上，还是在吸收速率上都是最高的，此时施用肥料所起的作用最大，增效也最为显著，这个时期就是作物营养最大效率期。作物营养最大效率期常常出现在作物生长最旺盛时期，其特点就是生长量大，需要养分多。

4.植物吸收营养方式。

（1）根营养：植物通过根系从土壤溶液中吸收它所需要的各种养分，是植物获取营养的主要方式。

（2）根外营养：植物通过茎叶吸收养分，又称根外追肥。

第二节 有机农业土壤培肥技术

一、土壤性质与作物的关系

不同的作物对土壤的要求不同。除了对土壤肥力要求外,也有不同的个性要求。如生长期有长有短,根系有深有浅,适应土壤变化的能力有大有小。因此在作物和土壤之间就有择配对口的要求和可能,表4-2列出了各种土壤适合种植的作物。

表4-2 各种土壤适种作物

作物	黏土	黏壤	壤土	细沙壤	轻沙壤	沙壤	砾沙壤	砾壤	砂土
水稻	+								
大麦				+		+			
小麦		+	+						
玉米		+							
大豆		+							
小豆		+							
豌豆	+								
蚕豆	+								
花生						+			
棉花			+						
大麻								+	
苎麻		+	+						
烟草							+		
甘薯			+			+			
土豆			+		+	+			
茄子			+						
白菜		+	+						
甘蓝		+							
黄瓜		+	+						

续表

作物	黏土	黏壤	壤土	细沙壤	轻沙壤	沙壤	砾沙壤	砾壤	砂土
南瓜									+
西瓜						+			
甜瓜						+			
冬瓜		+	+						

二、土壤培肥理论

常规农业是以大量的化肥来维持高产,但有机农业理论认为,土壤是一个有生命的系统,施肥首先是培育土壤,土壤肥沃了,会增殖大量的微生物,再通过土壤微生物的作用供给作物养分。

有机农业土壤培肥是以根系—微生物—土壤的关系为基础,采取综合措施,改善土壤的物理、化学、生物学特性,协调根系—微生物—土壤的关系。

1.土壤肥料增殖了大量的微生物。微生物是生态系统的分解者,微生物以土壤中的肥料作为食物,使自身数量得到大量增殖,所以,土壤的肥力不同,土壤微生物的丰富度、呼吸商、土壤酶活性、原生动物和线虫的数量及多样性均不相同。

2.根系自身可培养微生物,并具有改良土壤的作用。目前,根际微生物备受关注。所谓根际微生物,就是生活在根际表面及其周围的微生物。作物根一方面从土壤吸收养分供给植物;另一方面又将叶片制造的养分及根的一部分分泌物排放到土壤中。根的分泌物包括糖类和其他富含营养的物质,数量大约占光合产物的10%~20%,土壤微生物以此为营养大量聚集到根的周围,并在那里生存、繁殖。此外,根系的分泌物中还包含果胶类黏性比较强的物质,它们可将土壤粒子粘在一起,促进土壤的团粒化。

3.微生物可以制造和提供根系生长的养分。微生物不仅接受根系的分泌物,以它为食物进行繁殖,而且制造氨基酸、核酸、维生素、生物激素等物质,供根系吸收。根际微生物也可将肥料中的养分变成根系可吸收的形态,供给作物根系吸收,使根系与根际微生物形成共生。

4.微生物将土壤养分送至根系。微生物可将土壤中难以被作物吸收的养分(不可利用态)变成容易被作物吸收的养分,或把根系不能到达位置的养分送到根部,所以根际微生物具有帮助作物稳定吸收土壤养分的作用,如 AV 菌根可以帮助植物吸收磷、镁、钙及铜、锌等微量元素。

5.微生物可以调节肥效。当肥料不足时,微生物能促进肥效。当根系养分过多时,微生物吸收丰富的无机养分储藏到菌丝体内,使根系周围的养分浓度逐渐降低;当肥料不足时,随着微生物的死亡,被菌丝吸收的养分又逐渐释放出来,被作物吸收。这是微生物为了自身的生存而适应环境的结果。

6.微生物制造的养分可以提高作物的抗逆性,改善产品的品质。微生物在活动中或死亡后所释放的物质,不仅是氮、磷、钾等无机养分,还有多种氨基酸、维生素、细胞分裂素、植物生长素、赤霉素等植物激素类生理活性物质,它们刺激根系生长及叶芽和花芽形成,果实肥大,固形物增加,提高作物的抗逆性,改善产品品质。

三、有机农业土壤培肥的基本原则

有机农业理论认为土壤是一活的生命系统,施肥首先是喂土壤,再通过土壤微生物作用来供给作物养分,而非像现代农业那样使用化学肥料直接为作物提供养分。因此有机农业要求利用有机肥和合理的轮作来培肥土壤。根据有机生产为一相对封闭的养分循环系统的原理,一方面有机肥应尽可能地来自本系统,即要尽可能地将系统内的所有有机物质归还土地;另一方面是在轮作计划中一定要尽可能包括豆科绿肥在内作为补充 N 源的重要手段,另外有机生产过程中还要尽可能地减少土壤养分的流失,提高养分的利用率。

四、土壤肥力的诊断

铁锹诊断是一种最简单、最实用、最经济的土壤肥力诊断方法,最早由德国人 Gorbing 于 20 世纪 30 年代推出,后经 Preuschen 和 Hampl 努力在欧洲广泛流传。它可以帮助农民认识土壤状态、结构和根系生长,找出土壤状况与作物生长的关系,从而改善其耕作和培肥措施。尤其是在偏僻地区和农业技术条件较差、技术推广与普及程度较低的地区,宣传、推广该项技术,可使农民从一开始就切实了解所耕种土壤的特性。

铁锹诊断的优点是省时省地;取自好坏土壤的土样可以同时放在一起,直接进行比较。缺点是土样局限于某一个点;要对整个地块及其耕作状况做出评价,必须在不同的地点多次重复。

取样:选择合适的地方;清除地表杂草或秸秆;选择适当位置的植物,先用铁锹在植物周围的地面上插出一个长约50cm、宽约30cm的长方形;在此长方形的一侧挖一个和铁锹一样深的坑,取出另一侧带有植物的土砖(土样)。

观察:①一般观察。土壤耕作,田间计划;②土壤表层观察。植被、作物茬口、状态(淤结、机械轮迹、蚯蚓粪便、水土流失情况);③土壤剖面观察。土壤湿度、气味、颜色、质地、土壤结构层次及熟化程度、有机质、根系生长状况(数量、分布和畸形根)、蚯蚓和落地试验等。

结论与评价:根据以上的观察和分析,对所诊断的土壤做出评价,分成好、一般、不好三等。把每一项具体的观察结果综合成为一个总的评价,并用语言表达出来。

铁锹诊断技术是根据各种具体因素的综合评定而形成的一种关于土壤肥力的总体估测,是定性的测定方法。它能够准确地认识土壤肥力状况,并可作为土壤耕作和培肥措施的辅助工具。

五、土壤培肥措施

用地与养地结合是不断培育土壤、实现有机农业持续发展的重要途径。关于有机农业土壤的综合培肥实践,应从以下几个方面入手。

1.水。水是最宝贵的资源之一,也是土壤最活跃的因素,只有合理地排灌才能有效地控制土壤水分,调节土壤的肥力状况。以水控肥是提高土壤水和灌溉水利用率的很有效的方法。应根据具体情况,确定合理的灌溉方式,如喷灌、滴灌和渗灌(地下灌溉)等。

2.肥料。肥料是作物的粮食,仅靠土壤自身的养分是不可能满足作物的需要的,因此,广辟肥源、增施肥料,是解决作物需肥与土壤供肥矛盾以及培肥土壤的重要措施。首先要增施有机肥,加速土壤熟化。一般来说,土壤的高度熟化是作物高产稳产的根本保证,而土壤的熟化主要是由于活土层的加厚以及有机肥的作用。有机肥是培肥熟化土壤的物质基础,有机、无机矿物源肥料相结合,既能满足作物对养分的需求,又能增加土壤的有机质含量,改善土壤的结构,是用养结合的有效途。

3.合理轮作。合理轮作,用养结合,并适当提高复种指数。合理地安排作物布局,能充分有效地维持和提高土壤肥力,如与豆科作物轮作,利用豆科的生物固氮作用增加土壤中氮素积累,为下茬或当茬作物提供更多的氮素营养。

4.土地耕作。平整土地、精耕细作、蓄水保墒、通气调温是获取持续产量的必要条件。土地平整是高产土壤的重要条件,可以防止水土流失,提高土壤蓄水保墒能力,协调土壤、水、气的矛盾,充分发挥水、肥、气作用,保证作物正常生长;土壤耕作则是指对土壤进行耕地、耙地等农事操作,耕作可以改善土壤耕层和地面状况,为作物播种、出苗和健壮生长创造良好的土壤环境,同时耕层的疏松还有利于根系发育和保墒、保温、通气以及有机质和养料的转化。

总之,有机农业的土壤培肥不是一朝一夕的事情,不仅要做到土壤水、肥、气、热等因子之间的相互协调,还要使这种协调关系持续不断地保持下去,才能达到持续稳产的目的。

六、土壤施肥的基本原理

在植物营养和施肥科学的发展史中,科学家们先后提出了养分归还学说、最小养分律、报酬递减律和因子综合作用律等学说。这些学说科学地揭示出施肥实践中存在的客观事实,为科学进行施肥决策提供了较为系统的理论依据,成为指导合理施肥实践的重要原理。随着科学的不断进步,新的理论将不断形成,使施肥科学理论体系日趋完善。[①]

(一)养分归还学说

1.养分归还学说的基本内容。养分归还学说(theory of nutrition re-

①黄富.农作物科学高效施肥原理五学说[J].农家参谋:种业大观,2012(2):35.

turns)是德国化学家李比希(J. von Liebig)于19世纪提出的。1837年李比希应英国化学促进会的邀请到利物浦做了一次"当前有机化学和有机分析"的报告。1840年,李比希以这篇报告为基础出版了《化学在农业及生理上的应用》一书。在该书的第二部分"大田生产的自然规律"中论述了植物、土壤和肥料中营养物质的变化及其相互关系,较为系统地阐述了元素平衡理论和补偿学说。他把农业看作是人类和自然界之间物质交换的基础,也就是由植物从土壤和大气中所吸收和同化的营养物质,被人类和动物作为食物而摄取,经过动植物自身和动物排泄物的腐败分解过程,再重新返回到大地和大气中去,完成了物质归还。李比希把他的归还学说归结为"由于人类在土地上种植作物并把这些产物拿走,这就必然会使地力逐渐下降,从而土壤所含的养分将会越来越少。因此,要恢复地力就必须归还从土壤中拿走的全部东西,不然就难以指望再获得过去那样高的产量,为了增加产量就应该向土地施加灰分"。养分归还学说的基本内容包括以下几点。

第一,随着作物的每次收获,必然要从土壤中带走一定量的养分,随着收获次数的增加,土壤中的养分含量会越来越少。科学研究已经证实,植物体内的营养物质的形成有赖于植物对矿物质的吸收,各种作物形成的任何产量,无论是生物产量还是经济产量,都要从土壤中吸收和带走一定数量的土壤养分。例如,冬小麦在$7500kg \cdot hm^{-2}$产量水平时,每形成100kg籽粒从土壤中吸收的氮、磷、钾的数量分别为3.0,1.25和2.5kg,随小麦籽粒的收获,一定数量的氮、磷、钾会从土壤中移走。其他作物生产和土壤养分之间的关系也是同样的。因此,产量越高,种植时间越长,带走的养分数量也越多。

第二,若不及时地归还作物从土壤中失去的养分,不仅土壤肥力逐渐下降,而且产量也会越来越低。我国农业生产实践中土壤钾素肥力的演变充分证明了李比希养分归还学说的内涵。据谢建昌等人的研究,我国土壤钾素肥力的演变经历了一个由不缺乏到缺乏,由南方缺乏到北方缺乏,由经济作物缺乏到禾谷类、果树、蔬菜等作物都缺乏,由高产田缺乏到中产田也缺乏的过程,这主要是由于连年种植作物而不施用钾肥所致。

在部分地区,土壤缺钾已成为农业生产进一步发展的限制因素。刘元昌等对太湖地区不同水稻土和不同熟制的物质循环和能量转化进行了研究,结果表明,20世纪80年代太湖地区农田钾素大量亏缺,亏缺量达 $53.5kg \cdot hm^{-2}$,接近施肥量的60%。土壤缺钾不仅局限于南方,广大北方土壤供钾不足问题也在逐年加重。谭金芳研究河南土壤钾素肥力演变时发现,河南各土壤类型耕层速效钾含量均呈显著的下降趋势。其中,潮土类土壤中平均下降了 $37mg \cdot kg^{-1}$,褐土类土壤中平均下降了 $11mg \cdot kg^{-1}$。范钦桢等在河南封丘研究表明,不施钾肥条件下种植6季作物后,速效钾由种植前的 $78.8mg \cdot kg^{-1}$ 下降至 $61.2mg \cdot kg^{-1}$,而缓效钾由 $558.0mg \cdot kg^{-1}$ 下降至 $526.4mg \cdot kg^{-1}$,下降速度较快,相应的产量也逐渐下降,在这一基础上再增加钾肥会显著提高产量。上述结果进一步证实了李比希的观点:"如果不补充有效养分,总有一天地力会枯竭。"此外,我国东北黑土土壤肥力的严重退化,是长期掠夺式经营的后果,也是对这一观点的有力支持。

第三,为了维持元素平衡和提高产量应该向土壤施入肥料。李比希养分归还学说的中心思想就是归还作物从土壤中取走的全部东西,以恢复土壤肥力,保持元素平衡。

归还的根本途径在于施肥。李比希主张施用化肥归还从土壤中带走的营养物质,特别是那些土壤中相对含量少而消耗量大的营养物质,这个观点已突破了依靠农业内部生物循环维持地力的范畴,给农业生产开拓了增加物资投入的广阔前景。李比希明确指出,土壤肥力是保证作物产量的基础,不恢复和提高土壤肥力,仅仅靠其他某一技术是不可能持续高产的。

施用肥料使作物增产,这已被历史充分证明是正确的。全球范围内通过增施氮肥、磷肥和钾肥提高产量的实例不胜枚举。据FAO数据统计,化肥在作物增产中的作用为50%;我国化肥网的试验统计,施用化肥对粮食产量的贡献率为40.8%。因此,把李比希的养分归还学说称为养分补偿学说更能确切地反映它的本质所在。

2.养分归还学说的发展。养分归还学说作为施肥的基本理论原则上是正确的。这是一个建立在生物循环基础上的积极恢复地力、保证作物稳定增产的理论。马克思对李比希的这一学说曾给予很高评价，他在《资本论》中说道："李比希的不朽功绩之一，是从自然科学的观点出发，阐明了现代农业的消极方面，他对农业史所做的历史的概述，虽不免有些严重的错误，但也包含了一些卓见。"列宁称李比希的养分归还学说是"地力恢复律"。农业化学创始人普里亚尼什尼柯夫曾指出，"虽然在李比希以后的科学和实践对归还植物从土壤中所摄取的物质以保持土壤肥力的学说提出了重大的修正，但是仍然不能不认为这一学说具有重大意义。因为从这里，我们首次找到关于有意识地调整人类和自然间物质交换的明确思想。"李比希的学说不仅成为保持土壤固有水平的基础，而且后来还大大提高了肥力，在矿物质肥料帮助下，把产量提高到泰伊尔和李比希时期所设想不到的高度。

李比希的养分归还学说中归还养分的观点是正确的，全球范围内的施肥实践正是在这一理论的指导下进行的。施肥的目的就是要归还作物收获从土壤中带走的养分。这一学说对增强农民合理施肥的意识无疑是正确的。李比希的养分归还学说奠定了英国19世纪中叶的磷肥工业的基础，促进了全世界化肥工业的诞生。

然而，由于受当时科学技术的局限和李比希在学术上的偏见，一些论断不免有其片面性和不足之处。因此，在应用这一学说指导施肥实践时，应加以注意和纠正。

第一，完全归还的见解是片面的。生产实践证明，归还养分的重点应该是作物需求量大、归还比率低、土壤中容易缺乏的养分。如氮、磷集中分布在禾谷类作物的种子中，随产品的移走和消费，土壤中的含量会越来越少，应该是重点归还的养分；相反，那些作物需求量小、归还比率高、土壤中含量丰富的养分就没有必要每茬都归还。这对于土壤养分资源的利用就更为合理、更为经济。事实上，要归还作物带出的全部营养也难以实施，因此，我们主张归还与作物产量和品质关系密切的、数量较大的养分，并根据生产需要，逐渐扩大归还数量和种类。

第二，李比希的养分归还学说还有一些错误见解。他认为大气中的碳酸铵是植物氮素营养的直接来源，土壤从大气和降水中可以获得足够数量的氮素来满足植物的需要,不必向土壤归还氮素。所以,他对土壤养分的消耗估计只着眼于磷、钾等矿质元素上,因而只强调向土壤补充磷、钾等矿质元素。李比希基于他创立的矿质营养学说,对矿质营养成分评价过高,而对有机营养成分评价过低,因此,他反对法国的 J. B. 布森高(Bousingault)关于厩肥作为氮素来源的观点,错误地认为,植物所需要的矿物质是以厩肥的形式补充给土地的。

第三,李比希还低估了厩肥中氮的作用和腐殖质的改土作用,忽视了有机肥料对提供氮素的重要作用,而过分强调了矿质肥料提供灰分元素的重要性。事实上,养分归还有两种方式:一种是通过有机肥料归还养分;另一种是通过化学肥料归还养分。因为有机肥料和化学肥料是两类性质不同的肥料,各有其优缺点,二者配合施用可以取长补短,增进肥效,因而是农业可持续发展的正确之路。

第四,李比希还反对 J. B. 布森高(Bousingault)关于豆科作物能丰富土壤氮素的说法。他错误地认为植物仅从土壤中摄取为其生活所必需的矿物质,每次收获必从土壤中带走某种物质而使之贫化。任何植物也不能为其他植物增加养料元素,而只能使土壤衰竭。因此他片面地认为作物轮换只能减缓土壤贫竭和更加协调地利用土壤中现存的养料源泉。而事实上,到1870—1880年间海尔瑞格(Hellriege)等发现了根瘤菌的固氮作用以后,弄清了轮作中插入豆科作物,由于其固氮作用,在一定程度上丰富了土壤耕层氮素含量,成为植物氮素营养的重要来源之一。

当然,在未来农业发展过程中,养分归还的主要方式是合理施用化肥,因为施用化肥是提高作物单产和扩大物质循环的保证,目前,农作物所需氮素的70%是靠化肥提供的,因而它是现代农业的重要标志。我国几千年传统农业的特点就是有机农业,其特征是作物单产低,因而满足不了人口增长的需求。考虑到有机肥料所含养分全面兼有培肥改土的独特功效,充分利用当地一切有机肥源,不仅是农业可持续发展的需要,而且也是减少污染和提高环境质量的需要。

(二)最小养分律

1.最小养分律的基本内容。养分归还学说的问世,特别是磷肥的成功生产,促使西方国家大量施用磷肥。但在长期、大量施用磷肥的过程中,出现了施用磷肥不增产的现象,于是李比希在试验的基础上提出了应该把土壤中所最缺乏的养分首先归还于土壤。这就是当时的"最低因子律",也有人译成最小养分律(law of the minimum nutrition),李比希表述这一定律的原意是:"植物为了生长发育需要吸收各种养分,但是决定植物产量的,却是土壤中那个相对含量最小的有效植物生长因素,产量也在一定限度内随着这个因素的增减而相对地变化。因而无视这个限制因素的存在,即使继续增加其他营养成分也难以再提高植物的产量"。

此学说几经修改,后又称为:"农作物产量受土壤中最小养分制约"。直到1855年,他又这样描述:"某种元素的完全缺少或含量不足可能阻碍其他养分的功效,甚至于减少其他养分的营养作用",因此,最小养分律的产生是植物营养元素间不可代替性的结果。对最小养分律的理解还应该是:植物生长要从土壤中吸收各种养分,而产量高低是由土壤中相对含量最小的有效营养元素所决定的。植物的产量随最小养分A的供应量而按一定的比例增加,直到其他养分B成为生长的限制因子时为止。当增加养分B时,则最小养分A的效应继续按同样比例增加,直到养分C成为限制因子时为止。如果再增加养分C,则最小养分A的效应仍继续按同样比例增加(图4-1)。

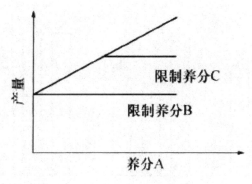

图4-1 最小养分图示

深入分析最小养分律的内涵还应该包括以下几点。

(1)土壤中相对含量最少的养分制约着作物产量的提高:作物的

正常生长发育需要多种营养元素充足而协调的供应,而这些元素大多数要从土壤中吸收,这就要求土壤中的各种营养元素应该是充足而成比例的。如果一种元素相对不足,这就破坏了元素间的平衡,必然影响作物的产量。所以说,作物的产量常随这一元素的增加而提高。例如,我国土壤中的氮被作物消耗最多,在土壤中成了最缺的元素,特别在20世纪50—60年代,氮就成为最小养分,向土壤中补充氮肥起到了非常明显的增产效应。

最小养分是相对作物需要来说土壤供应能力最差的某种养分,而不是绝对含量最少的养分,因此,最早出现的最小养分应该是作物需要量大而归还土壤中少的大量营养元素,如氮、磷、钾等。当然,在一定的土壤和作物条件下,作物需要量很少的某种微量元素也可能成为新的最小养分。如果不及时通过施肥补充土壤最缺的最小养分,将会给生产带来很大损失,轻则减产,重则绝收。例如,棉花"蕾而不花"是由于缺硼而引起的,硼就成为最小养分。

(2)最小养分会随条件改变而变化:土壤养分受施肥影响而处于动态变化之中,最小养分同样受施肥影响而变化。当土壤中的最小养分得到补充,满足作物生长对该养分的需求后,作物产量便会明显提高,原来的最小养分则让位于其他养分,后者则成为新的最小养分而限制作物产量的再提高(图4-2)。

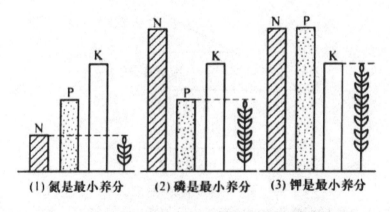

(1)氮是最小养分　　**(2)磷是最小养分**　　**(3)钾是最小养分**

图4-2　最小养分随条件而变化的示意图

图4-2描绘了最小养分随施肥情况而变化的过程,提醒人们在制

订施肥方案时,应注意补充现在的最小养分和施肥调整后可能出现的新的最小养分。所以说,最小养分不是固定不变的,而是随作物种类、需肥特点、气候条件、种植制度、土壤特性等条件变化而变化的。这一点从我国农业生产发展历史和施肥实践中得到证明。

20世纪50年代,我国农田土壤普遍缺氮,氮是当时限制作物产量提高的最小养分,认识到这一点后,全国开展增施氮肥,当时对大多数土壤和作物来说,施用氮肥的增产效果十分显著,全国也相应建设了很多氮肥厂。

到了20世纪60年代,随着氮肥用量的增加和栽培技术的提高,土壤供氮能力相应提高。这个时期由于土壤磷素没有得到相应补充,磷又成了限制作物产量提高的新的最小养分。因此,在施用氮肥的基础上增施磷肥,协调了氮、磷养分比例,使氮、磷养分比例趋于平衡,又获得较好的增产效果,这个时期又兴建了一大批磷肥厂。

20世纪70年代后,随氮、磷肥的不断投入,加之复种指数的提高,我国南方红壤上出现了施氮、磷肥往往不能显著提高作物产量的现象,只有在此基础上配合施用适量钾肥才能保证作物持续增产,钾成了最小养分。进入20世纪80年代,华北地区的一些高产田和经济作物,由于氮、磷肥用量的逐年增加,土壤钾素显然不能满足作物高产的需要,原来不缺钾的田块配施钾肥也有明显的增产效果。这说明在新的条件下土壤缺钾成了新的最小养分,制约着作物产量的进一步提高。

当氮、磷、钾养分满足作物高产需要后,某些微量元素有可能先后成为限制作物产量提高的新的最小养分。例如,苹果小叶病的出现是因为土壤缺锌,锌就成了最小养分。

(3)只有补施最小养分,才能提高产量:最小养分是限制作物产量提高的关键因素,合理施肥就必须强调针对性。如果找不准最小养分而盲目增加其他养分,其结果是最小养分未得到补充,影响作物产量的限制因子依然存在,导致元素间的不平衡程度增大,产量降低,肥料利用率下降,从而影响施肥的经济效益,并会引发生理病害和产生环境污染。

据郑义等人研究,河南开封市第二次土壤普查前,农田普遍缺磷,使磷成了三要素中的最小养分,由于不了解该市土壤中缺磷,在生产中仍然施用氨肥,结果作物产量仍然不高,而且施氮的经济效益明显下降。第二次土壤普查结束后,查清了全市农田土壤中磷是最小养分,制定了在施氮基础上的增施磷肥的技术,作物产量也随之提高了,不仅提高了磷肥的利用率,而且也提高了氮的利用率。

2.最小养分律的发展。李比希的最小养分律是正确选择肥料种类的基本原理,忽视这条规律常使土壤与植株养分失去平衡,造成物质上和经济上的极大损失。所以,李比希的最小养分律乃是合理施肥的基本原理。

最小养分律提出后,为了使这一施肥理论更加通俗易懂,用贮水木桶进行图解(图4-3)。图4-3中的木桶由长短不同、代表土壤中不同养分含量的木板组成,木桶的水面高度代表作物产量的高低水平,显然它受代表养分含量最低的、长度最短的木板的高度所制约,也就是说,作物产量的高低取决于最小养分的供应水平。它反映了在土壤贫瘠和作物产量很低的情况下,只要有针对性地增施最小养分的肥料,就可以获得极显著的增产效果。

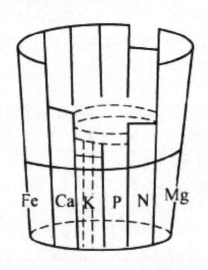

图4-3 最小养分律木桶图解

李比希的这一定律提出之后,在学术界引起了很大震动,同时也引起了很大的争论,有支持李比希观点的,也有反对的。瓦格纳尔(Wagner)和阿道夫·迈耶(Adolf Mayer)就是支持者,并用数学式$y=a+bx$来表示最小养分与产量的关系(图4-4)。式中:y为作物产量,a为不施肥时的产量,b为效应系数,x为最小养分的施用量。

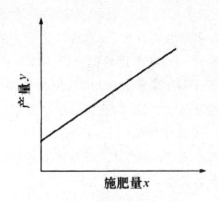

图4-4 施肥与产量的直线关系

需要强调的是,图4-4所示的施肥与产量之间呈直线相关是有条件的,它只适合于土壤非常贫瘠和作物产量水平很低的情况。在土壤肥力水平和作物产量水平较高的情况下,施肥的增产效果不是直线关系,而是呈曲线关系,否则将会得出施肥越多越增产的错误结论。

最小养分律的不足之处是孤立地看待各个养分,忽视了养分间互相联系、互相制约的一面。这也是最小养分律在当时受到一些人批评的原因所在。

继最小养分律提出之后,人们又把这一学说进一步延伸,形成了最适因子律和限制因子律。

限制因子律是英国学者布莱克曼(Blackman)把最小养分律扩大和延伸至养分以外的其他生态因子上提出的。认为养分仅是生态因子之一,作物生长还要受许多其他生态因子的影响。这些生态因子包括土壤的通气、水分、有害物质,气候因素中的光照、温度、湿度和降雨量等。1905年,布莱克曼把限制因子律描述为:增加一个因子的供应,可以使作物生长增加,但是遇到另一生长因子不足时,即使增加前一因子也不能使作物生长增加,直到缺少的因子得到补足,作物才能继续增长。可见,这里的因子不仅仅是在指某一种养分了。这一学说告诉我们作物生长不仅会受最小养分的限制,还可能受其他生态因素限制,任何一种生态因子不足都会限制产量的提高。

最适因子律的提出比较早,远在李比希没有提出最小养分律之前。1837年德国土壤学家施普林盖尔(Sprengel)就指出,养分太少植物不能生长,养分太多对植物有害,即养分应该处在最适。1895年,德国学者李勃夏(Lieber Cher)在李比希提出最小养分律之后,对其进行扩展,提出了最适因子律,其全文意思是:植物生长受许多条件的影响,生活条件变化的范围很广,植物适应的能力有限,只有影响生产的因子处于中间地位,最适于植物生长,产量才能达到最高。因子处于最高或最低的时候,不适于植物生长,产量可能等于零。因此,生产实践中对;养分或其他生态因子的调节应适度。

(三)报酬递减律与米氏学说

1.报酬递减律与米氏学说的基本内容。18世纪末,法国古典经济学家,重农学派杜尔哥(A. R. J. Turgot)深入地研究了投入与产出的关系,在大量科学实验的基础上进行了归纳,提出了报酬递减律(law of diminishing returns),其基本内容是:从一定面积土地所得到的报酬随着向该土地投入的劳动和资本数量的增加而增加,但达到一定限度后,随着投入的单位劳动和资本的再增加而报酬的增加速度却在逐渐递减。它反映了在技术条件不变的情况下,投入与产出的关系。它作为一个经济法则,广泛应用于工业、农业和畜牧业生产等各个领域。需要指出的是,当时安德森(J. Anderson)也同时提出了这一定律,有了这一定律,科学家们纷纷进行研究,使这一定律很快在各行各业得到应用。

1909年德国著名化学家米采利希(E. A. Mitscherlich)成功地把报酬递减律移植到农业上来,他通过燕麦磷肥试验,利用数学原理深入地探讨了施肥量与产量的关系,并发现,只增加某种养分单位量(dx)时,引起产量增加的数量(dy),是以该种养分供应充足时达到的最高产量(A)与现在的产量(y)之差成正比。用数学式表达为:

$$\frac{dy}{dx} = C(A - y)$$

转换成指数式为：

$$y = A\left(1 - e^{-C_x}\right)$$

式中：y 为施一定量肥料 x 所得的产量；A 为施足量肥料所获得的最高产量或称极限产量；x 为肥料用量；e 为自然对数；C 为常数（或称效应系数）。

米采利希认为，C 对每一种肥料都是一个常数，与作物、土壤或其他条件无关。根据米氏的测定，N、P_2O_5 和 K_2O 的常数 C 分别为 20kg·hm^{-2}，60kg·hm^{-2}，40kg·hm^{-2}。因此，上述数学式表明，土壤中某种养分的含量越低，施入某元素肥料的增产效果越显著。

上述公式概括了达到极限产量之前施肥量和产量之间的关系，经实践检验它具有普遍性。米采利希学说的实质为：①总产量按一定的渐减率增加而趋近于某一最高产量极限；②增施单位量养分的增产量随养分用量的增加而按一定比数递减；③在一定条件下，任何单一因素都有一个最高产量（图4-5）。当条件改变时，该因素可能达到的最高产量也随之改变。

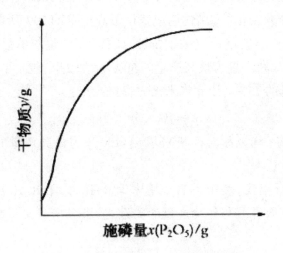

图4-5 燕麦施磷量与干物质产量的关系

2.米氏学说的作用。首次用严格的数学方程式表达了作物产量与养分供应量之间的关系,并作为计算施肥量的依据,开创了施肥实践由过去的经验施肥发展到定量施肥的新纪元,这是世界农业化学发展史上的一件大事。米氏学说及其著名的米采利希方程的广泛应用,使有限的肥料发挥了最大的增产效益,是对最小养分律的完善和发展,如今在国际上仍然作为一个重要的施肥理论加以应用。

米采利希方程揭示了一定条件下作物产量与施肥量之间的数量关系,国内外几十年生产实践结果也表明,作物产量与施肥量之间的关系无不遵循这一规律,因此,曾被广泛用来确定经济最佳施肥量、预测产量、估算土壤有效养分含量,并且形成了肥料效应函数施肥法。

3.米氏学说的发展。米采利希学说提出后,大量科学试验表明,常数C并不是一个固定值,而是随作物种类及其生长的环境条件而发生变化。后来又发现,过量施肥,特别是氮肥,对产量常起副作用,因此,米氏曾提出一个米氏方程的修正式:

$$y = A\left(1 - e^{C_x}\right)10^{-kx^2}$$

式中:k 为损伤系数。

此后,B.包尔(B. Baule)也提出了一个米氏方程的修正式。他不用增产的绝对值,而以最高产量的百分率来表示肥料效应。他认为这样可不受土壤养分变化的影响,他把获得最高产量的50%所需要的养分数量定为一个"养料单位"(food unit),或称一个"包尔单位"。增加一个"包尔单位",增产量为最高产量的50%,增加2个"包尔单位"的增产量为最高产量的75%。依此将米氏方程修改为:

$$y = A\left(1 - 10^{-0.301x}\right)$$

式中:A 与 y 均以相对产量表示,$A=100$,y 为最高产量的百分率;x 为"包尔单位"。

20世纪40年代,美国著名土壤学家 R. H. 布瑞(R. H. Bray),大量研究了土壤有效养分与作物产量的关系之后,提出了又一个米氏方程的修正式:

$$y = A\left[1 - 10^{-C(x + b)}\right]$$

式中:C 为总养分效应系数;b 为"效应量",实质为土壤所提供的有效养分数量,即化学测定的土壤速效养分量乘以校正系数。该式曾用于土壤测定的校验研究,取得了良好的结果。

克劳斯和耶斯米氏也提出了一个修正式:

$$y = y_0 + d\left(1 - 10^{-kx}\right)$$

式中:y 为总产量;y_0 为不施肥产量;d 为增加施肥量能达到的最高增产量;x 为施肥量;k 为效应系数。

但是,米氏公式及其修正式仍不能完整地反映产量与施肥量之间的变化关系。在米氏公式之后,费佛尔(Pfeiffer)又提出了施肥从低量到中量和过量时,产量与施肥量之间的数学模型:

$$y = b_0 + b_1x + b_2x^2$$

式中:y 为产量;x 为施肥量;b_0,b_1,b_2 为回归系数,其中 b_0 为不施肥时的产量,b_1 为施肥的增产趋势,b_2 为曲线的曲率程度和方向,正常情况下为负值,表示施肥过量,作物产量下降。这一公式说明,当施肥量很低时,作物产量几乎呈直线上升;当施肥量中等时,作物产量按报酬递减律而增加;当施肥量超过最高产量施肥量时,产量不仅不再增加,反而会下降。这与目前施肥实践中存在的由于盲目施肥而造成的减产情况是一致的。因此,费佛尔等人的工作无疑是把施肥科学向前推进了一步。

(四)因子综合作用律

1.综合因子的分类。农作物生长发育是受综合因子影响的,而这些因子可分为两类:①对农作物产量产生直接影响的因子。即缺少某种因子,作物就不能完成生活周期,如水分、养分、空气、温度、光照等,从而看出,合理施肥是作物增产的综合因子中起重要作用的因子之一;②对农作物产量并非不可缺少,但对产量影响很大的因子。即属于不可预测的因子,如冰雹、台风、暴雨、冻害和病虫害等。受其中的某一种因子的影响,作物轻者减产,重者绝收。

2.因子综合作用律的基本内容。因子综合作用律的基本内容是:作物高产是影响作物生长发育的各种因子,如空气、温度、光照、养分、水分、品种以及耕作条件等综合作用的结果,其中必然有一个起主导作用的限制因子,产量也在一定程度上受该种限制因子的制约。产量常随这一因子克服而提高,只有各因子在最适状态,产量才会最高。

3.因子综合作用律的内涵与作用。

(1)作物丰产是诸多因子综合作用的结果:农作物的产量是养分(N)、水分(W)、温度(T)、空气(G)、光照(L)等环境综合因子共同作用的结果。只有各种因子保持一定的均衡性,才能充分发挥各因子的增产效果,各个因素之间遵循乘法法则,共同决定作物的产量。我们用 $y=f$(N,W,T,G,L)表示,式中,y 为产量,f 为函数符号;假如,每个因素都能百分之百地满足农作物的需要,则可获得最高产量,如果各因素只能满足农作物所要求的80%,则只能获得最高产量32.8%的产量,即 $y=$(80/100)^5×100%=32.8%,其中 y 为相对产量,(80/100)^5 为 5 个因素 80%的乘积。因而,综合因子作用的基础,应该是力争每一个组成因子都能最大限度地满足作物每个生长期的需要,为提高产量和品质做贡献。

因子综合作用律是指导合理施肥的基本原理。虽然作物丰产是影响作物生长发育诸多因子综合作用的结果,但其中必然有一个起主导作用的限制因子,在一定程度上产量受主导因子的制约。例如,在肥力较低的土壤上,养分就是限制因子;在水分缺乏的干旱地区,水分则成为限制因子;在阴坡地种植作物,光照又成为限制因子。为了充分发挥肥料的增产作用和提高肥料的经济效益,不仅要重视各种养分之间的配合施用,而且要使施肥措施与环境因子和其他农业技术措施密切配合。

(2)因子的作用效果受因子交互作用的影响:一个因子的作用发挥常要依靠另外因子的作用。一个非常明显的例子是肥料与水分的关系。在无灌溉条件的旱作农业区,肥效往往决定于土壤含水量,在一定范围内,肥料的增产效应和肥料的利用率则随水分的增加而提高。徐秋明等研究了京郊两种不同质地土壤上氮、磷、水的联合效应发现,不管土壤质地如何,水分虽然在作用方向和强度上有所不同,但是对氮、磷肥料效应的影响都是很明显的。其研究结果显示,随着土壤含水量的变化,两种质地不同土壤上氮、磷肥的用量都发生相应有规律的变化。

随土壤含水量的增加,沙土上氮肥的最高施用量同步增加,且变幅较大,壤土上氮肥最高施用量却随之降低,同时变幅也很小。磷肥在不同质地土壤上效应表现与氮正好相反。在沙性土壤上,随着水分的增加,磷肥最高施肥量降低,在壤土上则呈增加趋势。

质地不同土壤在水肥交互作用上的差别表现为基础产量(N或P为0时)的不同变化。土壤水分变化时,壤土的小麦基础产量的变幅大于施肥造成的产量变幅,在磷肥效应上更为明显。但是在沙土上,土壤水分变化造成的基础产量变幅远小于壤土,也小于肥料效应的变幅。

从以上这个例子可以看出,作物的产量要受到很多因素的影响,有些效应是协同效应,有些可能是拮抗。总之,作物的产量是多因子协调作用的结果。

四、健康土壤的评价指标

(一)一般评价指标

1.土层深厚。土层深厚才能为作物生长和发育提供充足的水分和养分。

2.土壤固、液、气三相比例适当。一般土壤中,固相为40%、液相为20% ~ 40%、气相为15% ~ 37%。

3.土壤质地疏松。土壤质地关系到土壤的温度,通气性、透气性、透水性、保水性和保肥性能。质地过于沙,通透性好,而保水保肥性差,土壤升温快,土温高;相反,质地过粘,通气透水性差,而保水保肥性好,土壤升温慢,土壤温度低。因此质地疏松的土壤,最适合作物根系的生长和正常发育。

4.土壤温度适宜。土壤温度直接影响到植物根系的生长、活动和土壤生物的生存。

5.土壤酸碱度适中。多数作物适应的土壤酸碱度为6.5 ~ 7.5。

6.土壤有机质含量高。土壤有机质代表土壤供肥的潜力及稳产性是评价土壤肥力的一个重要的综合指标。土壤有机质大于2%为肥沃土壤,1%为中等肥力土壤,小于0.5%为贫瘠土壤。

7.土壤生物丰富。土壤生物指标应包括土壤微生物的生物量、微生物的活性、微生物的群落结构、土壤生物多样性、土壤酶等。利用生物指标可以监测土壤被污染的程度,反映土地种植制度和土壤管理水平。

(二)北京有机果园土壤评价标准

1.三相比。液相(水分)25%,气相(空气)25%,固相50%。

2.团粒结构。团粒占25.0%~37.5%是很理想的土壤(即壤土),所有作物都适合。

3.土壤容重。土壤容重是指单位容积原状土壤(包括孔隙)的重量。土壤容重可以判断土壤的松紧程度。建议北京有机果园的土壤容重标准为1.1~1.5g/cm³。

4.pH值。一般果园土壤pH值保持在6.5~7.5,葡萄园的pH值为7.2~8.0。肥沃土壤的土壤电解系数应在2以上。

5.阳离子交换量。土壤阳离子交换量可以作为评价土壤保肥力的指标。有机果园土壤阳离子交换量要大于15cmol/kg。

6.微生物。土壤5~15cm土层内的微生物数量应达到$5×10^9$个/g以上。有机栽培园土壤微生物含量至少达到$1.5×10^9$个/g。

7.矿物质、微量元素。良好的果园必须有适宜的土壤营养成分。有机果园土壤营养成分标准如表4-3所示。

表4-3 土壤矿质营养的最适范围

单位:mg/kg

矿物营养	最适	低	中等	高	过多	备注
氮	10~20	<5		>100		
磷	10~20	<10	10~20	20~40	>40	
钾	120~200	<150	150~250	250~800	>800	醋酸铵法
钙	600~4000	<1000	1000~2000	>2000		
镁	60~480	<60	60~180	>180		
硼	0.5~2.0	<0.5	0.5~2.0	>2.0		
锌	>1.0					

续表

矿物营养	最适	低	中等	高	过多	备注
铁	N/A					
硫	6～20	<2	2.0～10.0	>10(充足)		
铜	>0.6					DTPA法
锰	>1.5	在土壤pH值>7.0时缺乏				DTPA法
钼	N/A					
氯化物	N/A					

除施肥量外,更加重要的是维持土壤营养元素平衡,土壤中必须保持 Ca>Mg>K 的含量顺序,且 Ca:Mg 范围(1～20):1;通常土壤中 C/N/P/S 的比值是 140/10/1.3/1.3 较为适宜。例如,苹果中 N:K 为 1:1.25 左右是维持元素间平衡、保持果实大小、色泽、糖含量和果实硬度的最佳比例;叶面喷肥仅作为营养补充,其最大量不能超过肥料用量的 15%。

8.土壤动物。有机果园土壤中应有 50 余种土壤昆虫和小动物生存,包括蜘蛛、蟋蟀、蚂蚁、青蛙、蜥蜴等。

9.土壤有机质。土壤有机质含量是衡量土壤肥沃度即土壤养分和肥力的综合指标。

实施有机化栽培果园的土壤有机质标准为,进入有机转换期的土壤有机质含量达到 2% 以上,完成转换期进入有机果品栽培的土壤有机质含量在 3% 以上。

当前述指标达到要求时,土壤有机质含量也就可达到要求;反之,当土壤有机质含量达到 3% 以上时,土壤的其他理化指标应满足果树生长的最佳含量。

(三)沃土的识别

通过改良,具备一定肥力的土壤可以借助以下指标判断。

1.用眼识别。

(1)蚯蚓:1m² 至少要有 10 条蚯蚓,地上能见到 10 块蚯蚓粪。

(2)土壤颜色:由黄色逐渐变成黑色。

(3)土壤疏松:用手可以挖动。

（4）土壤团粒：占土壤总量的20%，深度为15cm。

（5）土壤动物：土壤中的昆虫如蜘蛛、蟋蟀、蚂蚁等50余种，小动物（青蛙、蚯蚓等）增多。

（6）土壤滋生的杂草类：叶阔、肥厚、杆粗、色深，种类增多。

2.检测手段。

（1）土壤有机质含量3%以上：土壤有机质可以吸收超过自身重量10倍的营养。

（2）重金属含量及农残不超标。

（3）20～30cm土壤内土壤孔隙率达20%～30%。

（4）20～40cm土壤含水量可达50%，土壤保水力增强。

（5）植物根系深广：杂草的根深可达到40～60cm，毛细根多。

（6）1g土壤中微生物含量$(3～5)×10^9$个，初期也应达到$1.5×10^9$个。

五、土壤施肥量的确定

作物施肥数量的多少取决于作物产量需要的养分量，土壤供肥能力、肥料利用率、作物栽培要求等因素，其中根据作物经济产量确定有效的施肥量是保证作物营养平衡和持续稳产的关键（表4-4）。

表4-4　不同作物经济产量100kg[①]、1000kg[②]时的需肥量

单位:kg

作物种类	氮(N)	磷(P_2O_5)	钾(K_2O)
粮食、油料、棉麻			
稻谷[①]	2.40	1.25	3.10
玉米(籽粒)[①]	2.60	0.90	2.10
甘薯[②]	3.50	1.75	5.50
大豆(籽粒)[①]	6.60	1.30	1.80
胡豆(籽粒)[①]	6.41	2.00	5.00
豌豆(籽粒)[①]	3.00	0.86	2.86
冬小麦(籽粒)[①]	3.00	1.25	2.50
洋芋[②]	4.00	1.85	9.65
油菜子[①]	5.80	2.50	4.30
花生果[①]	6.80	1.30	3.80

续表

作物种类	氮(N)	磷(P$_2$O$_5$)	钾(K$_2$O)
芝麻[1]	8.23	2.07	4.41
皮棉[1]	15.00	6.00	10.00
蔬菜[2]			
萝卜(鲜块根)	2.1~3.1	0.8~1.9	3.8~5.6
甘蓝(鲜茎叶)	3.1~4.8	0.9~1.2	4.6~5.4
菠菜(鲜茎叶)	2.1~3.5	0.6~1.1	3.0~5.3
茄子(鲜果)	2.6~3.0	0.7~1.0	3.1~5.5
胡萝卜(鲜块根)	2.4~4.3	0.7~1.7	5.7~11.7
芹菜(全株)	1.8~2.0	0.7~0.9	3.8~4.0
番茄(鲜果)	2.2~2.8	0.50~0.80	4.2~4.80
黄瓜(鲜果)	2.8~3.2	1.0	4.0
南瓜(鲜果)	3.7~4.2	1.8~2.2	6.5~7.3
甜椒(鲜果)	3.5~5.4	0.8~1.3	5.5~7.2
冬瓜(鲜果)	1.3~2.8	0.6~1.2	1.5~3.0
西瓜(鲜果)	2.5~3.3	0.8~1.3	2.9~3.7
大白菜(全株)	1.77	0.81	3.73
花菜(鲜花球)	7.7~10.8	2.1~3.2	9.2~12.0
架豆(鲜果)	8.1	2.3	6.8
洋葱	2.7	1.2	2.3
大葱	3.0	1.2	4.0
水果[2]			
柑橘	6.0	1.1	4.0
梨	4.7	2.3	4.8
苹果	3.0	0.8	3.2
桃	4.8	2.0	7.6
柿	5.9	1.4	5.4
葡萄	6.0	3.0	7.2
草莓(鲜果)	3.1~6.2	1.4~2.1	4.0~8.3

作物的营养来源于土壤矿化物的释放、上茬作物有机质的分解和当茬作物的肥料补充。通常,对氮素的利用率,水田平均为35%~

60%，旱田为 40%～75%；磷的利用率为 10%～25%；钾的利用率为 10%～25%。有机肥中磷的利用率为 20%～30%，钾的利用率为 50%。

六、肥料的种类和施肥方法

肥料种类的选择要求分为有机化、多元化、无害化、低成本。

肥料种类。肥料种类主要包括农家肥、堆沤肥、矿物肥料和绿肥和生物菌肥。

（一）农家肥

农家肥是有机农业生产的基础，适合小规模生产和分散经营模式，是综合利用能源的有效手段，是有机农业低成本投入的有效形式。大量施用农家肥可促进有机农业生产中种植与养殖的有效结合，实现低成本的良性物质循环。

1.农家肥的种类和营养。有机种植中允许使用的各类农家肥及其营养含量见表4-5。

表4-5　农家肥种类及营养含量

单位:%

肥料种类	肥料名称	氮（N）	磷（P_2O_5）	钾（K_2O）
粪肥类	猪粪尿	0.48	0.27	0.43
	猪尿	0.30	0.12	1.00
	猪粪	0.60	0.40	0.14
	猪厩肥	0.45	0.21	0.52
	牛粪尿	0.29	0.17	0.10
	牛粪	0.32	0.21	0.16
	牛厩肥	0.38	0.18	0.45
	羊粪尿	0.80	0.50	0.45
	羊尿	1.68	0.03	2.10
	羊粪	0.65	0.47	0.23
	鸡粪	1.63	1.54	0.85
	鸭粪	1.00	1.40	0.60
	鹅粪	0.60	0.50	1.00
	蚕沙	1.45	0.25	1.11

肥料种类	肥料名称	氮(N)	磷(P_2O_5)	钾(K_2O)
饼肥类	菜子饼	4.98	2.65	0.97
	黄豆饼	6.30	0.92	0.12
	棉子饼	4.10	2.50	0.90
	蓖麻饼	4.00	1.50	1.90
	芝麻饼	6.69	0.64	1.20
	花生饼	6.39	1.10	1.90
绿肥类（鲜草）	紫云英	0.33	0.08	0.23
	紫花苜蓿	0.56	0.18	0.31
	大麦草	0.56	0.18	0.31
	小麦草	0.39	0.08	0.33
	玉米秆	0.48	0.38	0.64
	稻草	0.63	0.11	0.85
堆肥类	麦秆堆肥	0.88	0.72	1.32
	玉米秆堆肥	1.72	1.10	1.16
	棉秆堆肥	1.05	0.67	1.82
	生活垃圾	1.35	0.80	1.47
灰肥类	棉秆灰	（未经分析）	（未经分析）	3.67
	稻草灰	（未经分析）	1.10	2.69
	草木灰	（未经分析）	2.00	4.00
	骨头灰	（未经分析）	40.00	（未经分析）
杂肥类	鸡毛	8.26	（未经分析）	（未经分析）
	猪毛	9.60	0.21	（未经分析）

2.各类农家肥的特点。猪粪、鸡粪、马粪等是常见的农家肥,其各自的特点如下。

(1)猪粪尿:质地细,成分复杂,木质素少,总腐殖质含量高,比牛粪高2.18%,比马粪高2.38%。猪尿中以水溶性尿素、尿酸、马尿酸、无机盐为主,pH中性偏碱。

(2)鸡粪:养分含量高,全氮为1.03%,是牛粪的4.1倍;全钾为0.72%,是牛粪的3.1倍;在堆肥过程中易发热,氮素易挥发。鸡粪应干燥存放,施用前再沤制,并加入适量的钙、镁、磷肥起到保氮作用。适用于各种土壤,因其分解快,宜做追肥,也可与其他肥料混用作基肥。鸡粪可提高作物的品质,是优质的有机肥。施用鸡粪的小白菜的葡萄糖和蔗糖含量超过施用豆饼的小白菜;葡萄施用鸡粪,可溶性糖和维生素C的含量最高。虽然鸡粪养分含量高,但含尿酸多,施用量不宜超过30000kg/hm²,否则会引起烧苗。

(3)马粪:纤维较粗,粪质疏松多孔,通气良好,水分易于挥发。马粪中含有较多的纤维素分解菌,能促进纤维分解,因而较牛粪和羊粪分解腐熟速度快,发热量大,属热性肥料,是高温堆肥和温床发热的好材料。

(4)牛粪:成分与猪粪相似,粪中含水量高,空气不流通,有机质分解慢,属于冷性肥料。未经腐熟的牛粪肥效低。牛粪可以使土壤疏松,易于耕作,对改良黏土有好处。

牛粪宜加入秸秆、青草、泥炭或土等垫物,吸收尿液;宜加入马粪、羊粪等热性粪料,促进牛粪腐熟。为防止可溶性养分流失,在堆肥的肥堆外抹泥(7cm),并可加入钙、镁、磷肥以保氮增磷,提高肥料质量。

(二)堆沤类肥料

1.厩肥。厩肥是牲畜粪尿与各种垫圈物料混合堆沤后的肥料,包括猪圈肥、牛栏肥、羊圈肥、马厩肥、鸡窝肥等。

(1)厩肥的成分与性质:厩肥是家畜粪尿和各种垫圈材料、饲料残渣混合堆积并经微生物作用而成的肥料,富含有机质和各种营养元素,其成分因家畜种类、饲料种类、垫料的种类和数量而不同。各种畜粪中,以羊粪的氮、磷、钾含量最高,猪、马粪次之,牛粪最低。一般来说,新鲜厩肥平均含有有机质25%、氮(N)0.5%,磷(P$_2$O$_5$)0.25%,钾(K$_2$O)0.6%,此外,还含有钙、镁、硫等养分。新鲜厩肥中的养分呈有机态,含有较多的纤维素,半纤维素,碳氮比高,直接施用会与作物争氮,应经堆制腐熟后才可施用。厩肥施入土壤后氮素利用率为10%~20%,磷素利用率为30%~40%,钾素利用率为60%~70%,其肥效比化肥肥效长。

(2)厩肥的施用:厩肥必须经过腐熟后才可施用,腐熟的厩肥或家畜肥可以作基肥,也可以做种肥或追肥,厩肥做基肥一般每亩4000~5000kg,撒施或集中施用均可,并应与化肥配合一起施用。另外,应根据土壤和作物选择厩肥的腐熟度,质地黏重的土壤种植蔬菜作物,应选用腐熟度高的厩肥,质地轻松的砂质土壤,可选用腐熟度低的厩肥,生育期较长的作物,可施用腐熟度低的厩肥,生育期短的作物,应选用腐熟度较高的厩肥。

2.堆肥。

(1)厩肥的成分与性质:堆肥是利用各种植物残体(作物秸秆、杂草、树叶、泥炭、垃圾以及其他废弃物等)为主要原料,混合人畜粪尿经堆制腐解而成的有机肥料。堆肥所含营养物质比较丰富,有机质含量高,并且肥效长而稳定,同时有利于促进土壤团粒结构的形成,能增强土壤保水、保温、透气、保肥的能力。而且与化肥混合使用可以弥补化肥所含养分单一及长期单一使用化肥使土壤板结、保水保肥性能减退的缺陷。

有机农业生产对堆肥的要求,不仅仅是堆制材料的腐解和养分要求,而且要求通过堆沤的过程实现无害化,即一方面为了环境卫生和保障人民健康,堆肥必须通过发酵杀灭其中的寄生虫卵和各种病原菌;另一方面为了作物的健康生长,要通过发酵杀死各种危害作物的病虫害及杂草种子。此外,堆沤发酵秸秆可以消除其产生的对作物有害的有机酸类物质;一些饼粕类物质,也需通过堆制发酵后施用,以保障作物不产生中毒现象。

(2)堆肥的施用:堆肥是一种含有有机质和各种营养物质的完全肥料,长期施用能够起到培肥改土的作用。堆肥必须经过腐熟后才可施用,适用于各种土壤和作物。一般用作基肥,可以结合翻地时使用,与土壤充分混匀,做到土肥融合。堆肥的用量一般为每亩1500~2500kg。在不同土壤上施用堆肥的方法不同,生育期长的作物、砂性土壤以及温暖多雨的季节和地区可施用腐熟度低的堆肥,生育期短、黏性重的土壤、雨少的季节和地区,应施用充分腐熟的堆肥。施用堆肥还应配合施用化肥。

3.活性堆肥。活性堆肥是在油渣、米糠等有机质肥料中加入山土、黏土、谷壳等,经混合、发酵制成的肥料。这是日本从事有机农业生产最常用、最普遍的堆肥方式。利用此法堆制的肥料较一般堆肥具有活性高、营养丰富的特点,在施肥效果上表现为植株叶片变厚、节间变短,果菜类蔬菜坐果稳定、果实光泽好、糖分增加、耐储藏、不易受病虫害的危害等。

4.沤肥。

(1)沤肥的成分和性质:沤肥是以作物秸秆、绿肥、青草为主要原料,掺入河泥、人畜粪尿在厌气条件下沤制、腐熟而成的肥料。沤肥的材料与堆肥差异不大,与堆肥不同的是沤肥是在淹水条件下,由微生物进行厌气分解,所以,堆制场地、技术条件、分解和腐熟过程有所不同。沤肥的养分含量因材料种类和配比不同,变幅很大,用绿肥沤制的比草皮沤制的养分含量高。

(2)沤肥的施用:沤肥一般用作基肥,大多用于水田做基肥,用量为每亩2500～4000kg,也可同速效肥料混合,做追肥施用。

5.沼气肥。沼气肥是有机物在密闭、嫌气条件下发酵制取沼气后的残留物,是一种优质的、综合利用价值大的有机肥料。6～8m³的沼气池可年产沼气肥9t,沼液的比例占85%,沼渣占15%。沼渣宜做底肥,一般土壤和作物均可施用。长期连续施用沼渣替代有机肥,对各季作物均有增产作用。同时还能改善土壤的理化特性,增加土壤有机质积累。沼液肥是有机物经沼气池发酵制取沼气后的液体残留物。与沼渣相比,沼液养分较低,但速效养分高,属于速效性肥料,而且沼液量多,提供的养分也多。沼液一般用于追肥和浸种,做追肥施用可开沟、顺垄条施或普通泼施,增产效果明显;浸种能提高种子发芽率、成活率和抗病性。此外,沼液可杀虫和防病,对蚜虫和红蜘蛛有很好的防效;对蔬菜病害、小麦病害和水稻纹枯病均有良好的预防和治疗作用。

沼气肥结构分上、中、底三层,上层水肥是沼气肥中数量最多、含有大量速效氮的高效能液体肥料,它具有见效快的优点,适用于粮食作物和蔬菜作早期追肥。施用前应先贮存于密封坑内数日。中层糊状肥的浓度高,肥力强,铵态氮的含量比较丰富,适用于粮食作物和蔬菜作中期追肥。其优点是肥分不易挥发,能较长久地释放肥力,充分供给农作物在快速生长阶段所需要的多种养分。底层沼渣肥含有大量腐殖质,适用于农作物底肥,可提高土壤保肥、蓄水能力。

(三)矿物源肥料

矿物源肥料包括磷肥、钾肥、镁肥、钙肥、铁肥、锌肥、硫肥、硼肥、锰肥和钼肥等。

1.磷肥。磷肥具有磷(P)的标明量,以提供植物磷养分为其主要功效的单元肥料。磷是组成细胞核、原生质的重要元素,是核酸及核苷酸的组成部分。作物体内磷脂、酶类和植素中均含有磷,磷参与构成生物膜及碳水化合物,含氮物质和脂肪的合成、分解和运转等代谢过程,是作物生长发育必不可少的养分。合理施用磷肥,可增加作物产量,改善产品品质,加速谷类作物分蘖,促进幼穗分化、灌浆和籽粒饱满,促进早熟;还能促使瓜类、茄果类蔬菜及果树等作物的花芽分化和开花结实,提高结果率,增加浆果、甜菜、西瓜等的糖分、薯类作物薯块中的淀粉含量、油料作物籽粒含油量以及豆科作物种子蛋白质含量;在栽种豆科绿肥时,施用适量的磷肥能明显提高绿肥鲜草产量,使根瘤菌固氮量增多,达到通常称之为"以磷增氮"的目的。此外,施磷还能提高作物抗旱、抗寒和抗盐碱等抗逆性。

常用磷肥品种有水溶性磷肥、混溶性磷肥、枸溶性磷肥、难溶性磷肥,不同磷肥品种特性如下。

(1)水溶性磷肥:主要有普通过磷酸钙,重过磷酸钙和磷酸铵(磷酸一铵、磷酸二铵),适合于各种土壤,各种作物,但最好用于中性或石灰性土壤。其中磷酸铵为氮磷二元复合肥料,最适在旱地施用,且磷含量高,在施用时,除豆科作物外,大多数作物直接施用必须配施氮肥,调整氮、磷比例,否则会造成浪费或氮、磷比例失调造成减产。

(2)混溶性磷肥:指硝酸磷肥,也是一种氮磷二元复合肥料,最适宜在旱地施用,在水田和酸性土壤中施用易引起脱氮损失。

(3)枸溶性磷肥:包括钙镁磷肥、磷酸氢钙、沉淀磷肥和钢渣磷肥。这类磷肥不溶于水,但在土壤中被弱酸溶解,然后被作物吸收利用,而在石灰性碱性土壤中,与土壤的钙结合,向难溶性的磷酸盐方向转化,降低磷的有效性,因此,适用酸性土壤中施用。

（4）难溶性的磷肥：磷矿粉、骨粉等，只溶于强酸，不溶于水，施入土壤后，主要靠土壤中的酸使它慢慢溶解，才能变作物能利用的形态，肥效很慢，但是后效很长，适用于酸性土壤中作基肥，也可与有机肥料堆腐或与化学酸性、生理酸性肥料配合施用，效果较好。

合理施用磷肥品种要注意以下几点。

第一，根据土壤供磷能力，掌握合理的磷肥用量。土壤速效磷的含量是决定磷肥肥效的主要因素，一般土壤速效磷小于5mg/kg时，为严重缺磷，氮、磷肥施用比例应为1∶1左右。速效磷在5~10mg/kg时，为中度缺磷，氮、磷肥施用比例在1∶0.5左右。当速磷为10~15mg/kg时，为轻度缺磷，可以少施或隔年施用磷肥。当速效磷大于15mg/kg时，视为暂不缺磷，可以暂不施用磷肥。

第二，掌握磷肥在作物轮作中的合理分配。水田轮作时，如稻稻连作，在较缺磷的水田，早、晚稻磷肥的分配比例以2∶1为宜；在不太缺磷的水田，磷肥可全部施在早稻上。在水旱稻轮作时，磷肥应首先施于旱作。在旱地轮作时，由于冬、秋季温度低，土壤磷素释放少，而夏季温度高，土壤磷素释放多，故磷肥应重点用于秋播作物上。如小麦、玉米轮作时，磷肥主要投入在小麦上作基肥，玉米利用其后效。豆科作物与粮食作物轮作时，磷肥重施于豆科作物上，以促进其同氮作用，达到以磷增氮的目的。

第三，掌握合理施用方法。磷肥施入土壤后易被土壤固定，且磷肥在土壤中的移动性差，这些都是导致磷肥当季利用率低的原因。为提高其肥效，旱地可用开沟条施、刨窝穴施；水田可用蘸秧根、塞秧蔸等集中施用的方法。同时注意在基施时上下分层施用，以满足作物苗期和中后期对磷的需求。

第四，配合施用有机肥、氮肥、钾肥等。与有机肥堆沤后再施用，能显著地提高磷肥的肥效。但与氮肥、钾肥等配合施用时，应掌握合理的配比，具体比例要根据对土壤中N、P、K等的化验结果及作物的种类确定。

2.钾肥。钾肥指具有钾（K）标明量的单元肥料，钾是植物营养三要素之一。与氮、磷元素不同，钾在植物体内呈离子态，具有高度的渗透性、流动性和再利用的特点。钾在植物体中对60多种酶体系的活化起着关键作用,对光合作用也起着积极的作用。钾素营养好的植物,能调节单位叶面积的气孔数和气孔大小,促进二氧化碳(CO_2)和来自叶组织的氧(O_2)的交换;供钾量充足,能加快作物导管和筛管的运输速率,并促进作物多种代谢过程。

钾元素被称为"品质元素"。它对作物产品质量的作用主要有:①能促进作物较好地利用氮,增加蛋白质的含量;②使核仁、种子、水果和块茎、块根增大,形状和色泽美观;③提高油料作物的含油量,增加果实中维生素C的含量;④加速水果、蔬菜和其他作物的成熟,使成熟期趋于一致;⑤增强产品抗碰伤和自然腐烂能力,延长贮运期限;⑥增加棉花、麻类作物纤维的强度、长度和细度及色泽纯度;⑦钾还可以提高作物抗逆性,如抗旱、抗寒、抗倒伏、抗病虫害侵蚀的能力。

钾肥的品种较少,常用的只有氯化钾和硫酸钾,其次是钾镁肥。草木灰中含有较多的钾,常把草木灰当作钾肥施用。另外,还将少量窑灰钾作为钾肥施用。

要掌握钾肥的正确施用方法,应注意以下4个方面。

第一,因土施用。钾肥应首先投放在土壤严重缺钾的区域。一般土壤速效钾低于80mg/kg时,钾肥效果明显,要增施钾肥;土壤速效钾在80~120mg/kg时,暂不施钾。从土壤质地看,砂质土壤速效钾含量往往较低,应增施钾肥。黏质土壤速效钾含量往往较高,可少施或不施。缺钾又缺硫的土壤可施硫酸钾,盐碱地不宜施氯化钾。在多雨地区或具有灌溉条件,排水状况良好的地区大多数作物都可施用氯化钾。

第二,因作物施用。施用于喜钾作物,如豆科作物、薯类作物、甘蔗、棉麻、烟等经济作物以及禾谷类的玉米、杂交水稻等。在多雨地区或具有灌溉条件,排水状况良好的地区,大多数作物都可施用氯化钾,少数经济作物为改善品质,不宜施用氯化钾。应根据农业生产对产品性状的要求及其用途决定钾肥的合理施用。

第三,注意轮作施钾。在冬小麦、夏玉米轮作中,钾肥应优先施在玉米上。

第四,注意钾肥品种之间的合理搭配。对于烟草、糖类作物、果树应选用硫酸钾为好;对于纤维作物,氯化钾则比较适宜。由于硫酸钾成本偏高,在高效经济作物上可以选用硫酸钾;而对于一般的大田作物除少数对氯敏感的作物外,则宜用较便宜的氯化钾。

3.钙肥。钙肥的主要品种有石灰、石膏、普通过磷酸钙、重过磷酸钙、钙镁磷肥等(表4-6)。

表4-6　主要含钙肥料及性质

品种	氧化钙(%)	其他成分(%)
生石灰(石灰石烧制)	84.0～96.0	
生石灰(牡蛎、蚌壳烧制)	50.0～53.0	
生石灰(白云岩烧制)	26.0～58.0	氧化镁(MgO)10～14
熟石灰(消石灰)	64.0～75.0	
石灰石粉(石灰石粉碎)	45.0～56.0	
生石膏(变通石膏)	26.0～32.6	硫(S)15～18
熟石膏(雪花石膏)	35.0～38.0	硫(S)20～22
磷石膏	20.8	磷(P_2O_5)0.7～3.7,硫(S)10～13
普通过磷酸钙	16.5～28.0	磷(P_2O_5)12～20
重过磷酸钙	19.6～20.0	磷(P_2O_5)40～54
钙镁磷肥	25.0～30.0	磷(P_2O_5)14～20,氧化镁(MgO)15～18
钢渣磷肥	35.0～50.0	磷(P_2O_5)5～20
粉煤灰	2.0～46.0	磷(P_2O_5)0.1,钾(K_2O)1.2
草木灰	0.9～25.2	磷(P_2O_5)1.57,氮(N)0.93
骨粉	26.0～27.0	磷(P_2O_5)20～35
氯化钙	47.3	
硝酸钙	26.6～34.2	氮(N)12～17
石灰氮	54.0	氮(N)20～21

(1)含钙肥料的种类及性质:作物吸收钙的数量小于钾大于镁,钙的主要营养功能是能够稳定细胞膜结构,保持细胞的完整性,有助于生物膜有选择性地吸收离子,稳固细胞壁,促进细胞伸长,增强植物对环境胁迫的抗逆能力,防止植物早衰,提高作物品质,促进根系生长。植物缺钙生长受阻,节间较短,较一般正常生长的植株矮小,而且组织

柔软。缺钙植株的顶芽、侧芽、根尖等分生组织首先出现缺素症,易腐烂死亡,幼叶卷曲畸形,叶缘开始变黄并逐渐坏死。缺钙使甘蓝、白菜和莴苣等出现叶焦病,番茄、辣椒、西瓜等出现脐腐病,苹果出现苦痘病和水心病。施用钙肥可以补充土壤中的钙、调节土壤理化性质,改良土壤,防治作物的缺钙症状。

(2)钙肥的施用方法。

1)石灰的施用:石灰可分为生石灰、熟石灰和石灰石粉,属强碱性。土壤施用石灰除补充作物钙外,对酸性土壤能调节土壤酸碱程度,改善土壤结构;促进土壤有益微生物的活动,加速有机质分解和养分释放;能减轻土壤中铁、铝离子对磷的固定,提高磷的有效性;石灰能杀死土壤中病菌和虫卵以及消灭杂草。石灰主要用于酸性土壤,可以作基肥,也可以作追肥。

基肥:结合整地将石灰与农家肥一起施入,也可以结合绿肥压青和稻草还田进行。水稻秧田一般施 225～375kg/亩,本田施 750～1500kg/亩,旱地施基肥 375～750kg/亩,用于改土施 2250～3750kg/亩。

追肥:基肥未施石灰的可在作物生育期间追施,水稻可结合中耕施 375kg 左右,旱地可以条施或穴施,施 225kg 为宜。

施用石灰应注意几点:首先石灰不宜使用过量,否则会加速有机质大量分解,使土壤肥力下降,并易引起土壤板结和结构破坏;其次石灰呈碱性,应施用均匀,以防止局部土壤碱性过大,影响作物生长,应避免与种子或根系接触;其三对小麦、大麦等不耐酸的作物可适当多施,豆类、甜菜、水稻等中等耐酸作物可以少施,马铃薯、烟草、茶树等耐酸强的作物,可以不施。石灰残效期有 2～3 年,一次施用量较多时,不要年年施用。

2)石膏的施用:农用石膏有生石膏、熟石膏和磷石膏 3 种,呈酸性。主要用于碱性土壤,消除土壤碱性,起到改土和供给作物钙、硫营养的作用。石膏可以作基肥,作追肥,也可以作种肥等。

作为改碱施用:宜作基肥,一般在土壤 pH 值 9 以上,含有碳酸钠的碱性土中施用石膏,施 1500～3000kg/亩,结合灌排深翻入土,后效长,不必年年都施。为提高改土效果应与种植绿肥或与农家肥和磷肥配合施用。

作为钙、硫营养施用：水田作基肥或追肥用量75～150kg/亩，蘸秧根用量45kg/亩左右。旱地撒施于土表，再结合翻耕作基肥，基施用量225～375kg/亩，也可以作为种肥条施或穴施，作种肥施60～75kg/亩。

4.镁肥。镁肥主要来源于土壤和有机肥。土壤中镁（MgO）含量为0.1%～4%，多数在0.3%～2.5%之间，主要受成土母质、气候、风化和淋溶程度的影响，北方土壤中镁的含量均在1%以上。有机肥中含有大量的镁肥，如厩肥中含镁量为干物质的0.1%～0.6%。所以，在以有机肥为主要肥源的有机农业中，镁的缺乏不如常规农业普遍。

（1）含镁肥料的种类及性质：镁对植物代谢和生长发育具有很重要的作用，主要作用在植物叶绿素合成、光合作用、蛋白质合成、酶的活化中。不同植物含镁量不同，豆科植物地上部分的含镁量是禾本科的2～3倍。植株缺镁叶绿素含量下降，出现失绿症，植株矮小，生长缓慢。双子叶植物缺镁叶脉间失绿，并逐渐由淡绿色转变为黄色或白色，还会出现大小不一的褐色或紫红色斑点或条纹，严重时出现叶片坏死。禾本科植物缺镁，叶基部叶绿素积累出现暗绿色斑点，其余部分淡黄色，严重时叶片退色而有条纹，特别典型是叶尖出现坏死斑点。缺镁首先表现在老叶上，得不到补充则发展到新叶。

镁肥的主要品种有硫酸镁、氯化镁、钙镁磷肥等（表4-7）。

表4-7 主要含镁肥料及性质

肥料名称	主要成分	含镁量(%)
硫酸镁	$MgSO_4 \cdot 7H_2O$	9.6～9.8
氯化镁	$MgCl_2$	25.6
碳酸镁	$MgCO_3$	28.8
硝酸镁	$Mg(NO_3)_2$	16.4
氧化镁	MgO	55.0
钾镁肥	$MgSO_4 \cdot K_2SO_4$	7～8
硫酸钾镁	$K_2SO_4 \cdot 2MgSO_4$	11.2
白云石粉	$CaCO_3 \cdot MgCO_3$	11～13
光卤石	$KCl_2 \cdot MgCl_2 \cdot 6H_2O$	8.7

（2）镁肥的施用。

1）作基肥、追肥：做基肥要在耕地前与其他化肥或有机肥混合撒施或掺细土后单独撒施。做追肥要早施，采用沟施或对水冲施。硫酸镁的适宜用量为150～195kg/亩，折纯镁为15～22.5kg/亩；一次施足后，可隔几茬作物再施，不必每季作物都施。

2）叶面喷施：在作物生长前期、中期进行叶面喷施。不同作物及同一作物的不同生育时期要求喷施的浓度往往不同，一般硫酸镁水溶液喷施浓度为：果树为0.5%～1.0%，蔬菜为0.2%～0.5%，大田作物如水稻、棉花、玉米为0.3%～0.8%，镁肥溶液喷施量为每亩50～150kg。

3）镁肥施用注意事项：首先镁肥要用于缺镁的土壤。一般认为高度淋溶的土壤，pH值<6.5的酸性土壤，有机质含量低，阳离子代换量低，保肥性能差的土壤易缺镁。另外，因施肥不合理，长期过量施用氮肥、钾肥、钙肥的土壤，也会因离子间的拮抗而出现缺镁。镁肥要用于需镁较多的作物，需镁较多的作物：一是经济作物，如果树、蔬菜、棉花和叶用经济作物如桑树、茶树、烟草等；二是豆科作物大豆、花生等。施用镁肥要根据土壤酸碱度选用镁肥品种，对中性及碱性土壤，宜选用速效的生理酸性镁肥，如硫酸镁，对酸性土壤，宜选用缓效性的镁肥，如白云石、氧化镁等。

5.硫肥。硫肥主要存在于有机质中。土壤有机质含量高，含硫量也高。含硫的肥料有石膏和硫黄。石膏是最重要的硫肥，农用石膏有生石膏、熟石膏和含磷石膏3种。使用时先将石膏磨碎，通过60目的筛孔，以提高其溶解度。

（1）硫肥的种类及性质：硫的主要营养功能是在蛋白质合成和代谢、电子传递中有重要作用。缺硫植株蛋白质合成受阻导致失绿症，其外观症状与缺氮很相似，缺硫症状往往先出现于幼叶，而缺氮先发生在老叶。缺硫新叶失绿黄化，茎细弱，根细长而不分枝，开花结实推迟，果实减少。十字花科作物对缺硫十分敏感，四季萝卜常作为鉴定土壤硫营养状况的指示植物。豆科植物对缺硫敏感，苜蓿缺硫叶呈淡黄绿色，小叶比正常叶更直立，茎变红，分枝少，大豆缺硫新叶呈淡黄绿色，严重时整株黄化，植株矮小。小麦缺硫新叶脉间黄化，老叶仍保持绿色,缺硫使植物体内蛋白质含量降低,因此,降低了面粉的烘烤质量。

硫肥的主要品种有硫酸钙、硫酸铵、硫酸镁和硫酸钾,施用硫肥能够直接供应硫素营养,由于硫肥还含有其他成分,故还能提供钙、镁等其他营养元素(表4-8)。

表4-8 主要含硫肥料及性质

肥料名称	主要成分	含S量(%)
石膏	$CaSO_4 \cdot 2H_2O$	18.6
硫黄	S	95～99
硫酸铵	$(NH_4)_2SO_4$	24.2
硫酸钾	K_2SO_4	17.6
硫酸镁(水镁矾)	Mg_2SO_4	13
硫硝酸铵	$(NH_4)_2SO_4 \cdot 2NH_4NO_3$	12.1
普通过磷酸钙	$Ca(H_2PO_4)_2 \cdot H_2O_4, CaSO_4$	13.9
青矾(硫酸铁)	$FeSO_4 \cdot 7H_2O$	11.5

(2)硫肥的施用:常用的硫肥品种可作基肥、追肥和种肥。一般因作物种类、土壤类型、施肥目的不同,硫肥施用数量、施用方法和施肥时期而异。作物在临近生殖生长期时是需硫高峰,因此,硫肥应该在生殖生长期之前施用,作为基肥施用较好,如在作物生长过程中发现缺硫,可以用硫酸铵等速效性硫肥作追肥或喷施。施用量应根据土壤缺硫程度和作物需求量来确定,一般缺硫土壤施22.5～45kg/亩,硫可以满足当季作物硫的需要,还可以施过磷酸钙300kg/亩或硫酸铵10kg,也可以施石膏粉150kg/亩或硫黄粉30kg/亩。硫肥可单独施用,也可以和氮、磷、钾等肥料混合,结合耕地施入土壤。

6.铁肥。铁肥主要存在于土壤中。铁在土壤中以二价铁和三价铁的形式存在,其数量的分配与土壤的酸碱度和氧化还原电位密切相关,当土壤为碱性和氧化还原电位高时,三价铁的比例高,而植物吸收的铁是二价铁,所以石灰性土壤和沙质土壤易发生缺铁现象。

(1)铁肥的种类与性质:铁是叶绿素合成所必需的,缺铁时叶绿体结构被破坏,导致叶绿素不能形成。铁参与体内氧化还原反应和电子传递。铁还参与植物呼吸作用。对铁敏感的作物有豆类、高粱、甜菜、菠菜、番茄、苹果、柑橘、桃树等。一般情况下,禾本科和其他一些农作物很少见到缺铁现象,而果树缺铁较为普遍。植物缺铁总是从幼叶开始,典型的症状是在叶片的叶脉间和细胞网状组织中出现失绿现象,在叶片上往往明显可见叶脉深绿而脉间黄化,黄绿相间相当明显,严重缺铁时叶片上出现坏死斑点,叶片逐渐枯死,缺铁时根系还可能出现有机酸的积累。铁在植物体内移动性很小,植物缺铁常在幼叶上表现出失绿症。

铁肥的主要品种包括硫酸亚铁、硫酸亚铁铵及螯合态铁等。硫酸亚铁($FeSO_4 \cdot 7H_2O$),含铁19%~20%,易溶于水,浅蓝绿色细结晶。硫酸亚铁铵{$(NH_4)_2SO_4 \cdot FeSO_4 \cdot 6H_2O$},含铁14%,呈淡青色结晶,溶于水。螯合态铁FeEDTA,含铁5%~14%,易溶于水(表4-9)。

表4-9 常用铁肥品种、成分和性质

品种	分子式	含铁量(%)	溶解性
硫酸亚铁	$FeSO_4 \cdot 7H_2O$	19	易溶
硫酸亚铁铵	$(NH_4)_2SO_4 \cdot FeSO_4 \cdot 6H_2O$	14	易溶
螯合态铁	FeEDTA	14	易溶

(2)铁肥的施用。

1)基施:生产上最常用的铁肥是硫酸亚铁,可以用5~10kg硫酸亚铁与200kg有机肥混合后施到果树下,可以克服果树缺铁失绿症。

2)叶面喷施:叶面喷施硫酸亚铁可避免土壤对铁的固定。一般喷施浓度为0.2%~0.5%,每隔7天左右一次,连续2~3次。若在铁肥溶液中加配尿素和柠檬酸,则会取得良好的效果,先在50kg水中加入25g柠檬酸,溶解后加入125g硫酸亚铁,待硫酸亚铁溶解后再加入50g尿素,即配成0.25%硫酸亚铁+0.05%柠檬酸+0.1%尿素的复合铁肥。对于根外追肥不方便的果树还可以将0.75%的硫酸亚铁溶液注入树干或固体硫酸亚铁埋藏于树干中,每株1~2g。

7.锌肥。锌是植物生长必需的微量元素。由于土壤的酸碱度、有机质含量、温度和大量施用磷肥常引起植物缺锌。

(1)锌肥的种类与性质:锌是某些酶的组分或活化剂,参与生长素的代谢,参与光合作用中CO_2的水合作用,促进蛋白质的代谢,促进生殖器官发育和提高抗逆性。植物对锌的敏感程度因作物种类不同而有差异,对锌敏感作物有玉米、水稻、甜菜、大豆、菜豆、柑橘、梨、桃、番茄等,其中,以玉米和水稻最为敏感,通常可作为判断土壤有效锌丰缺的指示植物。多年生果树对锌也比较敏感,缺锌对果实品质影响很大。果树缺锌时表现为叶片狭小,丛生呈簇状,芽孢形成减少,树皮显得粗糙易碎。典型症状是果树"小叶病"、"繁叶病"。

锌肥的主要品种有:硫酸锌、氯化锌、碳酸锌、硝酸锌、氧化锌、硫化锌、螯合态锌、含锌复合肥、含锌混合肥和含锌玻璃肥料等。其中以硫酸锌和氯化锌为最常用,氧化锌次之。硫酸锌($ZnSO_4 \cdot 7H_2O$)含锌23%,白色针状结晶或粉状结晶,易溶于水,水溶液的pH值接近中性,易吸湿,是目前最常用的锌肥,适用于各种施用方法。氧化锌(ZnO)含锌量78%,白色或淡黄色非晶性粉末,不溶于水。在空气中能缓慢吸收二氧化碳和水,生成碳酸锌,由于溶解度小,移动性差,故肥效长,施用一次,可长期有效,但供当季作物吸收的锌少,常配成悬浮液蘸根施用(表4-10)。

表4-10 常用锌肥品种、成分和性质

品种	分子式	含锌量(%)	溶解性
硫酸锌	$ZnSO_4 \cdot 7H_2O$,$ZnSO_4 \cdot H_2O$	23	易溶
氧化锌	ZnO	78	难溶
碱式硫酸锌	$ZnSO_4 \cdot 4(OH)_2$	55	可溶
氯化锌	$ZnCl_2$	48	易溶
碳酸锌	$ZnCO_4$	52	难溶
锌螯合物	$Na_2ZnEDTA$	12~14	易溶

(2)锌肥的施用。

水溶性锌肥既可做基肥,又可做追肥或根外追肥,拌种或浸种,而非水溶性锌肥一般只适合作基肥。

1)基肥:锌肥做基肥一般每亩用量为硫酸锌1~2kg。由于用量较少,锌肥可与有机肥料或生理酸性肥料混合施用,但不宜与磷肥混施。锌在土壤中不易移动,应施在种子附近,但不能直接接触种子。对于缺锌土壤,锌肥不仅对当季作物有效,而且还有后效,一般2~3年施用1次即可。

2)追肥:追施可将锌肥直接施入土壤,一般硫酸锌每亩用量1~2kg。最好集中施用,条施或穴施在根系附近,以利于根系吸收,提高锌肥的利用率。

3)种肥:常将硫酸锌用于拌种,每1kg种子加2~3g,用少量水溶解,喷在种子上,边喷边拌,用水量为以能拌匀种子为宜,晾干后即可播种。浸种是用浓度为0.02%~0.05%硫酸锌溶液,浸种8~10小时,捞出晾干播种。蘸根是在移栽定植时,将植物根部在1%的氧化锌悬浮液中蘸一下再栽植。

4)叶面喷施:用0.1%~0.2%硫酸锌溶液叶面喷施,连续喷2~3次,每次间隔7~10天。

8.硼肥。硼对作物最重要的影响是促进早熟和改善果实品质,提高维生素C的含量,提高含糖量,降低含酸量;增强作物的抗逆性和抗病性。施硼肥能够降低马铃薯疮痂病、甜菜心腐病、萝卜褐腐病、甘薯褐斑病、芹菜折茎病和向日葵白腐病的发病率。

(1)硼肥的种类与性质:硼能够促进植物体内碳水化合物的运输和代谢,促进半纤维素及细胞壁物质的合成,促进细胞伸长和细胞分裂,促进生殖器官的建成和发育,调节酚的代谢和木质化作用,提高豆科作物根瘤固氮能力等。需硼较多的作物有油菜、甜菜、苜蓿、三叶草、白菜、大豆、花椰菜、萝卜、芹菜、莴笋、向日葵、茉莉花、苹果、桃等。植物缺硼的主要症状是茎尖生长点生长受抑制,严重时枯萎,甚至死亡。老叶叶片变厚变脆畸形,枝条节间短,出现木栓化现象。根的生长发育明显受阻,根短粗兼有褐色。生殖器官发育受阻,结实率低,果实小、畸形,导致种子和果实减产,严重时有可能绝收。对硼敏感的作物常会出现许多典型的症状,如甜菜的"腐心病"、油菜的"花而不实"、棉花的"蕾而不花"、花椰菜的"褐心病"、小麦的"穗而不实"、芹菜的"茎折病"、苹果的"缩果病"等。缺硼不仅影响产量而且明显影响品质。

硼肥种类很多,常用的硼肥有硼砂,硼酸,硼镁肥,硼镁磷肥。硼砂含硼 11% 左右,为无色透明结晶或白色粉末,溶于水。硼酸含硼 17%,无色透明结晶或白色粉末,易溶于水。硼镁肥是制取硼砂的残渣,灰色或灰白色粉末,所含硼主要是硼酸形态,能溶于水,含硼 1% 左右,含镁 20% ~ 30%。硼镁磷肥含硼 0.6% 左右,含镁 10% ~ 15%,含有效磷 6% 左右,是一种含大、中量元素(磷、镁)和微量元素(硼)的复合肥料。另外,还有含硼石膏、含硼黏土、含硼过磷酸钙、含硼过硝酸钙、含硼碳酸钙。硼泥含硼量约 2%,是生产硼肥时的下脚料,可直接施入田间。农家肥中草木灰、厩肥中也含有一定量的硼(表 4-11)。

表 4-11　常用硼肥品种、成分和性质

品种	分子式	含硼量(%)	溶解性
硼砂	$Na_2B_4O_7 \cdot 10H_2O$	11	溶于 40℃ 热水中
硼酸	$HaBO_3$	17	易溶
硼泥		2.4(总 BO_3)	部分溶

(2)硼肥的施用。

1)基肥:硼肥的施用方法与土壤硼含量有关。当土壤严重缺硼时,一般采用基施效果好。一般每公顷施用 7.5 ~ 11.25kg 硼砂,与干细土或有机肥混匀后开沟条施或穴施,或与氮、磷、钾等肥料配合使用,也可单独施用。一定要施得均匀,不宜深翻或撒施。用量不能过大,每公顷硼砂用量超过 37.5kg 时,会降低出苗率,甚至死苗减产。不要使硼肥直接接触种子或幼苗,以免影响发芽、出苗和幼苗幼根生长。

2)浸种:浸种宜用硼砂或硼酸溶液,先用 40℃ 的水将硼砂溶解,再用冷水稀释成 0.01% ~ 0.03% 水溶液,将种子倒入溶液中,浸泡 6 ~ 8 小时,种液比为 1:1,捞出晾干后即可播种。

3)叶面喷施:轻度缺硼的土壤通常采用根外追肥的方法。喷施浓度为 0.1% ~ 0.25% 硼砂或硼酸溶液,用量为每公顷 750 ~ 1125kg 水溶液,不同作物适宜的喷施时期不同,一般喷施 2 ~ 3 次。

9.锰肥。锰是叶绿素的组成物质,促进种子和果实的成熟。在作物体中不易移动,因此缺锰症从新叶开始。缺锰的土壤主要是北方石灰性土壤。

(1)锰肥的种类和性质:锰直接参与光合作用,是维持叶绿体结构所必需的元素,锰调节酶的活性,锰促进种子萌发和幼苗生长。不同作物或同一种作物的不同品种对锰的敏感程度不同。燕麦、小麦、豌豆、菜豆、菠菜、甜菜、苹果、桃树、山莓、草莓是对锰敏感的作物,而大麦、水稻、三叶草、苜蓿、白菜、花椰菜、马铃薯、番茄对锰中度敏感,玉米、黑麦、牧草对锰敏感性很低。植物缺锰时一般幼小到中等叶龄的叶片最易出现症状,在单子叶植物中锰的移动性高于双子叶植物,所以,禾谷类作物缺锰症状常出现在老叶上。缺锰典型症状是燕麦"灰斑病"、豌豆"杂斑病"、棉花和菜豆"皱叶病"。植物缺锰的症状有早期和后期两个阶段。在早期缺锰阶段,叶片的主脉和侧脉附近为深绿色、呈带状,叶脉间则为浅绿色。到了中期叶片的主脉和侧脉附近的带状区变成暗绿色,叶脉间为浅绿色的失绿区,并且逐渐扩大。到后期严重缺锰的阶段,叶脉间的失绿区变成灰绿到灰白色,叶片薄,枝条有顶枯现象,长势很弱。果树缺锰时一般是叶脉间失绿黄化。禾本科植物则出现与叶脉平行的失绿条纹,条纹呈浅绿色,逐渐变成灰绿色、灰白色、褐色和红色。

常用的锰肥有硫酸锰、氯化锰、碳酸锰、氧化锰、含锰的玻璃肥料及含锰的工业废渣等。硫酸锰含锰量为24%～28%,为粉红色晶体,易溶于水。氯化锰有效锰含量17%,浅红色结晶,易溶于水(表4-12)。

表4-12　常用锰肥品种、成分和性质

品种	分子式	含锰量(%)	溶解性
硫酸锰	$MnSO_4 \cdot 7H_2O$	24～28	易溶
氯化锰	$MnCl_2$	17	易溶
碳酸锰	$MnCO_3$	31	易溶
氧化锰	MnO	41～68	稍溶
含锰玻璃肥料	$MnCO_3$	10～25	难溶
含锰工业矿渣	总锰	9	难溶

(2)锰肥的施用:锰肥可做基肥、种肥或根外追肥。但主要用于种子处理和根外追肥。

1)基肥:难溶性锰肥如含锰的工业废渣一般用作基肥,每公顷用量75～100kg。硫酸锰一般每公顷用量15～37.5kg,与生理酸性化肥或农家肥混合条施或穴施。

2)浸种：用浓度为0.05%～0.1%的硫酸锰溶液,浸种8小时,晾干后播种。

3)拌种：每1kg种子用4～8g硫酸锰,先用少量水溶解后再拌种,晾干后播种。

4)根外追肥：一般用0.1%～0.2%的硫酸锰溶液每亩50～75kg,果树为0.3%～0.4%,在苗期至生长盛期叶面喷施2～3次。

10.钼肥。钼可将硝态氮变成铵态氮,促进维生素C的合成。钼的供给量与土壤和农业技术措施密切相关。

(1)钼肥的种类与性质：钼是硝酸还原酶和固氮酶的组成成分,能够促进植物体内有机含磷化合物的合成,参与体内光合作用和呼吸作用,促进繁殖器官的建成。不同作物对钼肥的需求及对钼肥的效应差别很大,豆科作物、豆科绿肥和豆科牧草施用钼肥效果很好,十字花科对钼也较敏感,玉米、柑橘、烟草、马铃薯等在严重缺钼土壤上施钼也有较好的效果。缺钼的共同特征是植株矮小、生长缓慢,叶片失绿,且有大小不一的黄色或橙黄色斑点,严重缺钼时叶片萎蔫,有时叶片扭曲成杯状,老叶变厚、焦枯,以致死亡。十字花科的花椰菜缺钼最典型的症状是叶片明显缩小,呈不规则状的畸形叶,或形成鞭尾状叶,通常称为"鞭尾病"或"鞭尾现象"。

钼肥主要品种有钼酸钠、钼酸铵等。钼酸铵是青白或黄白色晶体,易溶于水,含钼量为50%～54%。钼酸钠为青白色晶体,易溶于水,含钼量为35%～39%(表4-13)。

表4-13　常用钼肥品种、成分和性质

品种	分子式	含钼量(%)	溶解性
钼酸铵	$(NH_4)_6Mo_7O_{24}\cdot4H_2O$	54	易溶
钼酸钠	$Na_2MoO_4\cdot2H_2O$	36	易溶
三氧化钼	MoO_3	66	难溶
含钼矿渣		10	难溶

(2)钼肥的施用：钼肥可做基肥、种肥和根外追肥。由于钼肥是作物需要量最少的微量元素,且价格昂贵,所以钼肥用量应尽量减少,一

般做根外追肥、浸种和拌种。并且由于用量少,难于施匀,应少做基肥。

1)基肥:钼肥可以单独使用,也可和其他化肥和有机肥混合施用,最好与磷肥配合施用。如果单独使用,可拌干细土10kg,搅拌均匀后施用,或撒施翻耕入土,或开沟条施或穴施,钼酸铵、钼酸钠每公顷用量750~1500g。

2)拌种:每1kg种子用1~2g钼酸铵,先用少量热水溶解再用水配成0.2%~0.3%的溶液,喷施在种子上,边喷施边搅拌,但喷液不能过多,以免种皮起皱,造成烂种,拌好后将种子阴干后既可播种。

3)浸种:一般用0.05%~0.1%钼酸铵溶液,浸种12小时。

4)根外追肥:将钼酸铵(钠)先用约50℃的水溶解,然后配成0.02%~0.05%的溶液,在苗期和花期喷施1~2次。每次每公顷喷施溶液750~1125kg。

(四)绿肥

1.绿肥的成分与性质。栽培或野生的绿色植物体作肥料用的均称作绿肥。绿肥按照来源分可分为栽培绿肥和野生绿肥,按照植物学科分可分为豆科绿肥、非豆科绿肥,按照生长季节分可分为冬季绿肥、夏季绿肥,按照生长期长短可分为一年生或越年生和多年生绿肥,按照生长环境分可分为水生绿肥、旱生绿肥和稻底绿肥。主要的绿肥种类有:毛叶苕子、草木樨、紫穗槐、沙打旺、三叶草、紫花苜蓿、紫云英等。

绿肥的作用主要是:①增加土壤氮素与有机质含量;②富集和转化土壤养分;③绿肥作物根系发达,吸收利用土壤中难溶性矿质养分的能力很强;④改善土壤理化性状,加速土壤熟化,改良低产土壤;⑤能提供较大量的新鲜有机物质与钙素等养分;⑥减少水、土、肥的流失和固沙护坡;⑦改善生态环境;⑧绿肥覆盖能调节土壤温度,有利于作物根系的生长。

2.绿肥的施用。

(1)绿肥的施用方式:一是直接翻耕,直接翻耕以做基肥为主,翻耕前最好将绿肥切短,稍加暴晒,随后翻耕入土壤中;二是堆沤,把绿肥作为堆沤肥原料,堆沤可增加绿肥分解,提高肥效;三是作饲料,先作饲料,然后利用畜禽粪便做肥料,这种绿肥过腹还田的方式,是提高绿肥经济效益的有效途径。绿肥还可用于青饲料贮存或制成干草或干草粉。

(2)绿肥的收割与翻耕时期:多年生绿肥作物一年可以刈割几次,翻耕适期应掌握在鲜草产量最高和养分含量最高时进行翻耕。一般豆科绿肥适宜翻压时间为盛花期至谢花期,禾本科绿肥最好在抽穗期翻压,十字花科绿肥最好在上花下荚期翻压,间套种绿肥作物的翻压时期应与后茬作物需肥规律相吻合。

(3)绿肥的翻埋深度:一般是先将绿肥茎叶切成10~20cm,撒在地面或施在沟里,随后翻耕入土壤中,一般以耕翻入土10~20cm较好,旱地15cm,水田10~15cm,砂质土壤可深些,黏质土壤可浅些,盖土要严,翻后耙匀,并在后茬作物播种前15~30天进行。还应考虑气候、土壤、绿肥品种及其组织老嫩程度等因素。土壤水分较少、质地较轻、气温较低、植株较嫩时,耕翻易深,反之则易浅些。

(4)绿肥的施用量:施用量要根据作物产量、作物种类、土壤肥力、绿肥的养分含量等确定。一般每亩1000~1500kg基本能够满足作物的需要。

(5)绿肥与无机肥料配合施用:绿肥肥效长,但单一施用的情况下,往往不能及时满足全生育期对养分的需求。绿肥所提供的养分虽然比较全面,但要满足作物的全部需求也是不够的。并且大多数绿肥作物提供的养分以氮为主,因此,绿肥与化肥配合施用是必需的。

(五)微生物肥料

微生物肥料指含有特定微生物活体的制品,应用于农业生产,通过其中所含微生物的生命活动,增加植物养分的供应量或促进植物生长,提高产量,改善农产品品质及农业生态环境。

1.微生物肥料的特点。

(1)增加土壤肥力:这是微生物肥料的主要功效。如各种自生、联合、共生的固氮微生物肥料,可以增加土壤中的氮素来源,多种解磷、解钾微生物的应用,可以将土壤中难溶的磷、钾分解出来为作物吸收利用,从而改善作物生长的土壤环境中营养元素的供应状况,同时增加土壤中有机质含量,提高土壤肥力。

(2)制造和协助农作物吸收营养:微生物肥料中最重要的品种之一是根瘤菌肥,通过生物固氮作用,将空气中氮气转化成氨,进而转化成植物能吸收利用的氮素化合物。VA菌根是一种土壤真菌,可以与多种植物根共生,其菌丝伸长可以吸收更多的营养(如磷、锌、铜、钙等)供给植物吸收利用。许多用作微生物肥料的微生物还可以产生大量的植物生长激素,能够刺激和调节作物生长,改善营养状况。

(3)增强作物抗病和抗旱能力:有些微生物肥料的菌种接种后,在作物根部大量生长繁殖,成为作物根际的优势菌。抑制或减少病原菌微生物的作用,减轻作物病害,VA菌根真菌的菌丝还能增加水分吸收,提高作物的抗旱能力。

(4)适量减少化肥用量:施用微生物肥料,能够适量减少化肥用量。另外与化学肥料相比,微生物肥料生产所消耗的能源要少,生产成本降低,且微生物肥料用量相对减少,有利于生态环境造保护。

2.微生物肥料的主要类别。微生物肥料的主要类别有农用微生物菌剂,复合微生物肥料,生物有机肥。

(1)农用微生物菌剂:农用微生物菌剂是指目标微生物(有效菌)经过工业化生产扩繁后加工制成的活菌制剂。它具有直接或间接改良土壤、恢复地力、维持根际微生物区系平衡,降解有毒有害物质等作用;应用于农业生产,通过其中所含微生物的生命活动,增加植物养分的供应量或促进植物生长、改善农产品品质及农业生态环境。

产品按剂型可分为液体、粉剂、颗粒型;按内含的微生物种类或功能特性可分为根瘤菌菌剂、固氮菌菌剂、解磷类微生物菌剂、硅酸盐微生物菌剂、光合细菌菌剂、有机物料腐熟剂、促生菌剂、菌根菌剂、生物修复菌剂等。

(2)复合微生物肥料:复合微生物肥料是指特定微生物与营养物质复合而成,能提供、保持或改善植物营养,提高农产品产量或改善农产品品质的活体微生物制品。

(3)生物有机肥:生物有机肥指特定功能微生物与主要以动植物

残体(如畜禽粪便、农作物秸秆等)为来源并经无害化处理、腐熟的有机物料复合而成的一类兼具微生物肥料和有机肥效应的肥料。生物有机肥产品中 As、Cd、Pb、Cr、Hg 含量指标应符合规定。若产品中加入无机养分,应明示产品中总养分含量,以($N+P_2O_5+K_2O$)总量表示。

3.微生物肥料的施用与贮存。微生物肥料可用做基肥、追肥,沟施或穴施,还可拌种、浸种、蘸根。生物有机肥一般做基肥、追肥。农用微生物菌剂除做基肥、种肥、追肥外,还可叶面喷施等。一般情况下微生物肥料作基肥、种肥效果优于茎叶喷施。

(1)农用微生物菌剂的施用方法。

1)基肥、追肥和育苗肥:固态菌剂每公顷 30kg 左右与 600～900kg 有机肥混合均匀后使用,可做基肥、追肥和育苗肥用。

2)拌土:在作物育苗时,将固态菌剂掺入营养土中充分混匀制作营养钵,也可在果树等苗木移栽前,混入稀泥浆中蘸根。

3)拌种:播种前将种子浸入 10～20 倍菌剂稀释液或用稀释液喷湿,使种子与液态生物菌剂充分接触后再播种。或将种子用清水或小米汤喷湿,拌入固态菌剂充分混匀,使所有种子外覆有一层固态生物肥料时便可播种。

4)浸种:菌剂加适量水浸泡种子,捞出晾干,种子露白时播种。或将固态菌剂浸泡 1～2 小时后,用浸出液浸种。

5)蘸根、喷根。

蘸根:液态菌剂稀释 10～20 倍,幼苗移栽前把根部浸入液体蘸湿后立即取出即可。

喷根:当幼苗很多时,可将 10～20 倍稀释液喷湿幼苗根部即可。

6)灌根、冲施:按 1：100 的比例将菌剂稀释,搅拌均匀后灌根或冲施。

7)叶面喷施:在作物生长期内可以进行叶面追肥,把菌剂稀释 500 倍左右或按说明书要求的倍数稀释后,均匀喷施在叶子的背面和正面。

(2)复合微生物肥料的施用方法。

1)做基肥:固态复合微生物肥料一般每公顷施用 150～300kg,和农家肥一起施入。

2）做追肥：固态复合微生物肥料一般每公顷施用150～300kg，在作物生长期间追施。

3）叶面喷施：在作物生长期内进行叶面追肥，稀释500倍左右或按说明书要求的倍数稀释后，进行叶面喷施。

（3）生物有机肥的施用方法。

1）做基肥：一般每公顷施用1500kg左右，和农家肥一起施入，经济作物和设施栽培作物根据当地种植习惯可酌情增加用量。

2）做追肥：与化肥相比，生物有机肥的营养全、肥效长，但生物有机肥的肥效比化肥要慢一点。因此，使用生物有机肥做追肥时应比化肥提前7～10天，用量可按化肥做追肥的等量投入。

（4）微生物肥料施用注意事项：微生物肥料是生物活性肥料，施用方法比化肥、有机肥严格，有特定的施用要求，使用时要注意施用条件，严格按照产品使用说明书操作，否则难以获得良好的使用效果。施用中应注意以下几点。

第一，微生物肥料对土壤条件要求相对比较严格。微生物肥料施入土壤后，需要一个适应、生长、供养、繁殖的过程，一般15天后可以发挥作用，见到效果，而且长期均衡的供给作物营养。

第二，微生物肥料适宜施用时间是清晨和傍晚或无雨阴天，以避免阳光中的紫外线将微生物杀死。

第三，微生物肥料应避免高温干旱条件下使用。施用微生物肥料时要注意温、湿度的变化，在高温干旱条件下，微生物生存和繁殖会受到影响，不能充分发挥其作用。要结合盖土浇水等措施，避免微生物肥料受阳光直射或因水分不足而难以发挥作用。

第四，微生物肥料不能长期泡在水中。在水田里施用应干湿灌溉，促进生物菌活动，由好气性微生物为主的产品，则尽量不要用在水田。严重干旱的土壤会影响微生物的生长繁殖，微生物肥料适合的土壤含水量为50%～70%。

第五，微生物肥料可以单独施用，也可以与其他肥料混合施用。但微生物肥料应避免与未腐熟的农家肥混用，与未腐熟的有机肥混用,会因高温杀死微生物,影响肥效。同时,也要注意避免与过酸过碱的肥料混合使用。

第六,微生物肥料应避免与农药同时使用。化学农药都会不同程度地抑制微生物的生长和繁殖,甚至杀死微生物。不能用拌过杀虫剂、杀菌剂的工具装微生物肥料。

第七,微生物肥料不宜久放。拆包后要及时施用,包装袋打开后,其他菌就可能侵入,使微生物菌群发生改变,影响其使用效果。

(5)微生物肥料的贮存:微生物肥料应贮存在阴凉、干燥、通风的库房内,不得露天堆放,以防日晒雨淋,避免不良条件的影响。运输过程中有遮盖物,防止雨淋、日晒及高温。气温低于0℃时采取适当措施,以保证产品质量。轻装轻卸,避免包装破损。严禁与对微生物肥料有毒、有害的其他物品混装、混运。

第三节 常用有机肥的制作技术

一、堆肥制作和使用

(一)堆肥技术

堆肥的腐熟是一系列微生物活动的复杂过程,包括堆肥材料的矿物化和腐熟化过程,矿质化过程占优势;后期则腐殖化过程占优势,两者互相交替。由于堆肥中起作用的微生物不同,分解对象和产物亦不同,高温堆肥可以分为发热、高温、降温和腐熟保肥四个阶段。

1.发热阶段。堆制初期,堆温由常温升到50℃左右的阶段称为发热阶段。这一阶段主要是中温性微生物占优势。这些微生物利用堆肥中的水溶性有机物质,首先迅速繁殖,并继而分解蛋白质和部分半纤维素和纤维素,同时放出氨、二氧化碳和热量,使堆温逐步升高。这一阶段一般需6~7天。

2.高温阶段。当堆温升到60~70℃时为高温阶段。随着堆内温度不断升高,原中温性微生物逐渐被大量高温性微生物所代替,其中以好热性纤维分解细菌占优势。在这阶段中,除继续分解易分解的有机物质外,主要分解半纤维素、纤维素等复杂有机物,同时也开始了腐殖质的合成。这一阶段杀虫、杀菌及消灭杂草种子的效率最大。一般温度不宜超过60℃,可采用加水、压紧的方法,控制堆温。

3.降温阶段。高温过后,堆温降至50℃以下为降温阶段。这阶段中的微生物种类和数量较高温阶段为多,中温性细菌、真菌和放线菌显著增加,好热性及耐热性微生物仍然继续活动。这一阶段主要分解残留下来的半纤维素、纤维素和木质素等。腐殖化过程在此阶段占绝对优势。如果此时进行翻堆,还可有固氮菌,硝化细菌等微生物的旺盛活动。

4.后熟保肥阶段。此阶段堆肥中的碳氮比已逐渐降低,腐殖质累积数量逐渐增加。这时分解腐殖质等有机物的放线菌数量和比例显著增多(同时产生一些抗菌素物质),嫌气纤维分解细菌,嫌气固氮和反硝化细菌的数量也逐渐增多。如果这一阶段不做好保肥工作,易造成氨的挥发,硝酸盐的淋失以及反硝化脱氮损失。因此在堆肥的半腐熟阶段,应将肥堆压紧、封泥,使其处于嫌气状态。在这种情况下,嫌气纤维分解细菌也能旺盛地进行纤维素分解作用,缓慢地进行后期的腐熟作用。

综上所述,堆肥的整个腐解过程,是多种微生物交替活动的过程。要加强堆肥腐熟,保存养料不致损失,必须在堆制过程中促进前期好气性分解和后期的嫌气性分解。

(二)堆制条件

微生物的活动是堆肥腐熟的动力。因此,控制和调节好堆肥中微生物的活动,就能获得优质堆肥。影响微生物活动的主要条件有以下几方面。

1.水分。水分首先是微生物正常生存繁殖不可缺少的物质;其次,吸水软化后的堆肥材料容易被分解,水分在堆肥中移动时,可使菌体和养分向各处移动,有利于腐熟均匀;再次,还有调节堆内通气的作用。堆肥适宜的含水量,一般为原料重(湿重)的60%～75%,即用手紧握堆肥原料,如有微量液体挤出或用铁锨拍之成饼,铲起即撒开,则水分含量大致符合以上标准。在腐熟过程中,要注意调节水分。发热阶段,水分不宜太多;高温阶段,水分消耗较多,要经常补充,以免堆肥材料过多,要经常补充,以免堆肥材料过干;降温阶段,宜有适量的水分,以利腐殖质积累。

2.通气。堆肥应掌握前期适当通气后期嫌气的原则。堆肥腐解初期,主要是好气微生物的活动过程,需要良好的通气条件。如果通气不好,好气性微生物活动受到抑制,堆肥腐熟缓慢;相反,通气过盛,不仅堆内养分水分损失过多,而且造成有机质的强力分解,对腐殖质的积累也不利。因此,堆制前期,要求堆肥不宜太紧,设通风沟等。后期嫌气有利于养料保存,减少挥发损失,因此要求堆肥适当压紧或塞上通风沟等。

3.碳氮比。调节堆肥原料中的C/N比,是加速堆肥腐熟,提高腐殖质化系数的有效途径。一般微生物分解较适合的C/N比约为25∶1。用作堆肥材料的C/N比较大,如禾本科作物秸秆的C/N比为(50～80)∶1,杂草为(24～45)∶1,因此,若用禾本科作物秸秆作堆肥材料时,要求每1000kg秸秆,加入3～5kg氮素,以降低碳氮比。此外,加入少量磷肥,不但能促进腐熟,而且能减少氮素损失。表4-14列出了一些常用堆肥原料的C/N比,据此可计算出制作肥堆的C/N比。

表4-14 各种有机原料的C/N比和水分

材料名		C/N比	水分(%)	材料名		C/N比	水分(%)
家畜粪便	牛粪	15～20	80	树叶类	树叶	15～60	50～70
	猪粪	10～15	70		树皮	300～1300	30
	鸡粪	6～10	65		锯末	300～1000	10
秸秆类	稻秸	50～60	10	植物性食品残渣	菜油渣	7～10	10
	麦秸	60～70	10		大豆油渣	6～8	10
	稻壳	70～80	10		啤酒糟	8～10	75
					豆腐渣	10～12	75
					茶叶渣类	10～15	—
蔬菜碎渣	萝卜叶	8～10	90	动物性食品残渣	鱼类	6～8	10
	卷心菜	8～10	90		肉类	6～8	10

续表

材料名		C/N比	水分(%)	材料名		C/N比	水分(%)
蔬菜碎渣	白菜	10~15	90	动物性食品残渣	蟹壳	6~8	5
	白薯梗	10~15	70		骨粉	6~8	5
	玉米秸	10~15	70				
野草类	黑麦	20~30	80	海草		20~30	75
	三叶草	10~15	90				
	紫云英	10~15	90				

4.温度。各种微生物都有其适宜的活动温度。堆温过低,微生物活动不旺;堆温过高,也会影响微生物活动。当堆温高达75℃时,微生物活动几乎全部受到抑制;65℃时,仅有少数细菌和放线菌发挥作用;只用在50~60℃时,才能兼顾高温真菌、细菌和放线菌等几类微生物发挥最大的分解作用。因此,冬季或气温较低季节,就接种高温纤维分解细菌(如加骡、马粪),以利升温;夏季或堆温过高时,可采用翻堆和加水的办法降温,以利继续分解。

5.酸碱度。各种微生物对酸碱度都有一定的适应范围。纤维分解菌、氨化细菌以及堆肥的大多数有益微生物都适于中性至微碱性。堆肥在堆腐过程中,前期会产生各种有机酸和碳酸,使pH值降低,从而在一定程度上抑制了后期微生物的活动。所以在堆制高温堆肥时,最好加入2%~3%的石灰或5%的草木灰,以中和其酸度。但在后期,由于氨的产生而使pH值缓慢升高。普通堆肥因有土壤的调节与缓冲,可以少加或不加。

(三)堆制方法

普通堆肥是在嫌气低温条件下堆腐而成。堆温变幅小,一般在15~35℃,最高不超过50℃,腐熟时间较长。堆积方式有地面式或地下式两种。

1.地面式。地面露天堆积,适于夏季。要选择地势平坦,靠近水源,运输方便的田间地头或村旁作为堆肥场地。堆积时,先把地面平整夯实,铺上一层草皮土厚10~15cm,以便吸收下渗的肥液。然后均匀地铺上一层铡短的秸秆、杂草等,厚20~30cm,再泼上一些稀薄人畜粪便,再撒少量草木灰或石灰,其上铺一层厚7~10cm的干细土。照此一层一层边堆边踏紧,堆至1.7~2m高为止。最后用稀泥封好。一个月左右翻捣1次,加水再堆。夏季2个月左右,冬季3~4个月左右即可腐熟。

2.地下式。在田头或宅旁挖一个土坑,或利用自然坑,将杂草、垃圾、秸秆、牲畜粪尿等倒入坑内,日积月累,层层堆积,直堆到与地面齐平为止,盖厚约7~10cm的土。堆积1~2个月后,底层物质因含有适当水分,已经大部分腐烂,就掘起翻捣,并加适量的粪水,然后仍用土覆盖,以减少水分蒸发和肥分损失。夏、秋经1~2个月,冬、春经3~4个月即可腐熟施用。

高温堆肥是在好所条件下堆积而成。具有温度高(可达60℃以上),腐熟快及消灭病菌、虫卵、草籽等有害籍的优点。为加速腐熟,一般采用接种高温纤维分解细菌,并设通气装置。堆制方式有地面式和半坑式。

下面介绍河北省迁安、遵化一带的高温堆肥法:积肥场应选在背风向阳、堆肥材料丰富及水源附近。堆肥材料包括秸秆、骡马粪、人粪和干细土,配比为3:1:1:5。堆制前,先把地面夯实,人粪便加水搅匀,秸秆铡成7cm左右,骡马粪捣碎,将土碾细晒干。然后将上达材料按比例混合均匀,调节好湿度,进行堆积。堆宽1.5~4m,堆长视材料而定。地面铺15cm左右厚的混合材料后,上面用木棍(直径10cm)放成井字形,交叉点立上木棍,继续向上堆至1m高左右进行封泥(泥厚7cm左右),封泥稍干后抽出木棍成通气孔。堆积后要经常检查和调节水分和温度。堆后一个半月翻捣一次,促使堆内、外腐熟一致。

根据江苏省农业科学院的试验,南方稻区可以用稻草与猪粪烘制成高温堆肥,不必添加马粪。配比干稻草100:踏圈猪厩肥100(或冲圈猪粪便200)。也可采用青草,晒至半干的"三水"(水葫芦、水浮莲、水花生)为原料(当前这三种水生植物在有些地区都泛滥成灾,正好作为堆肥的原料加以利用,化害为利),猪粪相应减少。原料的C/N比以40左右为好。能再加稻草量3%的磷肥溶于粪水中,就更佳。

（四）成分和施用

完全腐熟的堆肥有一种好闻的泥土气味，为黑褐色，汁液浅棕色或无色，几乎没有可识别的有机原料。堆肥的性质基本上和厩肥堆肥富含有机质，碳氮比较小，是良好的有面肥料，同时又是一种很好的土壤调节剂和土生病菌的抑制物。其中养分以钾最多，由于加入氮源，氮比磷含量高，且多为速效态，易被作物吸收，肥效很适用，为完全肥料，既可作基肥，又可作追肥（表4-15）。

表4-15　堆肥养分含量

种类	水分/%	有机质/%	N/%	P$_2$O$_5$/%	K$_2$O/%	C/N比
一般	600	15～20	0.4～0.5	0.18～0.26	0.45～0.70	16～20
高温	—	24.1～41.8	1.05～2	0.30～0.82	0.47～2.53	9.67～10.67

高温堆肥与普通堆肥相比，高温堆肥的氮磷含量和有机质含量均较高，而C/N比低于普通堆肥。这表明高温堆肥的质量通常是优于普通堆肥。而且根据粪便无害化卫生标准规定，高温堆肥应达到表4-16所示的卫生标准。

表4-16　高温堆肥的卫生标准

项目	指标
堆肥温度	最高堆温达50～55℃以上，持续5～7天
蛔虫卵死亡率	95%～100%
粪大肠菌值	0.1～0.01
苍蝇	堆肥周围没有活蛆、蛹或新羽化的苍蝇

注：粪大肠菌值意为含有一个粪大肠菌的克数或毫升数，即为粪大肠菌的倒数。

堆肥一般用作基肥。土壤质地砂性、高温多雨的季节和地区或生长期长的作物如果树、桑树、玉米、水稻等，可用半腐熟的堆肥；反之，土壤的质地黏重，低温干燥的季节和地区或生长期短的作物，如蔬菜等，宜施用腐熟的堆肥。腐熟的优质堆肥也可作追肥和种肥，但半腐熟的堆肥不能与根或种子直接接触，以防烧苗。施用后立即翻耕，施用量各地差异较大，一般每公顷15～30t。

在我国广大农村，农民堆肥的实际操作过程中多半没有规范地按照上述介绍的方法制作堆肥,而是把粪肥或厩肥堆成一堆,盖上薄膜或泥土,不考虑水分与C/N比,也不翻堆,处于一种非堆、非沤的状态,使有机肥很难腐熟。在有机生产中则必须改变这种不规范的做法,严格按照科学的方法进行操作,生产合格的堆肥。

为了满足不同作物生长的需要,在制作堆肥过程中可以添加一些矿物质如磷矿粉一起发酵,以增加磷的含量,并使磷矿粉中的磷,更容易被作物吸收利用。在安徽省岳西县,中德合作项目的有机猕猴桃示范基地,由于当地土壤的磷含量不能满足猕猴桃的生长需要,农民制作堆肥就加入了大量的磷矿粉,具体如下:每2/15公顷果园制作一个肥堆,将800kg磷矿粉,400kg菜籽饼,1000kg青草,5000kg土一起堆制,2~3个月后,完全腐熟,秋冬作基肥使用,结果表明肥效非常好。

二、日本发酵肥料Bokashi的制造方法

在日本Bokashi的意思是指发酵的鸡粪肥料,是一种速效肥,其含有很多植物生长需要的养分和大量有用的微生物,微生物产生一些植物激素和有用的酶促进植物根系生长。与堆肥相比(见表4-17),Bokashi是一种发酵时间短,肥效快的速效有机肥。

表4-17　Bokashi与堆肥的比较

	Bokashi	堆肥		Bokashi	堆肥
制作周期	大约1个月	超过3个月	微生物含量	大量	不太多
劳力投入	每一周需要量大	少量	有机物质	有一些	大量
肥料反应	快速	慢	土壤改善效果	低	高

(一)制作方法

1.准备阶段。选择用水方便的地点,打扫干净一块4m²的地面,准备好防水、防雨和防晒的遮蔽物(如防水油布、薄膜)和发酵材料。Bokashi可以有不同的配方,但鸡粪是主要原料。表4-18是日本制作Bokashi的配方。在马来西亚,其配方为:鸡粪60%,土壤25%,米糠10%,油粕5%。

表4-18 制作Bokashi的原料配方

原料	数量	作用	原料	数量	作用
过筛土壤	65铲子	蓄积养分	酒糟	3大袋	微生物和有机物质
鸡粪	5大袋	含N和P	植物灰烬	1大袋	含钾、钙
干椰子粗粉	2大袋	含氮			

2.制堆。制堆的方法:①收集所有原料到堆肥地点;②在准备好的地面上铺15铲子土;③在土层上铺1/3的鸡粪肥;④再铺1/3的干椰子粗粉;⑤在下一层上再铺1/3的酒糟和1/3的灰烬;⑥给堆浇水湿度达到50%~55%;⑦重复以上步骤(步骤②~⑥)三次;⑧最后在堆上覆盖20铲子土;⑨在堆顶盖上草和椰子树叶,然后再盖上防水油布。

3.发酵。为了促进微生物的活动,保持适当的湿度和释放额外的热量是必要的。第一周,当它的温度超过55℃时,每天或每两天翻一次肥堆。把小刀刺在肥堆里1分钟,拿出来感觉一下热度,5秒钟还感觉太烫,那就是超过55℃。第二周,每三四天翻堆一次,使微生物在肥堆里混合均匀。第三周,使肥堆铺层成薄层(40~50cm高),以降低温度。第四周,熟化1~2周,表面会覆盖一层白色的外壳,这是有用的真菌和微生物。至此,Bokashi制作完毕,它呈干燥粉状且没有难闻的气味。把Bokashi装袋,在阴凉、黑暗和干燥的地点贮藏待用。

（二）应用

Bokashi可用于任何作物生产,既可作基肥,又可作追肥,使用量适当,则效果良好。例如西红柿的种植,每株1kg Bokashi和少量堆肥作为基肥,开花时追肥施0.5kg,结果时再追施0.5kg Bokashi,就可充分满足西红柿的养分需求。

Bokashi在日本有机农场中很流行,我国有机生产者也可以参照此法,结合当地的情况和实际需要进行速效有机肥的制作。

三、中国传统的火粪烧制与应用技术

火粪是我国南方,尤其是山区农民使用得十分普遍的一种有机肥。在旱地作物栽培中,如山芋、玉米、黄豆、蔬菜种植,以及水稻的育秧田中都要用火粪作为基肥,以促使秧苗生长健壮和疏松土壤,防止

板结。农民的经验表明,使用火粪作为基肥(多数情况下是播种后以火粪覆盖在种子表面)可以使土壤疏松,增高土壤温度,防止下雨时表土板结,影响种子发芽。另外使用火粪的田块,秧苗生长得特别健壮,否则就显得瘦弱。在水稻秧田,使用火粪,秧苗生长好,而且疏松易拔。但火粪的肥效较短,只在苗期有效果。

火粪的制作方法如下。

第一,预备好所需要用的土(一般为地表土,是火粪的主要原料)、干秸秆、杂草或其他易燃物如杉木支条,有时还可准备一些干牛粪。

第二,根据需要量多少,做一个长圆形的脚土,厚为30~40cm,铺平并起几条小沟,以利通风。铺上准备好的易燃物,铺一层牛粪,再铺一层干草,最后盖上适量泥土。

第三,放火。从做好的肥堆的四个角同时点火,闷烧3~5天(不要见明火,冒烟慢慢燃烧即可)。

第四,拌土。待烧透后,翻动拌匀,或添加一些腐熟的人粪便,半个月后才可使用,否则由于太干燥而容易吸收种子或种苗的水分,影响发芽与生长。火粪可做多种农作物育苗用肥,是农作物育苗期的最佳有机肥。

四、沼气发酵肥

沼气发酵是充分利用有机废弃物的生物能,使之转化为电能、热能,其发酵后的沼液、沼渣又可作为肥料,尤其是沼液,可以作为有机生产的速效有机肥,为作物苗期与迅速生产期提供速效养分。速效养分供应是有机生产需要解决的问题,沼气发酵是一种很好的解决途径。

(一)沼气发酵的原理和方法

沼气发酵是有机物在一定温度、湿度与隔绝空气的条件下由多种厌气性异养型的微生物参加的发酵过程。这些微生物可分为产非甲烷细菌两大菌群。前一类群的微生物主要是将多糖、蛋白质和脂肪等复杂的有机物分解为单糖多肽,脂肪酸和甘油等中间产物,称为液化阶段;然后再将它们分解为脂肪酸、醇、酮和氢气,为产酸阶段;第三阶段为甲烷化阶段,由甲烷细菌起作用,在严格的嫌气环境中,产甲烷细菌从 CO_2、甲醇、甲酸、乙酸等得到碳源,以氨态氮为氮源,通过多种途径产生沼气。

1.沼气池的修建。沼气池的建立十分重要,产甲烷细菌是典型的嫌气细菌,在空气中几分钟就会死亡。正常产生的沼气池氧化还原电位在 $-8 \sim -410V$ 之间,产气率随负值的加大而提高,所以必须建立严密封闭的沼气池。一般农村家庭用沼气池多为地下水压式,与猪、牛圈、厨房、厕所等连接在一起,既不占地方,能保温,又可方便进出料。

2.配料。沼气发酵是微生物主要的生物化学反应。适当的 C/N 和其他营养元素的均衡供给,有利于微生物的繁殖。试验表明,C/N 比以 $25:1$ 最宜,36 天平均产气 359L;C/N 为 $30:1$ 产气 282L;$13:1$ 时产气 231L。在人畜粪便不足的地区,可将 C/N 调至 $30:1$。一般认为,沼气发酵的原料中秸秆、青草和人畜粪便相互配合有利持久产气,三者用量以 $1:1:1$ 为宜。此外,加入 $ZnSO_4$、牛粪、豆腐坊和酒坊的污泥对持久产气有良好的效果。加入 1% 的磷矿粉能增加产气量的 25.8%。

在配料中,添加一些污泥和老发酵池的残渣可起接种甲烷细菌的作用。如在发酵中酸度过高,还应加入原料干重 0.1% ~ 0.2% 的石灰或草木灰,以调节 pH 值,因为甲烷细菌最适 pH 值 6.7 ~ 7.6。

3.沼气池中的水分与温度调节。甲烷细菌正常产气需要适宜的水分。要求水分与原料配合恰当,水分过多,发酵液中干物质少,产气量低;水分过少,发酵液偏浓,可能因有酸聚积而影响发酵(乙酸浓度达 2000×10^{-6} 时沼气发酵受抑制),浓度过高也容易使发酵液面形成结皮层,对产气不利。一般干物质 5% ~ 8% 为宜,加水时应将原料中的含水量计算在内。

沼气发酵可分为高温型(适宜温度为 50 ~ 55℃)、中温型(适宜温度为 30 ~ 35℃)和低温型(适宜温度为 10 ~ 30℃)3 种。一般高温型的沼气发酵菌产气量比中稳型和低温型多。由于沼气菌的产气状况与温度密切相关,所以要从建池、配料及科学管理多方面着手,控制好池温,保证正常产气。

4.接种甲烷细菌。新发酵池的使用初期,纤维分解菌和产酸菌等繁殖较快,产甲烷细菌繁殖慢,往往使发酵液偏酸,甚至造成长期不产气的严重现象。若接种甲烷细菌,能使发酵保持协调。试验表明:经接种产甲烷细菌的沼气池,在26℃条件下发酵,每立方米沼气池日产气 $0.47 \sim 0.48m^3$。含甲烷 71% ~ 79.4%;而未经接种的沼气池,夏季每立方米沼气池日产沼气仅 $0.1 \sim 0.4m^3$ 含甲烷 50% ~ 60%。接种甲烷细菌的方法很多,新建池第一次投料时,事先将材料堆沤后再入池,或加入适量的老发酵池中的发酵液或残渣,也可加入5%的屠宰场或酒精厂的阴沟泥。老发酵池每次大换料时,至少应保留1/3的底脚污泥。

(二)沼气发酵肥的性质和施用

1.沼气发酵肥的性质。沼气发酵肥包括发酵液和残渣,两者分别占总肥量的86.8%和13.2%,其养分含量因投料的种类、比例和加水量的不同而有较大的差异(见表4-19)。

表4-19 沼气发酵肥养分含量

	残渣			发酵液		
	河北	四川	江苏	河北	四川	江苏
A	0.5~1.2	0.28~0.49	0.5~0.49	—	0.011~0.093	0.065~0.062
B	430~880	—	—	—	—	—
C	—	—	—	200~600	—	—
D	0.17~0.32	—	—	20~90	—	—
E	50~300	—	—	400~1100	—	—
C/N	—	—	12.4~19.4	—	—	—

注:全氮和速效钾单位是%;碱解氮、铵态氮、速效磷的单位是(mg/kg)。
表中:A—全氮;B—碱解氮;C—铵态氮;D—速效钾;E—速效钾。

残渣是一种优质有机肥,碳氮比小,含腐殖酸9.80% ~ 20.9%(平均10.9%),氮、磷、钾等养分均较丰富,速效与迟效养分兼有(见表4-20)。其氮、磷、钾含量较一般堆沤肥为高,湖北省农业科学院对100多个样品分析表明:残渣平均全氮为1.25%,全磷为1.90%,每吨沼渣相当于60kg硫酸铵,100kg过磷酸钙,25kg硫酸钾。发酵液养分含量比残渣低,包含有各类氨基酸、维生素、蛋白质、赤霉素、生长素、糖类、核酸等,也发现有抗生素。这些物质种类多,但含量低具体含量和比例与原料、发酵条件有关。这类物质中不少是属于生理活性物质,它们对作物生长发育有调控作用。沼液中的抗生素类物质则能防治某些作物病害。在实践中,施用沼液的作物生长得特别好,从养分投入上分析很难解释,这必定与其中的生理活性物质与抗生素类物质有关。

表4-20 沼气发酵肥中的速效氮含量

	残渣		发酵液	
	速效 N/%	速 N/全 N/%	速效 N/%	速 N/全 N/%
麦秆+青草+猪粪	0.20	19.2	0.034	82.9
麦秆+人粪	0.39	52.0	0.0645	85.5
稻草+人粪	0.43	33.1	0.074	82.2

2.沼气肥的施用。沼渣可直接作基肥,适于各种作物和土壤。发酵液适宜作追肥。也可将两者混合后施用,做基肥或追肥均可。

沼气发酵肥的用量视作物、土壤和施肥方法而定。一般情况下,残渣和发酵液混合做基肥时,每公顷用量24000kg,做追肥时约18000kg;发酵液做追肥约需2000kg。沼气发酵肥应深施盖土,一般开沟6~8cm深施或沟施,后覆土,可减少 NH_3 的损失。据试验,小麦追施发酵液30~60吨/公顷,增产8.6%~38.6%,且随施用量增加,增产量有成倍增加之趋势。发酵液还宜作根外追肥,适于多种作物。例如每公顷喷施1125kg,小麦增产11.8%,水稻增产9.7%;果树、棉花喷施后,不仅果实大、产量高,还能防治病虫害。根外喷施用前过滤或放置2~3天取上清液,以免堵塞喷雾器。

沼气肥在施用中要注意以下几点:一是出池后不要立即施用。沼气肥的还原性强,出池后若立即施用,会与作物争夺土壤中的氧气,影响种子发芽和根系发育,导致作物叶片发黄、凋萎。因此,沼气肥出池后,一般先在储粪池中存放5~7天后施用,若与磷肥按10:1的比例混合堆沤5~7天后施用,效果更佳;二是沼液不能直接追施。沼液不对水直接施在作物上,尤其是用来追施幼苗,会使作物出现灼伤现象。作追肥时,要先对水,一般对水量为沼液的一半;三是不要表土撒施。宜采用穴施、沟施,然后盖土;四是不要过量施用。施用沼肥的量不能太多,一般要少于普通猪粪肥。若盲目大量施用,会导致作物徒长,行间荫蔽,造成减产;五是不能与草木灰、钙镁磷肥、石灰等碱性肥料混施,否则会造成氮肥的损失,降低肥效。

沼气发酵不仅能够解决农村的环境卫生问题,还能提高有机生产系统中再生能源流动过程中的利用效率,产生生活能源,而且其产物可以作为一种农业生产资料,作为肥料、饲料、和饵料,还可以用物作物浸种、防治作物病虫害、提高作物果品的产量与质量、农产品储存保鲜等。可以说,沼气建设是各种形式的农业生态工程的重要内容,在有机农业生态工程中,其意义更加重大,为解决有机生产的技术问题提供了一种非常好的方法。

第四节 绿肥的作用与常见品种的种植方法

一、绿肥种植在有机农业中的作用

凡是利用绿色植物体作肥料的均称绿肥。在有机农业生产中,绿肥,尤其是豆科绿肥是一种重要的增肥措施,绿肥种植与应用也是有机农业最具典型的特征之一。[①]在欧洲,有的有机农民协会标准中就明确规定,至少要有20%~25%的土地种植绿肥,如果作物收获后有12周的休闲期,则必须种植豆科绿肥,可见绿肥在有机生产中的重要性。绿肥除种植的之外,农民还喜欢采集杂草作为绿肥使用,我国部分地区农民还习惯在春天上山采集树的嫩枝作绿肥用。绿肥的具体作用可归纳为以下三个方面。

1.提高土壤肥力。

(1)增加和更新土壤有机质:绿肥作物富含有机物质,一般鲜草含量为12%~15%,地下根部有机质含量最高。若每公顷翻压15吨绿肥,施入土壤新鲜有机质约1800~2250kg。施用绿肥不仅可以增加土壤有机质含量,而且更新土壤有机质,增加土壤中易氧化的有机质含

---

①凌绍淹.土壤肥料基础知识(五)——绿肥作物的栽培和利用[J].广东农业科学,1978(5).

量与增值复合度,使土壤有机质的活性增强,提高了土壤的供肥性和保肥性。

(2)增加土壤氮素:绿肥作物含氮量较高,一般在0.3%~0.7%范围内。豆科绿肥由于固氮作用,其作物总氮量有1/3来自土壤,有2/3来自根瘤菌的生物固氮,即每公顷耕翻15000kg鲜草,可净增土壤氮素45~90kg,相当于97.5~195kg尿素。非豆科绿肥如黑麦草、油菜、肥田萝卜等不具备生物固氮能力,但能通过庞大的根系吸收土壤深层的氮素,富集在植物体中,通过翻压增加耕层的氮素。

(3)富集和转化土壤养分:绿肥作物根系发达,吸收利用土壤中难探性矿质养分如磷、镁的能力很强,这正好是有机农业要充分利用土壤中库存的养分的原则。豆科绿肥作物主根入土较深,一般2~3m,能吸收耕层以下的养分,并将其转移,集中到地上部分。在直接翻压的条件下,绿肥混播比单播具有更强的活化土壤潜在磷的能力,并且氮的富集也随着增多。油菜和肥田萝卜的根系也有很强的深解难溶性磷的能力,能把低层磷富集到表层。荞麦、水花生和满江红富集钾的能力也很强,尤其是水花生又称生物钾肥。

除了绿肥根系富集养分外,绿肥的翻压还促进微生物的繁殖和提高土壤酶的活性,以增强土壤中难溶性矿物质的溶解作用,从而增加土壤有效养分(表4-21)。

表4-21　几种绿肥茎叶的氮、磷、钾含量

种类	状态	N/%	P_2O_5/%	K_2O/%
紫花苜蓿	鲜草	0.56~0.62	0.18	0.31
草木樨	鲜草	0.52~0.70	0.04~0.48	0.19~0.60
紫云英	鲜草	0.31~0.35	0.08~0.16	0.16~0.30
箭筈豌豆	鲜草	0.39~0.55	0.04~0.11	0.38~0.42
苕子	鲜草	0.5	0.1~0.16	0.2~0.4
金花菜	鲜草	0.54	0.14	0.40
白三叶	鲜草	0.62	0.05	0.40
白三叶	干草	3.57~4.09	0.38~0.56	
乌豇豆	鲜草	0.42	0.04	0.19

种类	状态	N/%	P_2O_5/%	K_2O/%
黑小豆	鲜草	0.57		
黑麦草	鲜草	0.248	0.075	0.524

（4）加速土壤熟化、改造低产田土：绿肥翻压后，可为土壤大量的新鲜有机质，加上根系具有极强的穿透、挤压和团集能力，因此能促进土壤中稳性团聚体结构的形成，从而改善土壤的理化生物性状和增强土壤有效养分，所以有利加速土壤熟化和低产田土的改良。

2. 减少水土流失，改善生态环境。绿肥作物和牧草，大多是有发达的根系，枝叶繁茂，覆盖度大，固土、固沙力强的特点。它可减少径流，防止冲刷；能改善土壤通透性，增强蓄水、保水能力。研究表明，在经济林果园种植绿肥，夏季可使表层土壤温度下降 6 ～ 14℃，冬季可提高地表温度 2 ～ 3℃，对杂草的抑制率 54% ～ 90%，表土流失率减少了64%。

3. 绿肥饲料促进农牧结合。多数绿肥既是肥料也是牧草，所以，种植绿肥牧草可为发展养殖业提供优质饲料，成为农牧结合的纽带。绿肥作物富含蛋白质、脂肪和多种维生素等营养成分（见表4-22），利用价值高，是畜禽的优良青饲料。一般豆科绿肥中干物质的粗蛋白高达15% ～ 20%，是饲料用玉米粗蛋白的 2 ～ 3 倍。发展畜牧业，在利用牲畜粪尿作肥料，让绿肥过腹还田，比直接翻压作肥料可显著提高绿肥作物的经济效益。因此，发展绿肥种植，在实施有机农业生态工程中是一重要手段。

表4-22 主要绿肥作物的饲用成分

种类	状态	水分/%	粗蛋白/%	粗脂肪/%	粗纤维/%	无氮浸入物/%	灰分/%
紫花苜蓿	青草	74.4	4.5	1.0	7.0	10.4	2.4
	干草	8.6	14.9	2.3	28.3	37.3	8.6
白花草木犀	干草	8.6	14.9	2.3	28.3	37.3	8.6
黄花草木犀	干草	7.37	17.51	3.17	30.35	34.55	7.05
红豆草	干草	绝干	16.8	4.9	20.9	49.6	7.8
紫云英	干草	12.03	22.27	4.79	19.53	33.54	7.84

种类	状态	水分/%	粗蛋白/%	粗脂肪/%	粗纤维/%	无氮浸入物/%	灰分/%
箭筈豌豆	干草	绝干	16.14	3.32	25.17	42.29	13.07
毛叶苕子	干草	6.30	21.37	3.97	26.04	31.62	10.7
红三叶	青草	72.5	4.1	1.1	8.2	12.1	2.0
白三叶	青草	82.2	5.1	0.6	2.8	7.2	2.1
豌豆	青草	79.2	1.4	0.5	5.8	11.6	1.5
	秸秆	10.88	11.48	3.74	31.53	32.33	10.04
沙打旺	干草	9.87	20.5	3.87	27.3	28.73	9.23
金花菜	干草	7.23	23.25	3.85	16.99	38.43	9.94
黑小豆	青草	90.22	2.24	0.35	2.6	3.07	1.34

在绿肥种植过程中还要注意:豆科绿肥能够固氮,但需磷、钾肥较多,故需要施用草木灰、骨粉等含钾、磷较多的肥料,达到以磷、钾增氮的目的;在果园种植绿肥要注意绿肥可能产生的与果树争肥、争水的现象,因此播种时,绿肥应离开树干0.5m,而且要为种植绿肥增施一定数量的有机肥,达到以小肥补大肥的效果;绿肥种植以豆科和非豆科混播为好,如在果园中可选择黑麦草与苕子混播(播种量每公顷15kg黑麦种子、22.5kg苕子种子),这样使地上部分黑麦草与苕子相互支撑,便于刈割中,地下根系分布均匀,而且使整个绿肥的碳氮比比较合理,翻埋后利于被分解利用。

二、几种绿肥栽培利用技术要点

1.紫云英。又称红花草,草籽、花草,是江南稻田的主要绿肥科,品种有早熟、迟熟之分,茎叶柔嫩,生长后期匍匐地面,四月上旬开花,花紫红色,五月下旬种子成熟。千粒重3~3.5kg。紫云英喜温暖湿润气候,抗寒力中等,耐旱能力差,种子在15~20℃发芽,气温低于-10℃时枝叶会遭冻害,喜肥沃排水良好中性或偏酸性的土壤。

(1)播前种子处理:①盐水选种。相对密度1.05(50kg水加盐3.5~4kg),淘去劣子、菌核;②擦种。有利吸水,发芽快、齐,可用碾米机碾两遍;③浸种、拌种。用钼酸钠、硼酸0.1%~0.2%溶液浸12~24h,用根瘤菌菌剂拌种时要避免阳光照射,拌种紫云英根瘤菌,是新扩种地区紫云英栽培的成败关键,也是老区提高产量的措施。

(2)播种:适时播种很重要,要使紫云英在霜前有30~40天的生长期,有3个分枝,有利抗寒,在稻田套种的,如水稻生长好的共生期以不超过30天为宜,而且水稻收割时要留高茬,以冬季保护紫云英幼苗,春季翻耕时又能够调节C/N比率,利于微生物的分解。日平均气温降至25℃以下时即可播种。在江苏是9月下旬至10月。每公顷播量45kg左右,留种田22.5~30kg。近年为提高产量采用与黑麦草混播,用种量可适当减少。在肥水条件好的稻田可用撒播,在低产田,用种量少时或旱地,以条播、点播有利出苗。播后土壤保持湿润,有利发芽,幼苗期切忌田面积水不。

(3)施肥:以小肥养大肥的办法。施用磷肥一般效果都很显著,磷肥宜早施,在播前施或播后施,作基肥。有机农业生产不允许施用人工合成的化学肥料,但可适量施用一些磷矿粉(施量约3000kg/hm²),施用前可与牲畜粪便一起堆沤,以便磷矿粉的降解。越冬时施厩肥,如沼液,发酵过的人粪便等。

(4)留种收获:留种田要选在灌排方便,土壤肥力中等的田,鲜草量每公顷约30000kg的田,留种田宜施含磷、钾较高的有机肥,开花期后,田间不宜干旱,也不积水。在种荚有80%变黑时,趁露水未干进行收刈,再晒干,脱粒。

(5)利用:作绿肥用,以盛花期到始荚期较适宜,此时产量高,养分含量高,一般每公顷压草22500kg,如产量超过22500kg,就要割去一部分用作其他田块基肥,以防氮素过多。因紫云英在水田嫌气条件下腐解,会产生还原性物质,危害作物,宜在插秧前半个月翻压为好,或是干耕晒垡,匀施深埋,再灌水整田,多耕多耙,这样也可随即插秧。紫云英作饲草利用,在江南很普遍,一般以盛花期前后各种营养成分家畜的消化率最高。为解决冬季和早春期焦不足,有些地方进行分次刈用,苗高25cm时就可开始逐步刈割,播量大,鲜草量高的田可早刈,鲜草生长旺的留种田。刈一次可多收草6000~7500kg/hm²,还有利种子增产,刈割后要施一些速效有机肥,以提高产量和品质。紫云英也可青贮、晒干制粉以延长供饲的时间。

2.苕子。又称蓝花草、野豌豆,在我国的栽培面积仅次于紫云英和草木樨,但分布很广,从东南沿海至西北都有栽培。我国栽培有兰花苕子、毛叶苕子和早熟苕子。兰花苕子与其他苕子是不同种,抗寒性,产草量差些,在南方有种植。毛苕、光苕和早熟苕子是同一种,早熟苕子,成熟期早,鲜重低些,它们栽培利用差异小。

苕子是适应性广,抗逆性较强的冬绿肥,在水田、旱地和丘陵都要种植,因耐瘠、耐盐碱,所以往往用作开发海涂和改良低产田的先锋作物,在含盐0.15%的土壤中能正常生长,它的共生根瘤菌与蚕、豌豆是同一互接种属,不像紫云英的根瘤菌专一性强,所以栽培也较易生长,苕子分枝多且蔓性,攀缘性强,生育期比紫云英晚,4月下旬至5月上旬开花,6月初至下旬种子成熟,开花后遇阴雨天,收种就困难,毛苕、光苕产草量高,但收种难,故在南方适宜栽培早熟苕子。

(1)播种:各地气候各异,播期差异很大,华北、西北秋播宜在8月,苏北至山东宜在8~9月,如春播,宜顶凌早播,在南京沿江一带,宜在10月上旬前播。在西北春麦区宜在4~5月份在麦地套种或麦收后复种或与向日葵间种。每公顷播量30~45kg,留种地播15kg即够。播种晚或在贫瘠地、盐碱地播或撒播,则要增加播量。旱地以条播为宜,行距8寸,留种的2~3尺。棉田套种的,在棉行两侧条播或点播,为提高苕子产量,而不影响棉花播期,棉花可采用营养钵育苗移栽。在山芋地可在垄地宽幅条播,收山芋时应顺垄直刨,减少碎土埋苗。苕麦间种的,要先种苕后种麦。在稻田种苕,早、中稻田可收稻后整地,再撒播或穴播,撒播或穴播,撒后用草木灰或堆肥和细土盖种,在中晚勐套种,可在田面还有薄层水时撒播,一夜后排水,保持湿润,收稻后盖一些乱草,以保持水分获得全苗。

(2)施肥:苕子对磷肥反应敏感,在苏、皖北部,施过磷酸钙150kg/hm²(有机栽培中以磷矿粉、骨粉等代替),比不施增产可高达2倍,每500g磷肥增产鲜草20~75kg,折合纯氮0.09~0.39kg。以磷增氮的效果很明显。

(3)留种地管理:苕子茎细软,宜攀缘生长,有利开花结荚,故要设立支架,有利通风透光,能人工拱架最好,大面积留种,可混播适量黑麦或小麦或油菜作生物支架,对生长旺的留种田,可刈割部分鲜草,以控制株型,在江苏宜在2月下旬前进行。留种地要加强防旱、防涝、防病虫管理;苕子成熟不一致,约有一半种荚呈黄褐色,20%种荚成熟时就可收获。

(4)利用:作绿肥利用,以现苗至开花养分最高,每公顷翻压22500kg为宜。高产田可以分次利用,翻压灌水沤制5~7天后栽稻为宜。在旱地,未翻压前对地老虎害虫要进行防治,在黏土翻压后要15天才能播种,防止腐解的物质对棉苗危害。苕子茎叶柔嫩,养分丰富,各种家畜、家禽喜食,开花期后纤维量增加,蛋白质含量减少。

3.金花菜。又称黄花苜蓿、南苜蓿,江浙及四川、湖北栽培较多,为冬绿肥,与紫云英均是肥、饲、菜兼用作物,在江南早春可以作蔬菜食用。金花菜为半直立性,比苕子更宜与作物进行间套种,喜温暖气候,适应性广,在轻盐地和酸性红壤上生长良好,但不及苕子耐瘠、耐寒。金花菜的生育期与紫云英差不多,由于果荚坚硬,如果带壳播种,为了加快发芽,播前宜晒荚,浸泡1~2天再播,用脱荚的种子播种,则出苗较容易。用果荚播,每公顷需90~105kg。留种地需52.5~60kg,用种子播每公顷45~52.5kg,留种地30~37.5kg。如用荚果播,要开沟浅盖土压实,使果荚与土壤密切接触,保持土壤湿润,有利出苗。

金花菜不耐瘠,增施磷、钾含量高的有机肥,有利高产,磷肥可拌种或作基肥,苗期或入冬时施灰肥、土杂肥,以增加钾素又能防寒作用,返青时宜追施粪水。金花菜荚果成熟不一致,熟时易脱落,当有60%~70%的荚果呈黑色至黄褐色时就应收获。

4.草木樨。在20世纪20年代,开始是作为水土保持作物在西北种植,由于抗逆性强、耐旱、耐瘠、耐盐碱,1949年后党与政府很重视,于是很快从西北扩大到东北、内蒙古等地,现已成为我国北方一种重要的肥饲作物。草木樨株型直立,有许多种品种。我国南方有一年生(黄花)草木樨,北方主要是二年生白花和黄花草木樨。白花草木樨产量高,是主要栽培品种。草木樨苗期生长慢,在南方秋播到秋季植株下部形成越冬芽,次年由越冬芽出土萌发成枝条,一般有5~10个茎枝,6月份开花,7月份种子成熟,生育期要12~16个月。在宁夏有一年生白花草木樨,3月播种,7月开花,8月成熟,生育期165天。草木樨的种子成熟不一致,成熟的种子极易脱落,故在中、下部种子成熟时,即要收获,种子很小,千粒重1.9~2.5g,硬籽率很高,播前轻擦处理能促进硬籽发芽。一般旱地每公顷用中北方30kg,南方15kg。

草木樨在农田有与麦子间种或与玉米间套种,是肥饲兼用作物,更宜在荒地、草田、西北的夏闲地种植,用作水土保持种植,用作水土保持作物,兼收饲草或作放牧地。在北方早春顶凌播种,当年可在7月中旬~8月中旬刈第一次,留茬12~15cm,第二次在轻霜后,叶子未脱落进行,这就不影响安全越冬。同时可减轻茎叶苦味,使家畜爱食。草木樨含有香豆素,牛、羊初饲时不爱食,经驯饲后才能习惯,用草木樨调制干草或青贮时,不能使其发霉或腐烂,以免香豆素转化成对牛羊有毒害作用的双香豆素。

5.紫花苜蓿。多年生的豆科作物,在世界各地栽培很广,营养丰富,产量高,有牧草之王之称,对土壤要求不严,在排水良好,土层深厚富有钙质的土壤上生长最好,耐盐性强,在氯盐0.3%以下的土壤,均可生长,根系深,故抗旱力强,耐渍性差,在高燥地方生长,生长年限可达10年以上,一般种植一次利用3~4年。

紫花苜蓿喜温暖半干旱气候,年雨量超过1000mm地区,植株易死亡,故我国南方很少种植。种子在25~30℃时发芽,生长也快,幼苗能耐-6℃低温,成年植株能耐-30℃低温,早春7~9℃时越冬芽即能萌发成枝条,在南京4月下旬始花,6月成熟,如遇阴雨,收种很少,气温33℃以上则停止生长,到凉爽秋季不恢复生长,有时还开花。紫花苜蓿品种也很多,形成各地方的生态型,苜蓿的荚果成熟后也易脱落,当有3/4果荚呈现黄色至黑褐色时就可收获。

6.白三叶。多年生草本,广泛分布于温带地区,是优良的饲草和绿肥覆盖作物。白三叶寿命长,一般达7~8年。根系浅但较发达,茎平卧地面生长,茎节上生不定根,落地生根繁殖成新株,由于蔓延生长,地面茎枝交错成网能保持土壤。叶片和花梗向上挺直,形成草层,越冬苗在南京5月开花,花序头状,花白色或带粉红,荚果很小,荚皮很薄,种子成熟后会散薄在草层中,条件适合时就会发芽生长,所以白三叶能无性繁殖,又能自我播种,这也是白三叶的长寿所在。

白三叶适应性广,喜冷气候,有较强耐寒能力,在江苏能越冬,不耐盐碱,春秋季生长旺盛,盛夏停止生长,再生性好,耐刈割,一年可刈3~4次,生长好的每公顷鲜草可达60000~75000kg,茎叶柔嫩,养分高,适口性好,食草的畜禽、鱼类喜食,可在鱼池、圩埂及果林地种植。由于草层低矮,绿色期和花期长,所以也有用作庭院、绿林边的草坪草或护坡保土用。白三叶种子很小,千粒重仅0.5~0.8g,每公顷播种只要4.5~7.5kg即够,播前整地要细,在江南9~10月播,苗期生长慢,要防杂草侵害。种子成熟不一致,在花序柄呈褐黄色时就可采摘,分批收获可提高收种量。

7.乌豇豆。豇豆的一种,由于它速生早熟,所以用作夏季粮、肥、饲兼用的绿肥作物。在坡地上种植可作覆盖保土用,因耐荫性好,宜间套种和在果园中种植。乌豇豆曾在江西、浙江广泛应用。气温在18℃以上播种,生长40多天,产鲜草有15000kg/hm²,在江、浙一带从4月至7月均可播种,全生育期80左右。乌豇豆再生性好,作饲草可刈2次,留茬3~4寸,刈后灌水、施肥,有利再生。作肥料用在盛花初荚期利用最宜。因开花不一致,在第一批果荚采收后,其茎秆仍能作饲料,如连续采荚,每公顷可收种子750~2250kg,开沟条播,土壤过旱灌水,乌豇豆易遭蚜害,要及时防治,忌连作和田间渍水,种子收后要及时晒干熏蒸防豆象危害。种子可食用。

8.黑小豆。别名大绿豆,印尼绿豆。是夏季肥、饲、粮兼用作物,新鲜茎叶可作绿肥、饲草,种子食用,可做汤料或制豆沙食用。黑小豆生长直立,耐荫性好,刈割能再生,所以在果林地套种可压青作肥或刈草作饲料。黑小豆适应性强,喜高温,耐干旱,但生育期较长,各地品种差异大,华南品种在南京种植,生长旺,但开花收种很少,或不能结荚,江苏宜播用早熟品种(生育期120天)。在江苏4~6月播种,留种地要早播,收草的30~37.5kg/hm²,留种的15kg/hm²,贫瘠地种植需要基肥,有利于高产。株高50~60cm时,即可刈割,留茬15~20cm,刈后灌水,追肥,以促再生。留种的最好不刈,在荚果有5%由绿转为黑色时就可收种,种子晒干后要熏蒸防豆象危害。收籽后的植株,其干物质仍含蛋白质8%~9%,晒干粉碎,作饲料用。

9.黑麦草。为禾本科饲料,在江苏、浙江一带利用的越年生的一年生多花黑麦草;多年生黑麦草在南京越夏困难,在南方高海拔地区,夏季冷凉,可能生长。在东北、西北和内蒙古秋播不能越冬。

黑麦草根系发达,分蘖多,茎高一米左右,耐瘠,耐盐,在江苏北部,沿海的滨海盐渍土地区种植面积大,与苕子,金花菜等豆科混播有利豆科出苗,全苗及后期草层的通风透光,一般比单播可增产20%~30%,地下根系增产40%~70%。这对改良土壤结构,更新积累土壤有机质有显著作用。黑麦草鲜草产量高,养分丰富,鲜草,干草都是好饲料,它耐刈割,近年江南稻区已发展紫云英与黑麦草混播,既有利改良土壤,又为发展养猪,养鹅在冬季提供青饲料。在江、浙栽培,宜9~10月中播种,早播的冬季可刈割一次。留种的在次年3月份后不能再刈。播种每公顷22.5kg,与豆草混播的用7.5kg,留种地播7.5~15.0kg。空茬地以条播最好。在晚稻田可在收稻前于穴中寄种,与紫云英混播时,先留浅水散播紫云英,待其发芽水层刚落干,即撒播黑麦草,也可同时分别进行播种。黑麦草从抽穗到种子成熟约需一个月,在江、浙6月上、中旬成熟。因种子落粒性强,当中上部穗子由绿转黄时,须及时收获,收割轻放和脱粒晒干。

除以上介绍的10种常种绿肥品种外,农民经常种植的豆类作物如大豆、绿豆、豌豆、蚕豆等可以充当绿肥使用,只是不要去收获种子,在开花时翻埋,就可达到种植绿肥的目的,因此,有机生产者不要有买不到绿肥种子的顾虑。

第五节 商品有机肥的开发与应用

商品有机肥是有机肥料发展的一个新领域。它适应市场经济发展的要求,在产品质量上具有可靠性,可以作为有机食品生产的主要肥料之一。[1]

一、商品有机肥的种类

目前主要有三类:城市垃圾堆肥、活性有机肥料、腐质酸、氨基酸类有机肥料。

1.城市垃圾堆肥。主要分布于大城市,以解决城市垃圾污染的目的,实现垃圾肥料商品化,取得较好的经济效益。

2.活性有机肥料。以畜禽粪和农副产品加工下脚料为主要原料,经加入发酵微生物进行发酵脱水和无害化处理而成,是优质的有机肥料。

3.腐质酸、氨基酸类有机肥料,含有机营养成分和植物生长激素,可制成液体肥料用于叶面追肥。

二、有机肥工厂化生产的生物发酵技术

有机肥料发酵技术是要创造一个良好的微生物繁殖的环境条件,促进微生物代谢进程,加速有机物分解,放出能量杀灭各种病原菌和寄生虫卵,获得优质有机肥料。

(一)配料技术

配料方法因原料来源、发酵方法、微生物种类和设备的不同而各有差异。一般原则是:在总物料中有机质含量应大于30%,最好在50%~70%,碳氮比为(30~35):1,以保证生物代谢中的能源供应;pH值6~8;水分30%~50%。

其配方如:鲜畜禽粪85%,秸秆粉10%,泥炭5%,调节 C/N 比、pH值,水分。

(二)发酵微生物的应用

接种发酵微生物可以促进有机物料腐解,有利于保存养分。发酵微生物是从自然界中分离筛选和纯化得到的酵母、真菌、细菌和线菌,组成一个复合菌群,具有分解多种物料的功能。

一般是先制成活菌含量较高的复合菌,经扩大培养原则制成菌

---

[1]赵光,肖千明,娄春荣,等.商品有机肥生产和施用技术要点[J].辽宁农业科学,2004(2):44.

肥,再掺混到有机物料中,接菌后,有机物料发酵快,质量提高,快速除去臭味。

(三)发酵腐熟方法

1.平地堆置发酵法。一般在发酵有机肥中将调好的原料堆成宽2m,高1.5m的长垄,10天左右翻一次,45~60天腐熟。

2.发酵槽发酵法。发酵槽长5~10m,宽6m,高2m若干个发酵槽排列组合,置于封闭或半封闭的发酵房中。槽底埋1.5cm通气管。原料填入后每40分钟强制通气20分钟,每三天翻堆一次,25~30天腐熟。

3.密封仓式发酵法。发酵仓由水泥,砖砌或预制板拼装而成,仓顶可开启密封盖,仓库有通气管,还有排气管、排水管等,可容纳50~100t物料,原料12~15天腐熟。

4.塔式发酵厢发酵法。发酵塔由钢铁制造,分为6层。有机物料被提升到顶层,通过自动翻板每天翻动一次落到下一层,6天后下落到底层,即发酵腐熟。其优点:①发酵快,充分利用中、下层高温发酵产生的热量,使上层物料快速升温;②脱水快,生产成本低,热气上升产生烘干和风干效应,省去耗能等的烘干环节;③自动化程度高,连续进料出料,机械作业,用工少,劳动强度低,占地少,环境优良,无二次污染。

三、有机、无机复混肥加工技术

发酵形成的商品有机肥料,可以直接用于田间,但因养分含量低、用量大作为商品肥料具有较大的局限性。通过其与化肥复混,生产有机、无机复合,提高养分含量,优势互补。一般要求有机质含量不低于25%,矿质养分不低于20%。对品质要求较高的作物,如瓜、果、蔬菜应适当采用有机质含量高的配方。

有机肥与无机肥复混造粒后,具有优良的性状,产品质量标准一般控制在成料率大于70%,抗压强度10~30N。含水量小于15%,一般要求有机肥的粉碎细度为0.4~0.8mm。矿质肥料一般的尿素如氮化铵或硫铵为氮肥原料,以磷铵如过磷酸钙作磷肥原料。以氮化钾或硫酸钾为钾肥原料。复混过程注意先让有机肥与过磷酸钙混合,再加入尿素,尽量减少过磷酸钙与尿素直接接触反应放出大量水而影响造粒。

四、商品有机肥的施用技术

1.商品有机肥料。一般有机质40%左右,含 N、P、K 养分6%。接近饼肥。在正常使用其他农家肥时,一般用量是 1500kg/hm² 以上,用作种肥或苗肥;否则用量为 7500kg/hm² 以上,用作基肥、种肥或苗肥。

2.有机、无机复合肥料。可参照25%的低浓度复合肥的施用量,一般用量 750～1200kg/hm²,施用时间早3～5天。

在蔬菜等生产中,施用有机、无机复合肥可降低硝酸盐含量,提高维生素含量。

第五章 有机种植业病虫草害防治

第一节 植物病害防治

一、植物病害的分类

关于植物病害的分类目前还没有一个统一的规定。现行的分类方法有按寄主植物的种类分小麦病害、玉米病害、水稻病害、蔬菜病害、果树病害等;按发病部位分叶部病害、根部病害等;按发育阶段分幼苗病害、成株病害等;按病原类型分传染性病害和非传染性病害或生理性病害;按传播途径分气传病害、土传病害、种传病害等。

二、植物病害的病原和症状

(一)病原

病原是植物发生病害的原因,可以分为两类:一类是非生物因素;一类是生物因素。

非生物病原主要有:营养元素供应失调,缺乏或过剩;水分供应失调,干旱或水涝;温度出现异常,过低或过高;有害物质或有害气体、大气污染、金属离子中毒、农药中毒;土壤或灌溉水含盐碱过多,土壤酸碱度不适;光照不足或过强;缺氧,栽培措施不适等。

生物病原主要有真菌、细菌、病毒、植原体、线虫等。

(二)症状

1.一般症状。

(1)变色:植物生病后发病部位失去正常的绿色或表现异常的颜色。变色主要表现在叶片上,全叶变为淡绿色的称为褪绿,全叶发黄的称为黄化,叶片变为黄绿相间的称为花叶或斑驳。

(2)坏死:植物发病部位的细胞和组织死亡称为坏死。斑点是叶部病害最常见的坏死症状。叶斑有圆斑、角斑、条斑、环斑、网斑、轮纹斑等,颜色有赤色、铜色、灰色等。

(3)腐烂:指寄主植物发病部位较大面积死亡和解体,植株的各个部位都可以发生腐烂,根据腐烂发生的部位可分为芽腐、根腐、茎腐、叶腐等。

(4)萎蔫:植物因病而表现失水状态称为萎蔫。

(5)畸形:植物发病后可因植株或部分细胞组织的生长过度或不足,表现为全株或部分器官畸形。

2.病征类型。

(1)霉状物:病原真菌的菌丝体、孢子梗和孢子在病部构成的各种颜色的霉层。霉层是真菌病害最常见的病征,其颜色、形状、结构、疏密程度等变化比较大,可分为霜霉、青霉、灰霉、赤霉、烟霉等。

(2)粉状物:某些病原真菌一定量的孢子密集在病部产生各种颜色的粉状物。颜色有白粉、黑粉等。

(3)锈状物:病原真菌中的锈菌的孢子在病部密集所表现的黄褐色锈状物。

(4)点(粒)状物:某些病原真菌的分生孢子器、分生孢子盘、子囊壳等繁殖体和子座等在病部构成不同大小、形状、色泽和排列的小点。

(5)线(丝)状物:某些病原真菌的菌丝体或菌丝体和繁殖体的混合物在病部产生的线(丝)状结构。

(6)脓状物:病部出现的脓状黏液,干燥后成为胶质的颗粒,这是细菌病害特有的病征。

3.主要植物病原的症状。植物非传染性病害症状有变色、坏死、萎蔫、畸形等,其特点是没有病征出现,通常是全株性的,而且没有传染性。

植物传染性病害中真菌性病害的病状类型有坏死、萎蔫、腐烂和畸形。病症可以有霉状物、粉状物、锈状物、点状物、线状物等。植物细菌病害的症状可分变色、组织坏死、畸形等。

植原体病害属于系统性病害。植原体主要在植物韧皮部筛管内，传播介体有叶蝉、粉虱等，其症状有变色、枯萎等。

植物线虫病的症状特点有刺激寄主细胞增大，形成巨细胞；刺激细胞分裂形成肿瘤和根过度分枝等畸形；抑制茎顶端分生组织细胞分裂；溶解细胞壁及中胶层，破坏细胞及使细胞离析等；地下部的症状在根部有的生长点破坏使生长停止或卷曲，有的形成丛根，有的组织坏死和腐烂。植物线虫病害的症状类型包括变色、坏死、萎蔫、腐烂和畸形。

三、植物病害的发生

（一）发病条件

植物病害是在外界环境条件影响下植物与病原相互作用并导致植物生病的过程，影响病害发生的基本因素有病原、感病寄主和环境条件。

（二）病原物的来源

病原物的主要来源：①田间病株；②种子、苗木和其他繁殖材料；③病株残体；④土壤；⑤肥料。

（三）病原物的侵入方式

1.直接侵入。从寄主表皮直接侵入，线虫和一部分真菌具有这种侵入途径。如白粉菌的分生孢子个锈病的担孢子发芽后都可以直接侵入。

2.自然孔口侵入。植物体表的自然孔口有气孔、皮孔、蜜腺等，部分真菌和细菌可以通过自然孔口侵入。

3.伤口侵入。植物表皮的各种伤口如剪伤、锯伤、虫伤、碰伤、冻伤等形成的伤口都是病原侵入的途径。在自然界中，寄主性较弱的真菌和一些病原细菌往往由伤口侵入，而病毒只能从轻微的伤口侵入。

（四）病原物的传播方式

病原物接种体从侵染源向外扩散蔓延的过程。能导致寄主植物发病的传播为有效传播（effective dissemination）。病原物的传播方式有主动传播和被动传播。[①]有些病原物可依靠自身的活动,主动向周围扩散或弹射,如真菌菌丝体向寄主株丛间扩展、根状菌索的延伸、大部分子囊菌或担子菌的产孢器官成熟后能将子囊孢子或担子孢子弹射出去;游动孢子或细菌在水中的游动;线虫的蠕动或菟丝子蔓茎的蔓延等。由于病原物个体小,依靠自身甚微的动力所扩散蔓延的距离是很有限的。大多数病原物主要借助于气流、水流、昆虫等介体活动的自然因素及通过农事操作和种苗调运等人为因素而被动传播。

病原物的传播方式有主动传播和被动传播。有些病原物可以通过自身的活动主动地进行传播。除主动传播外,病原物主要的自然传播或被动传播方式有以下几种。

1.气流传播。多种病原物接种体,尤其是真菌的孢子体积小、重量轻,极易随气流而脱离产孢器官,飘浮在空气中。有少数种类真菌孢子可随气流向上达到几千米的高空或水平方向扩散到几百公里以外,仍能保持一定的活力,由于孢子重量极轻,降落的速度很慢,一旦遇到下沉气流或被雨滴淋洗,则迅速下落,那些还能保持活力的孢子,若接触到感病寄主植物,在适宜条件下引起侵染而发病。如小麦条锈病菌的夏孢子可从中国甘肃平凉地区随气流远距离传播到陕西武功地区,引起麦株发病后,再传播到关中东部和山西南部广大麦区。又如,美国得克萨斯州越冬的小麦杆锈病菌的夏孢子,能通过气流传播到1700公里外的北达科他州春麦上为害。因此,气流传播夏孢子的速度快、距离远、波及面大。但多数种类真菌孢子都降落在菌源附近,随气流传播的距离并不太远,主要因受孢子云被气流冲淡和分割、孢子密度减小,并受到大气中温度、湿度、光照以及自身存活力等的影响。如稻瘟病菌的分生孢子扩散高度常集中在大气下层,相当于稻株高度的范围内,随着高度增加,孢子量减少。梨锈菌的担孢子经气流传播范围约在5公里以内,梨株距菌源愈近,发病率愈高,田间病株的分布与风向有着密切关系。粟白发病菌的孢子囊不耐干燥,叶面露水干后不久即丧失活力,随气流传播的距离一般较近。在某些情况下,气流也能传播其他一些病原物,如土中线虫等。随着土粒、病残体和带有病毒、

---

①何永梅,李力.病原物传播的方式有哪些?[J].蔬菜,2009.

细菌或真菌的昆虫也可被气流传送到其他地方。此外,含有真菌孢子、细菌和线虫的雨滴也可被气流传播。

在病原物的自然传播中,风力传播占主要地位,它可以将真菌孢子吹落、散入空中做较长距离的传播,也可以将病原物的休眠体、病组织或附着在土粒上的病原物吹送到较远的地方。喷药、种植抗病品种,通过栽培措施等提高寄主抗病性等是防治风传病害的基本途径。

2.水流传播。水流传播病原物接种体不及气流传播远,但传播效率高。雨水可使飘浮在空气中的真菌孢子和细菌等淋落到寄主植物表面;处在黏液中的炭疽菌、壳囊孢等真菌孢子和处在菌脓中的细菌经雨水冲洗,随水流方向扩散,雨量大小与这类病原物的传播关系密切,风雨交加更有利其扩展与侵染。如暴风雨或洪涝常导致稻白叶枯病病株率迅速增多。烟草苗期多雨,炭疽病重。田间的菌核和孢囊线虫等也可经水流传播。

雨水传播病原物的方式是十分普遍的,但传播距离不及风力远。真菌中的炭疽病菌的分生孢子以及许多病原细菌都黏聚在胶质物内,在干燥条件下是不能传播的,必须利用雨水把胶质溶解,使孢子细胞散入水内,然后随水流或溅散的雨滴进行传播。同时雨水还能把病树上部的病原物冲洗到下部或土壤内;雨滴还可以促使飘浮在空气中的病原物沉落到植物上;土壤中的病原物还能随灌溉水传播。防治雨水传播的病害主要是消灭初侵染的病原菌,灌溉水要避免流经病田。

3.介体传播。在植物上取食和活动的昆虫、螨类和线虫等,不仅直接为害植物,有一些还能传染或传播某些植物病毒、类菌原体和部分细菌、真菌等病原物。

(1)昆虫:具刺吸式口器的昆虫如蚜虫、叶蝉和飞虱等的取食形为,能有效地传播多种植物病毒,成为最重要的传毒介体。已知约有400种昆虫能传播约200种病毒。介体昆虫在传毒种类上有不同程度的专化性,如叶蝉和灰稻虱分别传染水稻矮缩病毒和条纹病毒。介体昆虫传毒期限可分为非持久性和持久性两类,前者多由蚜虫传染,后者多经叶蝉、飞虱和部分蚜虫传染。病毒在虫体内有的不能增殖,有的可以增殖,有的终身带毒或可经卵传毒至后代。病毒能在虫体内增殖的,传毒亦是病毒的寄主之一。此外,蓟马、粉虱、粉蚧和网蝽等也能各自传染少数种类的病毒。叶蝉还能传染类菌源体和螺原体,分别引起枣疯病和玉米矮化病等。柑橘木虱能传染类细菌引起柑橘黄龙病。部分具咀嚼式口器昆虫也能传染一些病原物,如玉米叶甲传染玉米枯萎菌,黄条跳甲和松褐天牛分别传播十字花科蔬菜软腐菌和松材线虫。

(2)螨类:螨类具刺吸式口器,已知约能传染10种病毒,在传毒种类上也有专化性,如曲叶螨仅传染小麦条点花叶病毒,病毒存在于中肠,未发现在螨体内增殖,也不能经卵传染。

(3)线虫:营外寄生的矛线目线虫能传染约20种主要属于烟草脆裂病毒组和蠕传球体病毒组的病毒,这类线虫为害植物根系,营非固定的专性寄生生活。线在病株根上吸汁,病毒即被吸附在线虫口器或食道上,带毒线虫再到健株根部取食时,病毒即被传染到健株而引起发病,但病毒在线虫体内不能增殖,带毒虫体蜕皮后即失去传毒能力。有的线虫能传播病原细菌和真菌,如小麦种瘿线虫传播小麦棒形杆菌和看麦娘双极孢,而引起小麦密穗病和卷曲病。

(4)真菌:在壶菌目和根肿菌目真菌中,有些种类能传染病毒,它们在传毒种类上也有专化性,如芸薹油壶菌传染烟草坏死病毒和烟草矮化病毒。病毒粒子附着在游动孢子表面或鞭毛上,当游动孢子接触寄主植物根毛时,病毒随鞭毛收缩进入休止孢原生质内,并随休止孢萌发一道侵染。又如多粘霉菌传染小麦梭条花叶病毒和大麦黄花叶病毒。病毒粒子在休眠孢子(囊)内,休眠孢子(囊)释放带毒的游动孢子,病毒随游动孢子一道侵染植物。

此外,所有在植物间活动和行走的动物,都能传播真菌孢子、细菌、线虫和寄生性高等植物种子等病原物。

4.土壤传播。有些病原物在土壤中能存活较长时间。如真菌的卵孢子、厚垣孢子和菌核、根结线虫、烟草花叶病等,一旦接触到寄主植物的根或茎基部,就可侵染引起病害。

5.人为传播。人类在各种农事活动中,常常无意识地帮助了病原物的传播。

种子、球根、块根、分株、插条等繁殖器官和苗木的内外常带有病原物,可随人类的经济贸易活动、科技交流等,不受地理条件限制作远距离传播。如马铃薯晚疫病菌,原先只在南美洲发生,18世纪随种薯调运传到欧洲,导致马铃薯晚疫病在欧洲大发生;大丽轮枝孢和尖镰萎蔫专化型在美国引起棉花黄萎病和枯萎病,20世纪30年代随美棉种子传入中国,以后,病害随棉种调运已扩散到中国的多数棉区。人类在农业操作中也能扩散多种病原物。如农机具在田间的耕作活动,可使存在土中的根结线虫等病原物,随土壤的移动和工具的传带而扩散。又如间苗、整枝、打杈和嫁接等也可传染多种病害。

四、植物病害防治方法的选择

植物病害(plant disease)是指植物在生物或非生物因子的影响下,发生一系列形态、生理和生化上的病理变化,阻碍了正常生长、发育的进程,从而影响人类经济效益的现象。植物在病原物的侵害或不适环境条件的影响下生理机能失调、组织结构受到破坏的过程。植物病害是寄主植物和病原物的拮抗性共生;其发生和流行是寄主植物和病原物相互作用的结果。农作物和林木的病害大发生,常使国家经济和人民生活遭受严重损失。有些患病作物能引起人畜中毒。一些优质高产品种往往因病害严重而被淘汰。植物病害的发生和流行,除自然因素外,常与大肆开垦植被、盲目猎取生物资源、工业污染以及农业措施不当等人为因素有关。

植物病害的发生是由病原物——寄生植物——环境条件或寄虫植物——环境条件之间相互作用的结果,所以防治方法也要针对3个或2个方面来选择,进而在防治思路上要从病三角或病二角出发,对于侵染性病害要创造有利于植物而不利于病原生物的环境,提高植物的抗性,尽量减少病原生物的数量,最终减少病害的发生;对于非侵染性病害或生理性病害就是要营造有利于植物生长发育的环境,保持和提高植物的抗病性,从而减少植物的损失。

第一,要改变对侵染性病害的防治,主要针对病原物选择防治方法的观念。

第二,植物病害的防治方法有很多,要针对病害发生的3个或2个因素采取多种方法,配合使用,扭转植物保护就是喷洒农药的错误概念。

第三,植物病害的发生有一个发展的过程,只有表现明显症状时才容易被发现,而且往往有了明显病状之后就很难控制。所以病害的防治一定要根据不同时期病害发展的特点和弱点选择适当的方法,达到事半功倍的效果。

第四,新的植物病害防治观念是植物病害的综合治理,即不是将病原菌消灭的干干净净,而是将其控制到一定数量以下,使之不能造成经济损失。

(一)阻止病原物接触寄主植物

1.植物检疫。在生产过程的最前期——种子、苗木或其他无性繁殖材料调出时使用,禁止带病材料调入。

植物检疫又叫"法规防治",是通过法律、行政和技术的手段,防止危险性植物病、虫、杂草和其他有害生物的人为传播,保障农林业的安全,促进贸易发展的措施。它是人类同自然长期斗争的产物,也是当今世界各国普遍实行的一项制度。由此可见,植物检疫是一项特殊形式的植物保护措施,涉及法律规范、国际贸易、行政管理、技术保障和信息管理等诸多方面,为一综合的管理体系。

植物检疫是一项传统的植物保护措施,但又不同于其他的病虫防治措施。植物保护工作包括预防或杜绝、铲除、免疫、保护和治疗等五个方面。植物检疫是植物保护领域中的一个重要部分,其内容涉及植物保护中的预防、杜绝或铲除的各个方面,也是最有效、最经济、最值得提倡的一个方面,有时甚至是某一有害生物综合防治(IPM)计划中唯一一项具体措施。但植物检疫具有的特点却不同于植物保护通常采用的化学防治、物理防治、生物防治和农业防治等措施。其特点是从宏观整体上预防一切(尤其是本区域范围内没有的)有害生物的传入、定植与扩展。由于它具有法律强制性,在国际文献上常把"法规防治""行政措施防治"作为它的同义词。

凡属国内未曾发生或曾仅局部发生,一旦传入对本国的主要寄主作物造成较大危害而又难于防治者;在自然条件下一般不可能传入而只能随同植物及其产品,特别是随同种子、苗木等植物繁殖材料的调运而传播的病、虫、杂草等均定为检疫对象。确定的方法一般先通过对本国农、林业有重大经济意义的有害生物的危害性进行多方面的科学评价,然后由政府确定正式公布。有的列出总的统一名目,在分项的法规中针对某种(或某类)作物加以指定;也有的是在国际双边协定、贸易合同中具体规定。

检疫检验按检验场所和方法可分为:入境口岸检验、原产地田间检验、入境后的隔离种植检验等。隔离种植检验是在严格隔离控制的条件下,对从种子萌发到再生产种子的全过程进行观察,检验不易发现的病、虫、杂草,克服前两种方法的不足。

通过检疫检验发现有害生物,可采取禁止入境、限制进口、进行消毒除害处理、改变输入植物材料用途等方法处理。一旦危险性有害生物入侵,则应在未传播前及时铲除。此外,在国内建立无病虫种苗基地,提供无病虫或不带检疫性有害生物的繁殖材料,则是防止有害生物传播的一项根本措施。

2.抗病育种。抗病育种是利用作物不同种质对病害侵染反应的遗传差异通过相应的育种方法,选育耐病、抗病或免疫新品种的技术。选育抗病品种,是防止蔬菜病害的主要方法之一,与其他防治方法相比,效果稳定,简单易行,成本低,能减轻或避免农药对蔬菜产品和环境的污染,有利于保持生态平衡等。

(1)抗病机制:蔬菜感染病害的程度是品种抗病性、病原数量和侵染力以及发病环境条件等因素相互作用的结果。抗病育种就是通过遗传改良的方法以增强品种的抗病性。品种抗病性按其专化程度可分为垂直抗性和水平抗性两种。

1)垂直抗性:又称专化性抗性。特点是品种对病原某些生理小种具有高度抗性,而对另一些生理小种则不表现抗性。抗病反应通常呈过敏性坏死。在遗传上多为主效基因所控制的简单遗传种种抗病性特异性强,容易识别,受环境影响较小,基因转移容易。在番茄、马铃薯等自花授粉和无性繁殖蔬菜上广为利用。但缺点是常会因病原小种变异而丧失抗性。

2)水平抗性：又称田间抗性。品种对某种病害多个生理小种的抗性反应，几乎保持在同一水平上。抗病反应包括过敏性坏死以外的抗入侵和抗扩散等多种反应。表现为侵染率低、潜育期长、产孢量少或孢子堆小等特点。抗病程度不如垂直抗性突出，多为耐病性，表现为延缓发病速度，推迟发病高峰。水平抗性通常属微效多基因所控制的数量遗传。优点是不易因病原生理小种的变化而丧失抗性。

(2)育种特点：育成抗病品种，必须有可供利用的抗原。抗原除存在于现有栽培品种或古老地方品种外，近缘野生类型中具有丰富的抗病种质。因此，在育种开始阶段要有针对性、有计划地收集本地区及国内外的抗原材料；同时，可通过远缘杂交、人工引变、细胞融合等方法，人工创造新的具有抗性的原始材料。为了发现抗原，必须将育种材料置于病原感染的条件下，使感病与抗病类型区分开。在病害流行地区或年份进行抗病性鉴定简单易行，但常因自然条件下病原小种不一、不同病害的相互影响、寄主感染受害不匀等原因而影响鉴定结果。为了提高鉴定的可靠性，许多土传病害的田间鉴定需在专门的人工病床或病圃进行；对某些气传病害，常在田间每隔一定距离种植一行感病品种作为诱发行，以保证有充足的病原。田间鉴定受环境影响很大，且易感染正常栽培的田块，故在抗病育种中主要采用人工控制条件下室内苗期人工接种鉴定。即用所需病原，采用适当的接种手段（喷雾、喷粉、浸渍、注射、摩擦、拌种或与土壤混合等），在适宜的环境条件下，按一定浓度，在适当苗龄的植株易感部位接种。接种后应创造侵染环境，促使发病。接种所用的病原物，因病害种类不同，可分别在寄主活体、残死体或合适的人工培养基上保存、繁殖。通过调查记载发病的普遍率、严重度和反应型，以估计、判断群体发病情况、发病程度和抗病的特点。

3.农业措施。使用无病原物的种子、苗木和其他无性繁殖材料，选择合适的播期、田块的位置或适当间作，使病原物因找不到敏感期的寄主或寄主植物离得太远而无法接触。

（二）减少病原物的数量

1.农业防治。农业防治是为了防治农作物病、虫、草害所采取的农业技术综合措施、调整和改善作物的生长环境,以增强作物对病、虫、草害的抵抗力,创造不利于病原物、害虫和杂草生长发育或传播的条件,以控制、避免或减轻病、虫、草的危害。农业防治如能同物理、化学防治等配合进行,可取得更好的效果。

农业防治包括的主要措施:①开垦荒地,兴修水利。这些措施往往影响农田生态系的改变,引起病虫害种类、数量发生深刻的变化,减少或消除病虫害的滋生基地;②轮作。正确的轮作,可提高地力,给农作物生长创造良好的条件,同时使病虫害营养条件恶化、数量减少;③耕犁。对地下害虫或以作物遗株越冬的病虫害有直接杀伤,或使害虫翻出土面被捕食或捕杀;④调节作物的播、植期。使作物容易受害的生育期与病虫害严重为害的盛发期错开,减轻或避免受害;⑤清除杂草和清洁田园。杂草常常是病虫害的越冬场所或寄主,从而成为病虫害为害农作物的桥梁。遗株和枯枝落叶中往往潜藏不少病虫害,所以清洁田园及除草对防治病虫害有很大作用;⑥排灌水。可以恶化病虫害的生活环境,尤对水湿性病虫害更为显著;⑦施肥。合理施肥,使作物生长健壮,提高抗病虫能力,施肥还可提高作物受害后的恢复能力;但施肥不当则降低作物抗病虫力;⑧作物抗性品种的利用。可以恶化病虫害的营养条件,能较长时期内控制病虫害的发生。

农业防治措施与作物增产技术措施是一致的,它主要是通过改变生态条件达到控制病虫害的目的,不需要增加额外的经济负担,即可达到控制多种病虫害的目的,花钱少,收效大,作用时间长,不伤害天敌,又能使农作物达到高产优质的目的。因此,农业防治是贯彻"预防为主"的经济、安全、有效的根本措施,它在整个病虫害防治中占有十分重要的地位,是病虫害综合防治的基础。

农业措施主要包括:①对于已经带菌的土壤要防治土传病害利用轮作的方法换种病菌的非寄主植物,使土壤中的病菌因无合适寄主饥饿而减少至侵染数限以下;②用透明的塑料薄膜覆盖在潮湿的土壤上,在晴天可以获得太阳能提高土温杀伤土壤中的病原物;③控制供灌水和良好的灌排条件可以减轻真菌性的根病和线虫病害;④在田间一旦发现个别病株,一定要铲除掉,防止传染更多的植株;⑤加强栽培管理,通过控制水、肥、温、湿、光等调节农田生态环境,使之有利于微生物的繁殖,减少病原物的数量;⑥对于果树等多年生植物,有些病害发生后,可以通过手术的方法切除病部,减少病原物的数量;⑦对于贮存期病害的防治,可以适当通风,加速其表面的干燥,从而阻止产品上病原真菌的萌发或病菌的侵入。

2.生物防治。生物防治就是利用一种生物对付另外一种生物的方法。生物防治大致可以分为以虫治虫、以鸟治虫和以菌治虫三大类。它是降低杂草和害虫等有害生物种群密度的一种方法。它利用了生物物种间的相互关系,以一种或一类生物抑制另一种或另一类生物。它的最大优点是不污染环境,是农药等非生物防治病虫害方法所不能比的。生物防治的方法有很多,如:①利用天敌防治。每种害虫都有一种或几种天敌;②利用作物对病虫害的抗性防治。即选育具有抗性的作物品种防治病虫害,如选育抗马铃薯晚疫病的马铃薯品种、抗麦杆蝇的小麦品种等。

由于化学农药的长期使用,一些害虫已经产生很强的抗药性,许多害虫的天敌又大量被杀灭,致使一些害虫十分猖獗。许多种化学农药严重污染水体、大气和土壤,并通过食物链进入人体,危害人群健康。利用生物防治病虫害,就能有效地避免上述缺点,因而具有广阔的发展前途。

3.植物防治。植物防治包括直接种植某些植物和使用植物源农药。种植诱捕植物可以防治一些线虫病和部分蚜虫传播的病毒。种植高敏感的植物,在线虫大量侵染,但尚未完全成熟和繁殖前销毁这些植物或翻新暴晒线虫至死亡。

4.物理机械防治。利用物理因子或机械作用对有害生物生长、发育、繁殖等的干扰,以防治植物病虫害的方法。物理因子包括光、电、声、温度、放射能、激光、红外线辐射等;机械作用包括人力扑打、使用简单的器具器械装置,直至应用近代化的机具设备等。这类防治方法可用于有害生物大量发生之前,或作为有害生物已经大量发生为害时的急救措施。常用的方法有以下几点。

（1）光的利用：根据有害生物对光的反应进行诱集、诱杀。一些夜出性种类的农业害虫如蛾类、飞虱、叶蝉、蝼蛄等在夜间活动时有趋光性，尤其对短光波的趋性更强。因此利用黑光灯的装置进行诱集，是进行害虫种类调查和发生期、发生量预测预报的一种常用手段。在黑光灯上装置高压电网，或在灯下放置氰化物毒瓶或水面滴油的水盆可直接诱杀害虫。

（2）温度的利用：不同种类有害生物的生长发育均有各自适应的温湿度范围。可利用自然的或人为地控制调节的温湿度，使之不利于有害生物的生长、发育和繁殖，直至导致死亡，以达到防治目的。例如，为了防治贮粮中的病、虫，可将贮粮先在仓外利用夏季日光曝晒，或冬季低温冷冻，然后迅速入仓密闭，使高、低温持续时间较长而杀死病虫。

5.提高寄主植物抗性。应用抗性品种。通过农业措施调节环境和土壤条件，使之有利于植物的健康生长，从而提高植物的抗病性，使用具有诱导抗病性作用的栽培方法，生物制剂或矿物质，提高植物的抗病性。

6.化学防治。化学防治是用农药防治植物害虫、病害和杂草等有害生物的方法，也称药剂防治。植物保护的主要措施之一。特别是在有害生物大量发生而其他防治方法又不能立即奏效的情况下采用，能在短时间内将种群或群体密度压低到经济损失允许水平以下，防治效果明显，且很少受地域和季节的限制。农药可进行工业化生产，品种和剂型多，使用方法灵活多样，能满足对多种有害生物防治的需要。

（1）防治原理：化学防治是利用农药的生物活性，将有害生物种群或群体密度压低到经济损失允许水平以下。农药的生物活性表现在4个方面：①对有害生物的杀伤作用，是化学防治速效性的物质基础。如杀虫剂中的神经毒剂在接触虫体后可使之迅速中毒致死；用杀菌剂进行种苗和土壤消毒，可使病原菌被杀灭或被抑制；喷洒触杀性除草剂可很快使杂草枯死；施用速效性杀鼠剂可在很短时间内使害鼠中毒死亡等；②对有害生物生长发育的抑制或调节作用。有些农药能干扰或阻断生命活动中某一生理过程,使之丧失为害或繁殖的能力。化学不育剂作用于生殖系统,可使害虫、害鼠丧失繁殖能力;多菌灵能抑制多种病原菌分生孢子和水稻纹枯病菌核的形成和散发,2,4-滴类除草剂可抑制多种双子叶植物的光合作用,使植株畸形、叶片萎缩,因而致死等;③对有害生物行为的调节作用。有些农药能调节有害生物的觅食、交配、产卵、集结、扩散等行为,使之处于不利的情况下而导致种群逐渐衰竭。如拒食剂使害虫、害鼠停止取食;食物诱致剂与毒杀性农药混用可引诱害虫、鼠类取食而中毒死亡;性信息素可诱集雄性昆虫,干扰其与自然种群的交配,从而影响正常繁衍;④增强作物抵抗有害生物的能力。包括改变作物的组织结构或生长情况,以及影响作物代谢过程。如用赤霉素浸种,加速小麦出苗,可避过被小麦光腥黑穗病侵染的时期;利用化学药剂诱发作物产生或释放某种物质,可增强自身抵抗力或进行自卫等。

(2)防治策略:总的原则是与综合防治中的其他防治方法相互配合,以取得最佳效果。基本策略包括两方面,一方面是对作物及其产品采取保护性处理,力求将有害生物消灭在发生之前。如在作物栽种前对苗床、苗圃、田园施药,农产品入库前进行空仓消毒和使用谷物保护剂,以杀灭越冬和作物苗期病虫;在作物表面喷洒保护性杀菌剂,以防止病原物的入侵等。这些措施对某些常发性病、虫、草害收效尤为显著;另一方面是对有害生物采取歼灭性处理。在作物生长期间或农产品贮藏保管期间,病、虫、草、鼠等有害生物如已发生就施药歼除,以控制和减轻发生为害的程度。这是化学防治中经常而普遍采用的急救措施。

农药的广泛、大量和长期使用已经给人、畜健康、环境和农田生态系统带来了不良影响;同时有害生物也逐渐产生抗药性。这些问题的产生,除与一些农药的高毒性和持久性有关外,施药技术水平不高也是主要原因之一。由于施药过程中,仅极少量农药击中有害生物靶体,而大量农药散落在环境中。因此,改进施药技术,以求把农药准确地送达生物靶体,已成为化学防治研究的重要课题。此外,由于各种有害生物的生命活动会因某些生物化学反应受到干扰而发生变化,或被阻断。应用生命科学的最新成就指导农药品种的开发和使用,也将是化学防治研究的新方向。

总之,有机农业病害的防治,首先要采取适当的农业措施建立合理的作物生产体系和健康的生态环境,通过创造有利于作物而不利于病菌的环境条件来提高作物自身的抗病能力,提高系统的自然生物防治能力,将病虫害控制在一定的水平下。

五、植物病害防治方法

1.选择适宜的土地条件、种植结构和播期,利用作物品种多样性,建立较稳定平衡生态体系:①品种多样性可以通过不同单一抗病谱的品种结合实现较广谱的抗病性;②同种作物不同品种的混合;③不同形式的间套作;④非作物植物的管理包括杂草、野花、树篱等植物或果园底层植物,这些植物可以充当病原菌的次生寄主,在没有寄主作物时,病原菌在这些植物上生活、越冬、越夏,待再次有寄主作物时返回危害。一般情况下田间作物与边界植物亲缘关系越近病害越重;⑤播种前根据病害发生规律,适当调整播种和移栽时间,避开发病高峰期。

2.选择无病种子、种苗或其他无性繁殖材料或进行消毒处理。尽量选择抗病品种,但不能使用基因工程改造的品种。同时,要在播种前对种苗进行消毒处理,尽量减少种苗带菌量,主要利用热力、冷冻、干燥、电磁波、超声波等物理防治方法抑制,钝化或杀死病原物,达到防止病害的目的。

3.土壤处理或利用合理的轮作体系控制土传病害。用透明的塑料薄膜覆盖在潮湿的土壤上,在晴天可以获得太阳能提高土温杀伤土壤中的病原物;在重茬土壤上种植可以在种植之前使用有效的生物制剂或矿质农药处理种子或苗木,使之免受土壤中的病原物的侵染。所以无论是从土壤培肥的角度还是从病害特别是土传病害防治的角度,都需要进行轮作,而且要根据不同作物的特点和病菌的寄主范围以及病菌在土壤中能存活的时间长短选择和建立相应的轮作体系。

4.加强生长季节的栽培管理。控制灌水,创造良好的排灌条件,减轻真菌性的根病和线虫病害;在田间一旦发现个别病株,一定要铲除,防止由此传染更多的植株;采取有效措施培肥土壤,使之形成抑制性土壤,抑制病原物的繁殖。

5.采取适当的生物防治措施。利用拮抗性微生物制剂或抗生素处理种子、苗木,可以有效降低土传病害发生;利用生物制剂在生长季喷洒。但要注意使用的生长期、气候条件和具体使用时间。

6.适当使用抗生素,植物源农药和允许范围内的矿质药物。硫磺、石灰、石硫合剂和波尔多液等矿质农药从有益微生物中提取的抗生素是有机食品生产标准中允许使用的,可以在必要时作为其他防治措施的辅助措施来使用,但是要十分谨慎,注意用量,以免影响有益微生物或造成污染。木贼、大蒜、洋葱或辣椒根提取物等植物性杀菌对叶部真菌病害有防治作用。

7.加强冬季田间管理。利用冬耕冻死土内越冬病菌,并把土表枯枝落叶等残体和浅土中的病菌翻入深处,使其难以复出,减少来年的病菌数量。

六、主要传染性病原所致病害的防治

1.真菌病害的防治。可以应用抗性品种;播种前空地盖膜、消灭土壤表层病原菌;进行种子处理,适当的轮作、间作或嫁接;生长季节定期适当喷洒波尔多液或生物农药,预防病菌初侵入或再侵入,均衡施肥,并利用微量元素提高寄主植物的抗病性。

2.细菌。选用抗性品种。利用种苗处理控制种苗传染的病菌,同时防止土壤中病菌的侵染,土壤处理减少土壤中病原菌的含量,生长季节适当使用抗生素,控制病原菌的繁殖,加强栽培管理,提高植物的抗病性。

3.病毒。选用无毒或脱毒种苗;通过种子处理减少种子携带的病毒;用保护剂将植物组织的外围保护起来,使病毒颗粒难以接触植物表皮组织,就可以达到阻止病毒吸附和侵入的目的;防止介体昆虫,阻止病毒的传播;通过栽培措施和诱抗剂提高寄主植物的抗性;水旱轮作,可以通过窒息作用来减轻病毒病害。

4.线虫病害的防治。轮作、深翻土壤、土表覆盖地膜、水旱轮作等措施来消灭线虫。

第二节 植物虫害的防治与调控

一、害虫的调控

(一)消灭虫源

虫源系指在害虫传入农田以前或已经侵入农田但未扩散严重为害时的集中栖息场所。

1.虫源的类别。根据不同害虫的生活习惯,把害虫侵入农田为害的过程分三种情况。

第一,害虫由越冬场所直接侵入农田为害,针对这种情况,采用越冬防治是灭虫源的好办法。首先要销毁越冬场所不让害虫越冬;其次是当害虫已进入越冬期,可开展越冬期防治。

第二,越冬害虫开始活动后先集中在某些寄主上取食或繁殖,然后在侵入农田为害。消灭这类害虫除采用越冬防治外,要把它消灭在春季繁殖基地里。

第三,害虫是在农田内发生,但初期非常集中,且为害轻微。

2.恶化害虫营养和繁殖条件。害虫取食不同品种的植物,对于同种植物的不同生育时期或同一植株的不同部位,常常有较严格的选择。作物品种的形态结构不同可直接影响害虫取食、产卵和成活。

3.改变害虫与植物的物候关系。许多农作物害虫严重为害农作物时,对作物的生育期有一定的选择。改变物候关系,使得农作物容易遭受虫害的危险期与害虫发生期错开,从而降低损失。

4.环境因素的调控。

(1)切断食物链:害虫在不同季节、不同种类或不同生育时期的植物上展转为害,成为一个食物链。如果食物链的每一个环节配合的都很好,食物供应充足,害虫危害就发生猖獗。因此采取人为措施,使其食物链脱节,就会抑制害虫发生,这对单食性、寡食性和多食性害虫都有效。

(2)控制害虫蔓延:害虫危害能力与其迁移能力有关。迁移能力很强的害虫,在农田内蔓延为害不容易控制;迁移能力弱的害虫可以通过农田合理布局,间作、套种等措施可加以控制。

(二)作物轮作和间作

1.轮作对害虫的影响。合理轮作不仅可以保证作物生长健壮,提高抗病虫能力,而且还能因食物条件恶化和寄主减少使寄生性强、寄主植物种类单一和迁移能力弱的害虫大量死亡。实施轮作措施时,首先要考虑寄主范围;其次是作物轮作模式。

2.间作对害虫的影响。间作可以建立有利于天敌繁殖,不利于害虫发生的环境条件。

(1)干扰寻求寄主行为。

1)隐瞒:依靠其他重叠植物的存在,寄主植物可以受到保护而避免害虫的危害。

2)作物背景:具体害虫喜欢一定作物的特殊颜色或结构背景。如蚜虫、跳甲更易寻求裸露土壤背景上的甘蓝类作物,而对有杂草背景的甘蓝类作物反应迟钝。

3)隐蔽或淡化引诱刺激物:非寄主植物的存在能隐藏或淡化寄主植物的引诱刺激物,使害虫趋向寻找食物或繁殖过程遭到破坏。

4)驱虫化学刺激物:一定植物的香味能破坏害虫寻求寄主的行为。

(2)干扰种群发育和生存。

1)机械隔离:所有作物都可以封锁跨越多熟种植中害虫扩散行为,通过种植非寄主植物,进行作物抗性和感性栽培种的混合,可以限制害虫的扩散。

2)缺乏抑制刺激物:在农田、不同寄主和非寄主的存在下可以影响草食害虫的定植,如果草食害虫袭击非寄主植物,则要比袭击寄主植物更容易离开农田。

3)小气候影响:在同一间作系统中,将适宜的小气候条件四分五裂,使得害虫即使在适宜的小气候生境也难定植和停留。浓密冠层的遮荫,可影响一定害虫或增加有利于寄主真菌生长的相对湿度。

4)生物群落的影响:多作有利于促进多样化天敌的存在。

(三)诱集和驱避

1.害虫的诱集。

(1)灯光诱杀:昆虫易感受可见光的短波部分,对紫外光中的一部分特别敏感。灯光诱杀就是利用昆虫的这种感光性,设计制造各种能发出昆虫喜好光波的灯,配加一定的捕杀设施而达到诱杀或利用的目的。

(2)熏板的诱杀:许多昆虫具有趋黄性。

(3)趋化性诱杀:许多昆虫的成虫由于取食、交尾、产卵等原因,对一些挥发性的化学物质的刺激具有强烈的感受能力,表现出正趋性。在害虫防治上目前主要应用人工诱集剂、天然诱集剂、性激素和昆虫的嗜食植物等具有诱集作用的物质和不利于昆虫生长发育的拒避植物。

(4)性诱剂诱杀:用性诱剂防治害虫,一是诱捕;二是干扰交配或迷失防治。

(5)陷阱诱捕:适合于夜间在地面活动的害虫。将一定数量罐头盒或瓦罐埋入土中,罐口与地面平。罐内放入昆虫喜欢吃的食物,被食物引诱来的昆虫落入陷阱而不能逃生。

2.害虫的拒避。植物受害不完全是被动的,它可以利用自身的某些成分的变异性,对害虫产生自然抵抗,表现为杀死、忌避、拒食或抑制害虫正常生长发育。

二、害虫的防治

(一)生物防治

生物防治主要利用有益微生物及其产品进行病害防治。生物防治的作用原理有微生物的寄生、产生抗生物质、微生物之间的营养竞争几个方面。生物防治的范围广泛。施用有机肥料如秸秆、绿肥等都可以间接防治许多土壤传染的病害,其主要作用是促进土壤中腐生微生物的生长而抑制寄生物的沼动,以至于死亡。实行轮作或间作制度,作物的根系可以直接影响土壤微生物群落,也可以达到防病目的。在当前化学农药对环境的污染和农药残毒的严重威胁下,生物防治病害有着广阔前景。

1.天敌自然保护。天敌是一类重要的害虫控制因子,在农业生态系统中处于次级消费者的地位。在自然界中,天敌的种类十分丰富,它们在农业生态系统中,经常起着调节害虫种群的作用,是生态平衡的重要负反馈连锁。天敌昆虫以其食性不同,分为捕食性或寄生性天敌,其主要区别见表5-1。

表5-1　寄生昆虫和捕食昆虫的特征比较

寄生昆虫	捕食昆虫
在一头寄主上,可育成一头或更多个体成虫和幼虫食性不同,通常幼虫为食肉性。	每一捕食虫期,均需要多数猎物才能完成发育。成虫和幼虫常同为捕食性,甚至捕食同一猎物。
寄主被破坏一般较慢。	猎物被破坏较快。
与寄主关系比较密切,至少幼虫生长发育阶段在寄主体内或体外,不能离开寄主独立生活。	与猎物关系不密切,往往吃过就离开,都在猎物外活动。
成虫搜索寄主,主要为了产卵,一般不杀死寄主。	成虫、幼虫搜索猎物的目的就是为了取食。
限于一定的寄主范围,与寄主的生活史和生活习性依赖性强。	多为多食性种类,对某一种猎物的依赖程度低。
个体一般较寄主小。	个体一般较猎物大。
幼虫因无须寻找食物,足和眼都退化,形态上变化多。	除了捕捉及取食的特殊需要,形态上其他变化较少。

2.天敌保护方法。

第一,掌握害虫天敌的生活习性,避免在天敌的盛发期和敏感期施药。不同天敌对农药药剂的敏感期是有差别的,像蜘蛛、寄生蜂等天敌一般在蛹期抗药能力较强,施药时间应选择在盛蛹期,尽量避免在一些优势种的孵化期、数量激增期、羽化高峰期、幼虫化蛹期或初蛹期施药;蛙类应避开蝌蚪期和幼蛙期施药。

第二,营造环境创造害虫天敌栖息、迁移和越冬的环境条件,增加天敌的数量。天敌的数量因季节和作物的更替容易发生变化,因此应营造适于天敌生存、迁移、发展的生态环境,保护天敌。如作物布局时,应进行高矮秆作物套种间作,避免单一化;冬季为天敌提供草皮、土块、树枝等越冬场所;春季人工帮助天敌迁移到对象田里等。

第三,合理用药保护天敌适宜的农药品种能保护天敌,可选用一些内吸性、选择性或生物性农药对天敌伤害小;选择适当的农药剂型和施药方法,尽量避免药剂与天敌接触,如使用颗粒剂,改喷雾、喷粉为拌种、涂茎或土壤处理等;要适当减少用药量,对点片发生的有害生物可进行挑治,要放宽防治指标,能不用药的尽量不用药,充分发挥天敌的作用。

第四,综合防治对蔬菜病虫害应采取综合防治的方法,尽量保护天敌,如使用黄板诱杀蚜虫和白粉虱;在保护地使用节水栽培,加强通风,降低湿度,减少真菌病害。在使用农药时,使用低毒、低残留的农药。尽量使用天敌来杀灭害虫。

3.天敌的增殖。

(1)天敌自然增殖:植被多样化是增殖自然界天敌的基础,其目的是建立栽培有作物、有害生物和天敌的依存关系,建立动态平衡,达到自然控制的目的。植被多样化可以为天敌昆虫提供适宜的环境条件,天敌在一个舒适的生活条件下,使自身的种群得到最大限度的增长和繁衍;其次,植被多样化为天敌昆虫提供丰富的食物,因为不同的有机蔬菜植物有不同的害虫,不同害虫有不同天敌,多种多样的植物为天敌提供丰富的花粉、花蜜和动物性食物。菜园内种植一些蜜源植物,如油菜等,可以为食蚜蝇、寄生蝇和一些寄生蜂提供花蜜或花粉,有利于其卵巢发育并提高产卵量或寄生率。

(2)天敌招引。

1)天敌巢箱:利用招引箱,在瓢虫越冬前招引大量瓢虫入箱越冬,可保护瓢虫的安全越冬。

2)蜜源诱集:许多天敌昆虫需补充营养,在缺少捕食对象时,花粉和花蜜是过渡性食物。因此在田边适当种一些蜜源植物,能够诱引天敌,提高其寄生能力。

3)以害繁益:利用伴生植物上生长的害虫,为栽培作物上的天敌提供大量食物,使天敌与害虫同步发展,达到以害繁益、以益灭害的效果。

4)改善天敌的生存环境:利用伴生植物改变田间小气候,创造有利于天敌活动、不利于害虫发生的环境条件,也能起到防治害虫的作用。如白菜地间作玉米,能降低地表温度,提高相对湿度,可明显减少蚜虫发生。

(3)天敌诱集技术:天敌的保护、增殖技术对增加天敌的数量、调节益害比具有重要作用,但是,这些措施大部分局限在被动地利用天敌,以发挥天敌的自然调节作用为主。在自然界中,害虫的发生是从局部开始的,有时需要在害虫发生的初期将分散的天敌集中,集中力量消灭害虫。这就需要更具吸引力的物质或手段,主动或被动地迁移天敌。

喷洒人工合成的蜜露可以主动诱集天敌,经过多年的研究,已经证明了很多植食性昆虫的寄生性和捕食性天敌,是通过植食性昆虫的寄主植物某些理化特性(如植物外观,挥发性物质对它们的感觉刺激)来寻找它们的寄主和捕食对象的,如草蛉可被棉株所散发的丁子香烯所吸引,花蝽可被玉米穗丝所散发的气味所引诱而找到玉米螟和蚜虫。另外,植物的化学物质可帮助捕食性天敌寻找猎物,如色氨酸对普通草蛉的引诱作用,龟纹瓢虫对豆蚜的水和乙醇提取物也有明显的趋向。

(4)人工助迁天敌:菜园周围的路边或其他场所的杂草如小飞蓬、艾蒿等植物上因蚜虫发生量大,招引了大量天敌,如瓢虫、草蛉、小花蝽等。可以将这些天敌采集起来,置于容器内,然后再释放于菜园,以控制蚜虫等害虫。此外,若菜园缺乏某种天敌,特别是一些专性天敌,也可以从已发生天敌的菜园或其他地方转移入此菜园,如多种捕食介壳虫的瓢虫类。

(二)物理防治

通过物理方法,隔离害虫,切断害虫迁入途径,从而达到保护植物,防治害虫的目的。利用各种物理因素、人工或机械灭杀害虫的方法。物理防治的方法有人工机械捕杀,如发现小地老虎危害辣椒幼苗,可扒开被害株及邻株根际土壤进行捕杀。在我国北方,甜椒上蚜虫发生量大,通过在田间设置涂油黄板,诱杀蚜虫,效果颇佳;在温室内设置黄板,可防治温室白粉虱;在田间铺设银灰色薄膜,可起到避蚜作用。

(三)药物防治

1.天然植物源杀虫剂。

(1)植物源杀虫剂特点:一是植物源杀虫剂的杀虫有效成分为天然物质,而不是人工合成的化学物质,因此使用后容易分解为无毒物质,对环境无污染;二是植物源杀虫剂杀虫成分的多元化,使害虫较难产生抗药性;三是植物源农药有益于生物安全;四是有这些植物可以大量种植,且开发费用比较低。

(2)种类:我国已经发现有毒植物1万多种,研究的比较深入的有楝科、卫矛科、杜鹃花科、茄科、菊科等。

2.微生物源药物杀虫。

(1)种类:目前自然界中有1500种具有杀虫的活性物质。

(2)特点:昆虫病原经过传播扩散和再侵染,可使病原扩大到整个昆虫种群,在自然界中形成疾病的流行,而起到抑制种群的作用;昆虫病原必须对人类和脊椎动物安全,也不能损害蜜蜂、家蚕、柞蚕以及寄生性和捕食性昆虫,所以不是所有的昆虫病原都可以用作杀虫剂的;对害虫致病具有专一性;昆虫微生物杀虫剂具有专一、广谱、安全和高效性。

(3)微生物制剂:昆虫病原微生物依照病原的不同,可分为细菌、真菌、病毒和原生动物。其致病机理、杀虫范围各不相同。

(4)细菌:具有一定程度的广谱性,对鳞翅目、鞘翅目、直翅目、双翅目、膜翅目昆虫均有作用。特别是对鳞翅目幼虫具有短期、速效、高效的特点。一般口腔侵入,可喷雾、喷粉、灌心、颗粒剂、毒饵等。影响其效果的因素有菌剂的类别,表现在同一菌剂对不同害虫效果不同,不同变种菌剂对同一害虫效果不同;菌剂质量;环境条件,温度15~20度,高湿;使用技术。

（5）真菌：寄主广泛，杀虫谱广，白僵菌、绿僵菌对多种害虫有效；虫霉菌可侵染蚜虫和螨类。可喷雾、喷粉、拌种、土壤处理、涂刷茎秆或制成颗粒使用。真菌性杀虫剂，对人、畜无毒，对作物安全，但对蚕有毒害，侵染害虫时，需要温湿条件和使孢子萌发的足够水分。

（6）病毒：杀虫范围广，对害虫防治效果好且持久。病毒制剂大多采用喷雾的方法。

（7）线虫：可防治鞘翅目、鳞翅目、膜翅目、双翅目、同翅目和缨翅目害虫，主要用于土壤处理。

（8）微孢子虫：可防治多种农业害虫。用麦麸做成毒饵或直接超低量喷雾于植物上，对草原蝗虫和东亚飞蝗的防治取得显著效果。

3.矿物药物杀虫。

（1）矿物油乳剂：可防治果树害虫，商品药剂有蚧螨灵乳剂和机油乳剂，是由95%的机油和5%乳化剂加工而成的，对害虫的作用方式是触杀。作用机理：一是物理窒息。机油乳剂能在虫体上形成油膜，封闭气孔，使害虫窒息死亡；或由毛细管作用进入气孔而杀死害虫。对于病菌，机油乳剂也可以窒息病原菌或防治孢子的萌发从而达到防治目的；二是减少害虫产卵和取食。机油乳剂能够改变害虫寻找寄主的能力，机油乳剂形成油膜，封闭了这些感触器，阻碍了害虫的辨别能力，从而明显降低产卵和取食。机油乳剂同时也在叶面上形成油膜，能阻止害虫感触器与寄主植物直接接触，从而使害虫无法辨别其是否合适取食与产卵。害虫在与叶面上的油膜接触之后，多数在取食和产卵之前离开寄主植物。

（2）无机硫制剂：硫黄为黄色固体或粉末，是国内外使用最大的杀菌剂之一，也可以用于粉虱、叶螨的防治。具有资源丰富、价格便宜、药效可靠不产生抗药性、毒性很低，使用安全等特点。对哺乳动物无毒，对水生生物低毒，对蜜蜂无毒。

（3）硫悬浮剂：由有效成分为50%的硫黄粉与湿润剂、分散剂增黏剂、稳定剂、防冻剂、防腐剂和消泡剂混合研磨而成。外观为白色或灰白色黏稠流动性浓悬浊液，能与任何比例的水混合，均匀分散成悬浊液。本剂是非选择性药剂，能防治多种果树的白粉病，叶螨、锈螨、瘿螨,连续长期使用,不易产生抗性。使用方便,黏性好,价格便宜,不污染作物。

(4)晶体石硫合剂:用硫黄、石灰和水与金属触媒在高温高压下加工而成的,使用方便,对植物安全。无机杀菌剂和杀螨、杀虫剂,可用于防治柑橘、荔枝、番木瓜、阳桃、杧果、苹果、梨、桃、柿子、葡萄等多种常绿、落叶果树的叶螨、瘿螨、蚧虫和真菌病害,病虫不易产生抗药性,不破坏生态平衡。

(5)石硫合剂:是用生石灰和硫黄粉为原料加水熬制而成的红褐色透明液体,有臭鸡蛋味,呈强碱性。

第三节 杂草的控制

一、概述

(一)定义

杂草是生长在人类干扰环境下并影响人类的生产与生活的非栽培植物或植被。广义的杂草定义则是指生长在对人类活动不利或有害于生产场地的一切植物。主要为草本植物,也包括部分小灌木、蕨类及藻类。全球经定名的植物有三十余万种,认定为杂草的植物约八千余种;在我国书刊中可查出的植物名称有36000多种,认定为杂草的植物有119科1200多种。除可按植物学方法分类外还可按其对水分的适应性分为水生、沼生、湿生和旱生,按化学防除的需要分为禾草、莎草和阔叶草,此外还可根据杂草的营养类型、生长习性和繁殖方式等进行分类。其生物学特性表现为:传播方式多,繁殖与再生力强,生活周期一般都比作物短,成熟的种子随熟随落,抗逆性强,光合作用效益高等。农田杂草的主要为害为:与作物争夺养料、水分、阳光和空间,妨碍田间通风透光,增加局部气候温度,有些则是病虫中间寄主,促进病虫害发生;寄生性杂草直接从作物体内吸收养分,从而降低作物的产量和品质。此外,有的杂草的种子或花粉含有毒素,能使人畜

197

中毒。

杂草这个概念是相对的。比如蒲公英，当它生长在花盆里时就不是杂草；但是生长在野外时，它就变成了杂草。

（二）特点

1.种类繁多，生态适应幅宽。人们栽培、管理或利用的草种数量是很有限的，相对于目标草种而言，杂草种类极其繁多。不同种类杂草的生态适应性存在较大差异，各种生境皆有相应种类的杂草与之相适应，因此，杂草的生态适应幅很宽。

2.繁殖能力差别很大，部分杂草繁殖能力极强。大多数一年生杂草都用种子繁殖，但也有不少杂草，尤其是多年生杂草，除了用种子繁殖外也能用营养器官繁殖，如匍匐茎、根茎、根甚至叶等。不同种类杂草的繁殖能力差别很大，部分杂草的繁殖能力极其强大。以种子产量为例，一般情况下每株野燕麦可产种子300粒，绿狗尾草6000粒，苣荬菜3万粒，马齿苋20万粒，画眉草90万粒，艾蒿则高达240万粒。

3.种子寿命差异很大，部分杂草种子寿命极长。种子寿命的长短差异非常大，短寿命种子只能存活几周，长寿命种子可存活数十年直至数千年。

4.种子大多具有休眠性，部分杂草休眠期极长。为了抵御不良环境，使种得以延续，在长期的自然选择下，杂草大多形成了种子休眠的特性。休眠期长短不一，短的仅几周，长的可达数十年直至数千年。

5.传播途径多样。杂草的繁殖体可通过多种途径进行传播，尤其是种子，传播方式更是多样。有的种子成熟后直接掉在土中，如荠菜、灰菜等；有的种子随目标草种收获带出田间，又随草种调运传到远方；有的种子具有冠毛，可被风吹到远处，如蒲公英、刺儿菜等；有的种子及根茎等能随着灌溉水、河水漂向远方，如稗草、水莎草、眼子菜等；有的种子具有钩刺或芒状冠花，易附着于人的衣裳、动物的皮毛传播到远处，如鬼针草、苍耳等；有的种子被动物采食，虽经动物肠胃却活力依然，可经动物粪便散布各处；许多种子和营养繁殖器官亦可被播种、耕作及收获机械带走，传到各地。

二、杂草与栽培作物的关系

(一)干扰作用

1.竞争作用(competition)。所谓竞争作用是指生活在一起的两个或两个以上的有机体,为获得足够的食物、空间或其他生存条件而发生的一种相互排斥的关系。

2.他感作用(allelopathy)。由生物体通过根、茎、叶分泌、分解、淋溶或挥发到体外的化学物质对别种或本种生物其他个体发生抑制或促进生长发育的现象。这种分泌物叫他感作用物质。

据统计,目前已发现有近100种农田杂草对左右具有他感作用(表5-2)。

表5-2 杂草分泌他感作用物质对作物的抑制或促进作用

杂草名称	抑制作物	他感物质	分泌部位
假高粱	小麦、番茄、萝卜	蜀黍苷、香草醛、4-羟苯酸	茎、叶
葡萄冰草	小麦、燕麦、豆类	对羟基苯甲酸、香草酸、糖苷、麦黄酮	根系、根状茎
三叶鬼针草	莴苣、菜豆、玉米、高粱		根系
曼陀罗	向日葵	天仙子胺	种子、叶片水提取液
大狗尾草	火炬松种子	邻羟苯乙酸、香草酸、丁香酸、香豆酸、咖啡酸、龙胆酸	水提取液
美洲苋	阻止葱、胡萝卜的物质积累	3-戊酮、2-戊醇、3-甲基-1-丁醇、1-已醇、乙醛	残体
矢车菊属	莴苣	矢车菊半萜	
杂草			

(二)对矿质营养的竞争

栽培植物与杂草在生长发育规律及矿质营养的需求特点上十分相似,因此,当杂草与栽培植物混合在生长在土壤肥力较低的土壤中时,两者就会不可避免地对矿物质发生竞争。因为多数杂草是C4植物,多数栽培植物的C3植物,故在矿质营养竞争作用上,杂草有较大的优势。农田杂草一般还比栽培植物对矿质营养吸收速度快,吸收量大。杂草的这一本能使得其生长能够很快使环境中的矿质营养迅速枯竭,从而导致栽培植物因营养不良而显著受害。

(三)对水分的竞争

在土壤水分不太充足时,杂草的伴生将显著降低土壤湿度,从而减少水分对栽培植物供应水平。杂草对水分的竞争通常只发生在杂草的生态经济危害阈值的终期以后。杂草对栽培植物水分利用的干扰作用也有有益的一面,即当田间出现淹涝时,杂草的生长能加速土壤的排涝进程,从而使栽培植物尽快免受涝害;坡地上杂草的生长,则能明显减轻和防止雨水径流,提高土壤的雨水接纳能力,增加土壤湿度,从而改善了栽培植物的水分供应状况。

栽培植物对杂草矿质营养和水分的竞争不是被动的,而是有一定的忍受能力和防御能力。由于长期适应的结果,作物对因杂草矿质营养及水分的竞争引起的水分和营养亏缺,多有一定的自我补偿、忍耐和防御能力。最典型的例子就是植物出现养分亏缺时,对缺乏的那些营养元素的吸收率便会成倍增加。大部分双子叶植物及禾本科以外的单子叶植物缺铁时,便会诱导其产生一系列提高对铁的吸收率的适应反应。缺铁时,这些植物体内首先会向外分泌出大量的氢离子来酸化土壤,使土壤中的难溶态的铁活化;分泌柠檬酸、草酸、咖啡酸等有机酸,增加对铁的有效性和供应水平;诱导植物根系质膜上氧化还原酶的活性,从而提高作物根系对铁离子的还原能力,提高这些作物对土壤中难溶性铁的吸收能力。

栽培植物忍耐和防御杂草矿质营养竞争的危害的另一个例子就是豆科植物在杂草的竞争作用下根瘤菌数量和固氮速率显著提高。

(四)对光的竞争

杂草与栽培植物间对光的竞争,实际上是其叶片间的竞争,因而根深叶茂,生长势强,植株高或具缠绕茎的杂草或栽培植物,一般具有较强的光竞争能力。

栽培植物对杂草光的竞争也有一定的耐受和防御能力,主要是通过较低的光饱和点来实现的。作物对杂草的荫蔽作用一般都有防御作用,不会因杂草的轻度荫蔽而减产。主要是通过其较早的出苗,迅速的生长和荫蔽地表,从而抑制杂草的萌发与生长来实现的。一般情况下,当作物比杂草早出苗在全生长期的40%以上时,便可基本防止杂草出苗,即便有部分出苗,它们也不会对作物构成光的竞争。

三、杂草防治方法

(一)植物检疫

即对国际和国内各地区间所调运的作物种子和苗木等进行检查和处理,防止新的外来杂草远距离传播。这是一种预防性措施,对近距离的交互携带传播无效,须辅以作物种子净选去杂、农具和沟渠清理以及施用腐熟粪肥等措施,以减少田间杂草发生的基数。

(二)人工除草

人工除草是最传统、最实用的方法。其主要包括手工拔草和使用简单农具除草。耗力多、工效低,不能大面积及时防除。现都是在采用其他措施除草后,作为去除局部残存杂草的辅助手段。

(三)物理除草与化学除草

1.物理除草。利用水、光、热等物理因子除草。如用火燎法进行垦荒除草,用水淹法防除旱生杂草,用深色塑料薄膜覆盖土表遮光,以提高温度除草等。

2.化学除草。即用除草剂除去杂草而不伤害作物。化学除草的这一选择性,是根据除草剂对作物和杂草之间植株高矮和根系深浅不同所形成的"位差"、种子萌发先后和生育期不同所形成的"时差"、以及植株组织结构和生长形态上的差异、不同种类植物之间抗药性的差异等特性而实现的。此外,环境条件、药量和剂型、施药方法和施药时期等也都对选择性有所影响。20世纪70年代出现的安全剂,用以拌种或与除草剂混合使用,可保护作物免受药害,扩大了除草剂的选择性和使用面。由种子萌发的一年生杂草,一般采用持效期长的土壤处理剂,在杂草大量萌发之前施药于土表,将杂草杀死于萌芽期。防除根状茎萌发的多年生杂草,则采用输导作用强的选择性除草剂,在杂草营养生长后期进行叶面喷施,使药剂向下传导至根茎系统,从而更好地发挥药效。化学除草具有高效、及时、省工、经济等特点,适应现代农业生产作业,还有利于促进免耕法和少耕法的应用、水稻直播栽培的实现以及密植程度与复种指数的合理提高等。但大量使用化学物质对生态环境可导致长远的不利影响。这就要求除草剂的品种和剂型向低剂量、低残留的方向发展,同时力求与其他措施有机地配合,进行综合防除,以减少施药次数与用药量。

(四)栽培措施

1.作物的空间排列。缩小行距抑制杂草的生长。

2.作物播种量。一年生禾谷类作物高播量可控制杂草。

3.播种期。当作物发芽与杂草第一次萌发的出现期相吻合时,形成了杂草与作物的强烈互作,应推迟播种期,以便在杂草第一次萌发后就能除掉,这样可减少60%的杂草。

4.作物轮作。轮作可以影响特殊杂草种群,收获甜菜后种植豆科作物,比种大麦或玉米留在土壤中杂草种子少。

5.作物间作。间作能抑制杂草,提高作物的竞争能力。

6.覆盖作物。种植一定的秋季作物能大大减少下一个生长季杂草种群的数量和生物量。

7.地面覆盖。一定的植物残茬对杂草会产生一定的控制效果。

(五)生物防治

目前世界上已经开发出300多种生物防治制剂,使多种杂草得到了有效的控制。生物除草主要是利用昆虫、禽畜、病原微生物和竞争力强的置换植物及其代谢产物防除杂草。如在稻田中养鱼、鸭防除杂草,20世纪60年代中国利用真菌作为生物除草剂防除大豆菟丝子,澳大利亚利用昆虫斑螟控制仙人掌的蔓延等。生物除草不产生环境污染、成效稳定持久,但对环境条件要求严格,研究难度较大,见效慢。

1.以虫治草。采用以虫治草时,所用的昆虫必须满足以下四个条件:①寄主专一性强,只伤害靶标杂草,对非靶标作物安全;②生态适应性强,能够适应引入地区的多种不良环境条件;③繁殖力高,释放后种群自然增长速度快;④对杂草防治效果好,可很快将杂草的群体控制在其生态经济危害水平上。

2.以菌治草。农业生态系统中,作为植物,杂草和作物一样,也常常会受到病原微生物的侵害染病而死亡。以菌治草就是利用真菌、细菌、放线菌和病毒等病员微生物或其代谢产物来防治和控制杂草。目前世界范围内以菌治草取得成功的例子用的大多是当地发现的真菌类,但随着生物防治水平的提高,细菌和病毒在杂草生物防治中也将发挥一定的作用。

3.以草食动物治草。在以草食动物治草的最成功例子是以鱼治草。许多牛、羊、鹅等具有偏食性,他们往往只爱取食某种或某类植物,利用动物这一特点来防治农田杂草。

4.植物防治杂草。自然界中,植物间存在着相生相克的关系,许多植物可通过其强大的竞争作用或通过向环境中释放某些具有杀草作用的他感作用物来遏止杂草的生长。

(六)生态除草

采用农业或其他措施,在较大面积范围内创造一个有利于作物生长而不利于杂草繁生的生态环境。如实行水旱轮作制度,对许多不耐水淹或不耐干旱的杂草都有良好的控制作用。在经常耕作的农田中,多年生杂草不易繁衍;在免耕农田或耕作较少的茶、桑、果、橡胶园中,多年生杂草蔓延较快,一年生杂草则减少。合理密植与间作、套种,可充分利用光能和空间结构,促进作物群体生长优势,从而控制杂草发生数量与为害程度。

(七)综合防除

农田生态受自然和耕作的双重影响,杂草的类群和发生动态各异,单一的除草措施往往不易获得较好的防除效果;同时,各种防除杂草的方法也各有优缺点。综合防除就是因地制宜地综合运用各种措施的互补与协调作用,达到高效而稳定的防除目的。如以化学防除措施控制作物前期的杂草,结合栽培管理促成作物生长优势,可抑制作物生育中、后期发生的杂草;在茶、桑、果园及橡胶园中,用输导型除草剂防除多年生杂草,结合种植绿肥覆盖地表可抑制杂草继续发生等。20世纪70年代起,一些国家以生态学为基础,对病、虫、杂草等有害生物进行综合治理,研究探索在一定耕作制条件下,各类杂草的发生情况和造成经济损失的阈值,并将各种除草措施因地因时有机结合,创造合理的农业生态体系,有可能使杂草的发生量和危害程度控制在最低的限值内,保证作物持续高产。

第四节 有机农业生产中农药应用

一、农药范畴

农药是指农业上用于防治病虫害及调节植物生长的化学药剂。广泛用于农林牧业生产、环境和家庭卫生除害防疫、工业品防霉与防蛀等。农药广义的定义是指用于预防、消灭或者控制危害农业、林业的病、虫、草和其他有害生物以及有目的地调节、控制、影响植物和有害生物代谢、生长、发育、繁殖过程的化学合成或者来源于生物、其他天然产物及应用生物技术产生的一种物质或者几种物质的混合物及其制剂。狭义上是指在农业生产中,为保障、促进植物和农作物的成长,所施用的杀虫、杀菌、杀灭有害动物(或杂草)的一类药物统称。特指在农业上用于防治病虫以及调节植物生长、除草等药剂。下面介绍一下生物农药。

(一)生物农药基本概念

生物农药是指利用生物活体或其代谢产物对害虫、病菌、杂草、线虫、鼠类等有害生物进行防治的一类农药制剂,或者是通过仿生合成具有特异作用的农药制剂。关于生物农药的范畴,国内外尚无十分准确统一的界定。按照联合国粮农组织的标准,生物农药一般是天然化合物或遗传基因修饰剂,主要包括生物化学农药(信息素、激素、植物调节剂、昆虫生长调节剂)和微生物农药(真菌、细菌、昆虫病毒、原生动物,或经遗传改造的微生物)两个部分,农用抗生素制剂不包括在内。我国生物农药按照其成分和来源可分为微生物活体农药、微生物代谢产物农药、植物源农药、动物源农药四个部分。按照防治对象可分为杀虫剂、杀菌剂、除草剂、杀螨剂、杀鼠剂、植物生长调节剂等。就其利用对象而言,生物农药一般分为直接利用生物活体和利用源于生物的生理活性物质两大类,前者包括细菌、真菌、线虫、病毒及拮抗微生物等,后者包括农用抗生素、植物生长调节剂、性信息素、摄食抑制剂、保幼激素和源于植物的生理活性物质等。但是,在我国农业生产实际应用中,生物农药一般主要泛指可以进行大规模工业化生产的微生物源农药。

生物农药在有机农业使用的整合害虫管理系统(IPM)中扮演重要的角色。专家研究认为生物农药的发展有以下几个原因:农药造成的环境污染,其目标族群逐渐养成的抗药性,以及农药对于非目标族群的负面影响。过去三十年来,化学家、生化学家、毒理学家以及 IPM 专家一起研究从植物衍生的新一代化合物,具有管理害虫的效力和最低程度的环境不良影响。第一代的生物农药包含尼古丁、生物碱、鱼藤酮类、除虫菊类和一些植物油等,在人类历史上已有相当的使用时间。在1690年,烟草的水溶性成分就用于对抗谷类的害虫。除虫菊也是常见的蚊香的主要成分。生物农药的市场占有率仍然相当有限,在1995年,生物农药占世界农药总销售量的1.3%。许多因素限制了生物农药的成长:生物农药通常不具广效性,和化学农药相比效果较为缓慢,有效期限较短而成本较高。然而,相对于化学农药在许多国家的市场需求停滞不前或减退,生物农药具有良好的发展前景。在未来数年内,化学农药的预估市场成长率约为2%,生物农药则为10%~15%。日益成长的有机农业,使得生物农药的需求逐渐上扬;另一方面,生物农药也应该像化学农药一样,接受其对健康,食物,生态系统和环境安全的审慎评估。生物农药是天然存在的或者经过基因修饰的药剂,与常规农药的区别在于其独特的作用方式、低使用剂量和靶标种类的专一性。随着科学技术的迅速发展,生物农药的范畴不断扩大,涉及动物、植物、微生物中的许多种类及多种与生物有关的具有农药功能的物质,如植物源物质、转基因抗有害生物作物、天然产物的仿生合成或修饰合成化合物、人工繁育的有害生物的拮抗生物、信息素等。

生物农药的三大类型:①植物源农药凭借在自然环境中易降解、

无公害的优势,现已成为绿色生物农药首选之一,主要包括植物源杀虫剂、植物源杀菌剂、植物源除草剂及植物光活化霉毒等。自然界已发现的具有农药活性的植物源杀虫剂有博落回杀虫杀菌系列、除虫菊素、烟碱和鱼藤酮等;②动物源农药主要包括动物毒素,如蜘蛛毒素、黄蜂毒素、沙蚕毒素等。昆虫病毒杀虫剂在美国、英国、法国、俄罗斯、日本及印度等国已大量施用,国际上已经有40多种昆虫病毒杀虫剂注册、生产和应用;③微生物源农药是利用微生物或其代谢物作为防治农业有害物质的生物制剂。其中,苏云金菌属于芽杆菌类,是目前世界上用途最广、开发时间最长、产量最大、应用最成功的生物杀虫剂;昆虫病源真菌属于真菌类农药,对防治松毛虫和水稻黑尾叶病有特效;根据真菌农药沙蚕素的化学结构衍生合成的杀虫剂巴丹或杀暝丹等品种,已大量用于实际生产中。

(二)生物农药的发展

我国是最早应用杀虫剂、杀菌剂防治植物病虫害的国家之一,早在1800年前就已应用了汞剂、砷剂和藜芦等。直到20世纪40年代初,植物性农药和无机农药仍是防治病害虫的有利武器。20世纪40年代发明有机化学农药之后,极大地增强了人类控制病虫危害的能力,为我们挽回农作物产量损失做出了重大的贡献。但是,长期依赖和大量使用有机合成化学农药,已经带来了众所周知的环境污染、生态平衡破坏和食品安全等一系列问题,对推动农业经济实现持续发展带来许多不利的影响。

生物农药的出现和发展是和生物防治研究的发展及化学农药的使用分不开的,经历了曲折的过程。Agostino Bassi 于1853年首次报道由白僵菌引起的家蚕传染性病害"白僵病",证实了该寄生菌在家蚕幼虫体内能生长发育,采用接种及接触或污染饲料的方法可传播发病;俄国的梅契尼可夫于1879年应用绿僵菌防治小麦金龟子幼虫;1901年日本人石渡从家蚕中分离出一种致病芽孢杆菌——苏云金芽孢杆菌;1926年,G.B.Fanford 使用拮抗体防治马铃薯疮痂病。这些都是生物农药早期的研究基础,当时并未形成产品。化学农药发展到20世纪60年代,"农药公害"问题日趋严重,在国际上引起了震动,使农药**发展发**生了转折,引出了生物农药。1972年,我国规定了新农药的发展方向:发展低毒高效的化学农药,逐步发展生物农药。20世纪70—80年代,我国生物农药的发展呈现出蓬勃发展的景象。但是,由于化学农药高效快速,人们仍寄希望于化学农药防治病虫害,对生物农药的研制和应用曾一度漠视忽略。进入20世纪90年代,随着科学技术不断发展进步,减少使用化学农药,保护人类生存环境的呼声日益高涨,研究开发利用生物农药防治农作物病虫害,发展成为国内外植物保护科学工作者的重要研究课题之一。生物农药具有安全、有效、无污染等特点,与保护生态环境和社会协调发展的要求相吻合。因此,我国生物农药的研究开发也开始呈现出新的局面,已发展成为具有几十个品种、几百个生产厂家的队伍。生物农药在病虫害综合防治中的地位和作用显得愈来愈重要。

我国现有260多家生物农药生产企业,约占全国农药生产企业的10%,生物农药制剂年产量近13万吨;年产值约30亿元人民币,分别约占整个农药总产量和总产值的9%左右。在技术水平方面,我国已经掌握了许多生物农药的关键技术与产品研制的技术路线,在研发水平上与世界水平相当,人造赤眼蜂技术、虫生其菌的工业化生产技术和应用技术、捕食螨商品化、植物线虫的生防制剂等某些领域国际领先。

(三)生物农药的分类

1.微生物农药。微生物农药的使用要点,一是掌握温度;二是把握湿度;三是避免强光;四是避免雨水冲刷。另外病毒类微生物农药专一性强,一般只对一种害虫起作用,使用前要先调查田间虫害发生情况,根据虫害发生情况合理安排防治时期,适时用药。

2.植物源农药。使用植物源农药,应当注意:一是预防为主。植物源农药与化学农药对于农作物病虫害的防治表现,与人类服用中药与西药后的表现相似。发现病虫害及时用药,不要等病虫害大发生时才治。植物源农药药效一般比化学农药慢,用药后病虫害不会立即见效,施药时间应较化学农药提前2-3天,而且一般用后2-3天才能观察到其防效;二是与其他手段配合使用。病虫害危害严重时,应当首先使用化学农药尽快降低病虫害的数量、控制蔓延趋势,再配合使用植物源农药,实行综合治理;三是避免雨天施药。植物源农药不耐雨水冲刷,施药后遇雨应当补施。

3.矿物源农药。目前常用的矿物源农药为矿物油、硫磺等。使用时,一是混匀后再喷施。采用二次稀释法稀释,施药期间保持振摇施药器械,确保药液始终均匀;二是喷雾均匀周到。确保作物和害虫完全着药,以保证效果;三是不要随意与其他农药混用。以免破坏乳化性能,影响药效,甚至产生药害。

4.生物化学农药。生物化学农药是通过调节或干扰植物(或害虫)的行为,达到施药目的。性诱剂不能直接杀灭害虫,主要作用是诱杀(捕)和干扰害虫正常交配,以降低害虫种群密度,控制虫害过快繁殖。因此,不能完全依赖性引诱剂,一般应与其他化学防治方法相结合。一般应与其他化学防治方法相结合:一要开包后应尽快使用;二要避免污染诱芯;三要合理安放诱捕器;四要按规定时间及时更换诱芯;五要防止危害益虫。植物生长调节剂:一要选准品种适时使用;二要掌握使用浓度;三要药液随用随配以免失效;四要均匀使用;五不能以药代肥。

5.蛋白类、寡聚糖类农药。该类农药为植物诱抗剂,本身对病菌无杀灭作用,但能够诱导植物自身对外来有害生物侵害产生反应,提高免疫力,产生抗病性。使用时需注意几点:①应在病害发生前或发生初期使用。病害已经较重时应选择治疗性杀菌剂对症防治;②药液现用现配,不能长时间储存;③无内吸性,注意喷雾均匀。

6.天敌生物。目前应用较多的是赤眼蜂和平腹小蜂。提倡大面积连年放蜂,面积越大防效越好,放蜂年头越多,效果越好。使用时需注意几点:①合理存放。拿到蜂卡后要在当日上午放出,不能久储。如果遇到极端天气,不能当天放蜂,蜂卡应分散存放于阴凉通风处,不能和化学农药混放;②准确掌握放蜂时间。最好结合虫情预测预报,使放蜂时间与害虫产卵时间相吻合;③与化学农药分时施用。放蜂前5天、放蜂后20天内不要使用化学农药。

7.抗生素类农药。多数抗生素类杀菌剂不易稳定,不能长时间储存。药液要现配现用,不能储存。某些抗生素农药不能与碱性农药混用,农作物撒施石灰和草木灰前后,也不能喷施。

(四)转基因

棉铃虫是我省较常见的棉花害虫之一,但过多使用化学农药又会造成环境污染。中科院武汉病毒所专家巧妙地提取非洲毒蝎子身上的毒素,利用基因重组技术,制成了生物农药——"重组抗棉铃虫病毒",可使棉铃虫的死亡时间缩短至2天以内。据中科院武汉病毒所生物防治研究室研究员孙修炼介绍,"重组抗棉铃虫病毒"属于转基因病毒。早在这种转基因病毒诞生前,他就曾研制出一种相当于初级的转基因抗棉铃虫病毒,但使用了该病毒后,棉铃虫的死亡时间较长:约需3～5天,其间棉铃虫仍会对棉花产生一定危害。

2004年,孙修炼将非洲毒蝎子身上特有的毒素——蝎毒的基因提取后,重组到抗棉铃虫病毒中,研制出了超强生物农药——"重组抗棉铃虫病毒"。这种重组后的转基因病毒喷到棉铃虫身上后,虫子就像被麻醉了一样,立即从棉树上跌落,不出2天就会死亡。

在研制出这一生物农药后,专家们又花了4年时间,经过实验室、5亩以下的中间实验地和45亩以下半封闭实验地进行环境释放实验等,证实"重组抗棉铃虫病毒"对于棉铃虫的天敌、环境以及水体等均是安全的,同时还研究出了一套针对转基因病毒的安全性评估的技术指南。目前,这项研究获得国家环保局环境保护科学技术的一等奖。

(五)优点

生物农药与化学农药相比,其有效成分来源,工业化生产途径,产品的杀虫防病机理和作用方式等诸多方面,有着许多本质的区别。生物农药更适合于扩大在未来有害生物综合治理策略中的应用比重。概括起来生物农药主要具有以下几方面的优点。

1.选择性强,对人畜安全。市场开发并大范围应用成功的生物农药产品,它们只对病虫害有作用,一般对人、畜及各种有益生物(包括动物天敌、昆虫天敌、蜜蜂、传粉昆虫及鱼、虾等水生生物)比较安全,对非靶标生物的影响也比较小。

2.对生态环境影响小。生物农药控制有害生物的作用,主要是利用某些特殊微生物或微生物的代谢产物所具有的杀虫、防病、促生功能。其有效活性成分完全存在和来源于自然生态系统,它的最大特点是极易被日光、植物或各种土壤微生物分解,是一种来于自然,归于自然正常的物质循环方式。因此,可以认为它们对自然生态环境安全、无污染。

3.诱发害虫患病。一些生物农药品种(昆虫病原真菌、昆虫病毒、昆虫微孢子虫、昆虫病原线虫等),具有在害虫群体中的水平或经卵垂直传播能力,在野外一定的条件之下,具有定殖、扩散和发展流行的能力。不但可以对当年当代的有害生物发挥控制作用,而且对后代或者翌年的有害生物种群起到一定的抑制,具有明显的后效作用。

4.可利用农副产品生产加工。目前国内生产加工生物农药,一般主要利用天然可再生资源(如农副产品的玉米、豆饼、鱼粉、麦麸或某些植物体等),原材料的来源十分广泛、生产成本比较低廉。因此,生产生物农药一般不会产生与利用不可再生资源(如石油、煤、天然气等)生产化工合成产品争夺原材料。

(六)注意事项

生物农药既不污染环境、不毒害人畜、不伤害天敌,更不会诱发抗药性的产生,是目前大力推广的高效、低毒、低残留的"无公害"农药。但是,使用生物农药必须注意温度、湿度、太阳光和雨水等四大气候因素。

第一,掌握温度,及时喷施,提高防治效果。生物农药的活性成分主要由蛋白质晶体和有生命的芽孢组成,对温度要求较高。因此,生物农药使用时,务必将温度控制在20℃以上。一旦低于最佳温度喷施生物农药,芽孢在害虫机体内的繁殖速度十分缓慢,而且蛋白质晶体也很难发挥其作用,往往难以达到最佳防治效果。试验证明,在20~30℃条件下,生物农药防治效果比在10~15℃间高出1~2倍。为此,务必掌握最佳温度,确保喷施生物农药防治效果。

第二,把握湿度,选时喷施,保证防治质量。生物农药对湿度的要求极为敏感。农田环境湿度越大,药效越明显,特别是粉状生物农药更是如此。因此,在喷施细菌粉剂时务必牢牢抓住早晚露水未干的时候,在蔬菜、瓜果等食用农产品上使用时,务必使便药剂能很好地粘附在茎叶上,使芽孢快速繁殖,害虫只要一食到叶子,立即产生药效,起到很好的防治效果。

第三,避免强光,增强芽孢活力,充分发挥药效。太阳光中的紫外线对芽孢有着致命的杀伤作用。科学实验证明,在太阳直接照射30分钟和60分钟,芽孢死亡率竟会达到50%和80%以上,而且紫外线的辐射对伴孢晶体还能产生变形降效作用。因此,避免强的太阳光,增强芽孢活力,发挥芽孢治虫效果。

第四,避免暴雨冲刷,适时用药,确保杀灭害虫。芽孢最怕暴雨冲刷,暴雨会将在蔬菜、瓜果等作物上喷施的菌液冲刷掉,影响对害虫的杀伤力。如果喷施后遇到小雨,则有利芽孢的发芽,害虫食后将加速其死亡,可提高防效。为此,要求各地农技人员指导农民使用生物农药时,要根据当地天气预报,适时用好生物农药,严禁在暴雨期间用药,确保其杀虫效果。

(七)使用技术

生物农药整发展迅速,在未来的几年内,生物农药有很大优势。生物农药的不可替代的使用价值以及巨大的潜力主要包括以下四个方面。

第一,生物农药有着传统农药不可比拟的作用,传统农药用得过多,许多害虫产生了抗药性,害虫抗药性越来越强,对于常规农药很难把害虫杀死。而生物农药的特性是指药剂的适用范围、作用途径、成效成份和作用机理等等,例如苏利菌、菌杀敌、敌宝等,它们的有效成分都是苏云金杆菌,应用范围都是对鳞翅目幼虫有毒杀作用,对蚜类、螨类、蚧类害虫无效;作用途径均是胃毒杀;作用机理是死亡后的虫体还可感染其他未接触过农药的同类害虫。

第二,生物农药还可以和生物杀虫剂的混配,生物杀菌剂的混配使用,化学杀虫剂大多数呈现酸性,生理中性,对细菌、真菌没有抑杀作用和中合反应,因此可以充分混配。生物杀菌剂可以和多数化学药剂、生物药剂混配,但不可与碱性药物混配,只有少数药种不可与酸性药剂混配,如木霉菌类药剂可以与多数生物杀虫剂和化学杀虫剂同时混用。

第三,生物农药特点低毒、无残留、作用迟缓、持效期长为主要特征。对人、动物,以及植物无害。也不会对环境造成污染。

第四,生物药种的使用条件和事项使用生物农药,提倡用两种或两种以上药物配合使用,预防期和持续用药情况下完全可以单独使用一个药种,但在病虫害高发期不宜单独使用。用药前应把施药器具清洗干净方可配制和使用,施药时应尽量避免强光高温才不至影响作用效果。

二、使用要求

1.中等毒性以下植物源杀虫剂杀菌剂、增效剂。如除虫菊素、鱼藤根、烟草水、大蒜素、苦楝、川楝、印楝芝麻素等;

2.释放寄生性捕食天敌动物。如寄生蜂、捕食螨、蜘蛛及昆虫病原线等;

3.害虫捕捉器中使用昆虫信息素及植物源引诱剂;

4.使用矿物油和植物油制剂;

5.使用矿物源农药中的硫制剂、铜制剂;

6.经专门机构批准,允许有限度地使用活体微生物农药,如真菌制抗霉剂、细菌制剂等;

7.经专门机构核准,允许有限度地使用抗生素,如春雷霉素,多抗霉素等;

8.禁止使用有机合成的化学杀虫剂、杀螨剂、杀线虫剂、除草植物生长调节剂;

9.禁止使用生物源、矿物源农药中混配有机合成农药的各种制剂。

三、农药品种介绍

(一)苏云金杆菌

1.作用特点。苏云金杆菌简称B.T.(一般书写为Bt),是包括许多变种的一类产晶体芽孢杆菌。可用于防治直翅目、鞘翅目、双翅目、膜翅目,特别是鳞翅目的多种害虫。苏云金杆菌可产生两大类毒素:内毒素(即伴孢晶体)和外毒素(a、β和γ外毒素)。伴孢晶体是主要的毒素。昆虫的碱性中肠中,可使肠道在几分钟内麻痹,昆虫停止取食,并很快破坏肠道内膜,造成细菌的营养细胞易于侵袭和穿透肠道底膜进入血淋巴,最后因饥饿和败血症而死亡。外毒素作用缓慢,而在脱皮和变态时作用明显,这两个时期正是RNA合成的高峰期,外毒素能抑制依赖于DNA的RNA聚合酶。

2.使用方法。根据防治对象和条件,苏云金杆菌制剂可用于叶面喷雾、喷粉、灌心,制成颗粒齐或毒饵等,也可进行大面积飞机喷洒。也可与低剂量的化学杀虫剂混用以提高防治效果。

(1)森林害虫的防治:防治松毛虫,将菌粉对滑石粉,配成每克含100亿孢子的浓度,用机动喷粉机,或用高杆挑纱布袋旋菌。根据山东的经验,虫口在30头/株以下,温度23℃以上,相对湿度在70%以上时,每天下午4点以后施菌效果最好。

在飞机施菌时,可先将菌粉(7216)倒入大缸内,按2%比例将黏着剂加到菌粉中,而后加少量水搅成糊状,最后边加水边搅拌直到按1:10的比例把水加足,并搅拌均匀,在注入飞机前用80目的筛过滤,一架次用1:10的Bt乳剂悬浮液1000kg,可喷洒40公顷。

(2)农业害虫的防治:100×10^8个/g的孢子菌粉,每666.7平方米用50g对水稀释2000倍喷洒,可以防治对苏云金杆菌最为敏感的稻苞虫、稻螟、棉花造桥虫、沙枣尺蠖、刺蛾和菜粉蝶等。用菌粉(100×10^8个/g)1000倍液或用Bt乳剂300倍液防治烟青虫;用400~600倍液防治稻纵卷叶螟、稻苞虫、甘薯天蛾等;用Bt乳剂1000倍液可在卵孵盛期防治棉铃虫、菜青虫或小菜蛾。

防治玉米螟可用100×10^8个/g的孢子菌粉,每666.7平方米50g,对水2000倍灌心叶。或每666.7平方米用100~200gBt乳剂与3.5~5kg的细砂充分拌匀,制成颗粒剂,投入玉米喇叭口中。

每666.7平方米用0.1%氯氰菊酯的复方Bt乳剂100g,对水喷雾,对菜青虫、斜纹、夜蛾等蔬菜害虫的防治效果较好,对蚜茧蜂和狼蛛等天敌无害,但对瓢虫幼虫有一定影响。

(3)贮粮害虫的防治:每10平方米粮堆表面层,用Bt乳剂1kg与粮食拌匀,可防治对马拉硫磷产生抗性的仓库害虫和印度谷螟、棕斑螟等,而且不影响小茧蜂、寄生螨对害虫的寄生。

(4)死虫再利用:将苏云金杆菌致死发黑变烂的虫体收集起来,用纱布袋包好,在水中揉搓,每50克虫尸洗液加水50~100kg喷雾。

(二)苗蒿素

1.作用特点。该药是一种植物性杀虫剂,主要成分为山道年及百部碱。主要杀虫作用为胃毒,可用于防治菜青虫、蚜虫、尺蠖等害虫。

2.使用方法。

(1)蔬菜害虫的防治。

1)蚜虫:在蚜虫发生期,每666.7平方米用0.65%水剂200mL(有效成分1.3g)对水60~80kg,均匀喷雾。

2)菜青虫:在幼虫三龄前防治为宜,每666.7平方米用0.65%水剂200~205mL(有效成分1.3~1.6g)对水60~80kg,均匀喷雾。

(2)苹果害虫的防治。

1)蚜虫:在苹果黄蚜发生期,用0.65%水剂400~500倍液(有效浓度13~16mg/kg)均匀喷雾。

2)尺蠖:在春季防蠖发生期喷雾防治,用药浓度同蚜虫。

(三)井冈霉素

1.作用特点。井冈霉素是内吸作用很强的农用抗菌素,当水稻纹枯病菌的菌丝接触到井冈霉素后,能很快被菌体细胞吸收并在菌体内传导,干扰和抑制菌体细胞正常生长发育,从而起到治疗作用。井冈霉素也可用于小麦纹枯病、稻曲病等。

2.使用方法。

(1)水稻纹枯病的防治:从发病率达20%左右开始施药,视气候与病情变化而定,一般间隔10天左右喷一次,通常喷药两次,每次每666.7平方米用5%井冈霉素可溶性粉100~150g或5%水剂100~150mL(其他剂型按此类推),对水75~100kg,喷于水稻中下部,亦可对水400kg进行泼浇,或每次每666.7平方米用0.33%井冈霉素粉1.5~2.5kg用机动喷雾器喷雾。采用泼浇法施药时,田里要保持3~5cm水层。

（2）水稻曲病的防治：在水稻孕穗期每666.7平方米用5%水剂100～150mL，对水50～75kg喷雾。

（3）麦类纹枯病的防治：采用拌种法，每100千克麦种用5%水剂600～800mL，对小量的水，用喷雾器均匀喷在麦种上，边喷边拌，拌完后堆闷几小时播种。采用药剂包裹种子法，每666.7平方米用5%水剂150mL，与一定量的粘质泥浆均匀混合，将麦种倒入泥浆内混合，然后撒入干细土，边撒边搓，待麦粒搓成赤豆粒大小晾干后播种，井冈霉素包裹种子可以减轻纹枯病引起的烂芽，提高出苗率。

（4）瓜类立枯病的防治：黄瓜播种于苗床后使用水剂1000～2000倍液浇灌苗床，每平方米用药液3～4L。

（四）抗霉素120

1.作用特点。抗霉菌素120是一种广谱抗菌素，它对许多植物病原菌有强烈的抑制作用，对瓜类白粉病、小麦白粉病、花卉白粉病和小麦锈病防效较好。

2.使用方法。

（1）黄瓜白粉病的防治：在发病初期喷药，每次每666.7平方米用2%水剂500mL，加水100kg（有效浓度100mg/kg）喷雾。隔15～20天喷药一次，视病情，可隔7～10天喷一次。防治甜菜白粉病可参照黄瓜白粉病。

（2）苹果、葡萄白粉病的防治：在发病初期，用有效浓度100mg/kg药液进行喷雾，过15～20天再喷药一次。如果病情严重，可缩短喷药间隔期。

（3）大白菜黑斑病的防治：发病初期开始喷药，用2%水剂1000mL，对水100kg喷雾，15天后喷第二次。

（4）棉花枯、黄萎病的防治：用有效浓度20mg/kg药液，在播种前处理土壤，每666.7平方米用药300kg，可以抑制早期棉花枯、黄萎病的发生。

（5）小麦锈病的防治：在小麦拨节后，田间初发病时，每次每666.7平方米用2%水剂500mL（有效成分10g），对水100kg喷雾，15～20天再喷药一次。

(6)月季花白粉病的防治:在白粉初发生时,用有效浓度100mg/kg喷雾一次,间隔期15~20天。连续喷药三次。使用2%抗霉菌素120水剂后,粮食作物表现叶色浓绿健壮,千粒重增加,空瘪粒减少;蔬菜生长快,产量高。

(五)春雷霉素

1.作用特点。春雷霉素是农用抗菌素,具有较强的内吸性,其作用机制在于干扰氨基酸代谢的酯酶系统,从而影响蛋白质的合成,抑制菌丝伸长和造成细胞颗粒化,但对孢子萌发无影响。该药常用于稻瘟病防治,兼具预防和治疗作用。对高粱炭疽病有较好的防治效果。对人、畜、水生物均安全。

2.使用方法。

(1)叶瘟的防治:于叶瘟发生初期开始喷药,7~10天后喷第二次,共喷两次,每次每666.7平方米喷商品量75~100mL(有效成分1.5~2g)。

(2)穗瘟的防治:于孕穗末期和齐穗期各喷药1次,每次每666.7平方米喷商品量75~100mL(有效成分1.5~2g)。如在稀释液中加0.1%~0.2%展着剂中性肥皂,可提高防治效果。

(3)高粱发瘟病的防治:每次每666.7平方米喷商品量75~100mL(有效成分1.5~2g)。发病初期施药一次。

(六)楝素

1.作用特点。楝素是一种植物杀虫剂,具有胃毒、触杀和拒食作用。害虫取食和接触药物后,可破坏中肠组织,阻断中枢传导,破坏各种解毒酶系,干扰呼吸代谢作用,影响消化吸收,丧失对食物味觉功能,表现出拒食,可导致害虫生长发育受到影响而死亡;或在蜕皮变态时形成畸形虫体,重则麻痹,昏迷至死。该药对多种害虫具有很高的生物活性,对人、畜安全,在环境中易于分解,不会造成环境污染。主要用于防治蔬菜上鳞翅目害虫。

2.使用方法。防治蔬菜菜青虫,在成虫产卵高峰后7天左右,幼虫2~3龄期施药,每公顷用0.5%乳油750~1500mL(有效成分3.75~

7.5g），加水 750 ~ 900L 均匀喷雾。

（七）鱼藤酮

1.作用特点。鱼藤酮是一种历史比较久的植物性杀虫剂,具选择性,无内吸性,见光易分解,在空气中易氧化,在作物上残留时间短,对环境无污染,对天敌安全。该药剂杀虫谱广,对害虫有触杀和胃毒作用。本品能抑制 C-谷氨酸脱氢酶的活性,而使害虫死亡。该药剂能有效地防治蔬菜等多种作物上的蚜虫,安全间隔期为 3 天。

2.使用方法。防治叶菜类蔬菜蚜虫,在蚜虫发生始盛期施药,每公顷用 2.5% 鱼藤酮乳油 1500mL（有效成分 37.5g）,加水均匀喷雾,每公顷用药液 600 ~ 700kg。药液应随用随配,不宜久置。施药后的安全间隔期为 3 天。

（八）苦参碱

1.作用特点。苦参碱是天然植物农药,害虫一旦触及本药,神经中枢被麻痹,继而使虫体蛋白质凝固,堵死虫体气孔,使害虫窒息而死。本品对人、畜低毒,是广谱杀虫剂,具触杀和胃毒作用。对各种作物上的菜青虫、蚜虫、红蜘蛛等害虫有明显的防治效果。

2.使用方法。

（1）防治甘蓝菜青虫:在成虫产卵高峰后 7 天左右,幼虫 3 龄前进行防治,每公顷用商品量 750 ~ 1800mL（有效成分 7.5 ~ 18g）,加水 600 ~ 750L,均匀喷雾,对低龄幼虫有较好地防治效果,但 4 ~ 5 龄幼虫敏感性差。

（2）防治菜蚜:在蚜虫发生期施药,用药量及使用方法同甘蓝菜青虫。施药时应叶背、叶面均匀喷雾,着重喷叶背。

（九）氢氧化铜

1.作用特点。可杀得 101 是一种极细微得可湿性粉剂,主要成分是氢氧化铜,为多孔针形晶体,单位重量上颗粒最多,表面积最大。靠释放出铜离子与真菌或细菌体内蛋白质中的 $-SH$、$-N_2H$、$-COOH$、$-OH$ 等基团起作用,导致病菌死亡。

2.使用方法。

（1）防治柑橘溃疡病：可杀得101是保护性杀菌剂，需要依据病菌侵染时期和柑橘易感病时期进行喷药防治，一般是在春梢和秋梢发病前或初发病时开始喷药，使用浓度为1283～1925mg/L（相当于400～600倍），隔10天左右一次，连续喷药3次，可有效地防治柑橘溃疡病。

（2）防治西红柿早疫病：发病前或发病初期开始喷药，每次每公顷用商品量1950～2850g（有效成分为1501.5～2194.5g），加水1125L喷。每隔7～10天喷一次，连续喷3～4次。

（3）防治黄瓜角斑病：发病前或发病初期开始喷药，每隔7～10天喷一次，每次每公顷用商品量2175～3000g（有效成分为1674.7～2310g），加水1125L喷雾，小苗酌减。

（十）吡虫啉

1.作用特点。吡虫啉是一种商效内吸性广谱型杀虫剂，具有胃毒和触杀作用，持效期较长，对刺吸式口器有较好的防治效果。该药是一种结构全新的化合物，在昆虫体内的作用点是昆虫烟酯乙酰胆碱酯酶受体，从而干扰害虫神经运动系统，这与传统的杀虫剂作用机制完全不同，因此交互抗性。该药主要用于防治水稻、小麦、棉花等作物上的刺吸式口器害虫。使用于A级绿色食品生产。

2.使用方法。

（1）防治水稻害虫：防治稻飞虱，在水稻苗田中低龄幼虫发生高峰施药，每公顷用10%可湿性粉剂750～1500g（有效成分75～150g），加水900～1125L均匀喷雾；或每公顷25%可湿性粉剂300～600g（有效成分75～150g），加水900～1125L均匀喷雾。

（2）防治小麦害虫：防治麦蚜，在小麦穗蚜发生初盛期施药，每公顷用10%可湿性粉剂600～1050g（有效成分60～105g），或用25%可湿性粉剂240～420g（有效成分60～105g），加水900～1125L均匀喷雾。

（十一）氟虫腈（锐劲特）

1.作用特点。锐劲特是一种苯基吡唑类杀虫剂，杀虫广谱，以胃毒作用为主，兼有触杀和一定的内吸作用，其杀虫机制在于阻碍昆虫r-氨基丁酯控制的氯化物代谢，因此对蚜虫、叶蝉、飞虱、鳞翅目幼虫、蝇蚊和鞘翅目等重要害虫有很高的杀虫活性,对作物无药害。该药剂可施于土壤,也可叶面喷雾。施于土壤能有效地防治玉米根叶甲、金针虫和地老虎。叶面喷洒时,对小茶蛾、菜粉蝶、稻蓟马等均有高水平防效,且持效期长。使用于A级绿色食品生产。

2.使用方法。

(1)防治稻飞虱:在水稻孕穗、抽穗期,稻飞虱幼虫发生始盛期施药,每公顷用商品量1000~1500L(有效成分50~70g),加水750~1125L喷雾。喷雾后3~7天见效,且本药剂残效期长,对稻飞虱具有优良的防治效果,但对稻田蜘蛛有较大杀伤力。

(2)防治小菜蛾:在甘蓝的莲座期,小菜蛾处于低龄幼虫期施药,每公顷用商品量250~500L(有效成分12.5~25g),加水750~1125L喷雾。该药剂对甘蓝植株安全,对甘蓝上的菜青虫有兼治作用。

(十二)虫螨腈(除尽)

1.作用特点。虫螨腈是一种芳基取代吡咯化合物,具有独特的作用机制。它作用于昆虫体内细胞的线粒体上,通过昆虫体内的多功能氧化酶起作用,主要抑制腺苷(ADP)向三磷酸腺苷(ATP)的转化,而三磷酸腺苷贮存细胞维持其生命机能所必需的能量。除尽通过胃毒及触杀作用于害虫,在植物叶面渗透性强,有一定的内吸作用,可以控制对氨基甲酸酯类、有机磷酸酯类和拟除虫菊酯杀虫剂产生抗性的昆虫和某些螨。该药可单独使用,也可与其他杀虫剂混用。用于A级绿色食品生产中。

2.使用方法。本药对防治小菜蛾有较好的效果。在甘蓝生长处于莲座期,小菜蛾处于低龄幼虫期施药,每公顷用10%除尽乳油250~500mL,加水喷雾,药效可持续15天以上。

(十三)啶虫脒(莫比朗)

1.作用特点。莫比朗是吡啶类化合物,是一种新型杀虫剂。它除了具有触杀和胃毒作用之外,还具有较强的渗透作用,并且显示速效的杀虫力,残效期长,可达20天左右。本口对人、畜低毒,对天敌杀伤力小,对鱼毒性较低,对蜜蜂影响小,适用于防治果树、蔬菜上半翅目害虫;用颗粒剂做土壤处理,可防治地下害虫。用于 A 级绿色食品生产中。

2.使用方法。

(1)防治黄瓜蚜虫:在黄瓜蚜虫发生初盛期施药,每公顷用3%莫比朗乳油 600~750mL(有效浓度 18~22.5g),加水均匀喷雾,对瓜蚜有良好的防治效果,如在多雨年份,药效可持续在 15 天以上。

(2)防治苹果蚜虫:在苹果树新梢生长期,蚜虫发生盛初期施药,用3%莫比朗乳油 2500~2500 倍液(有效浓度 12~15mg/L)喷雾,对蚜虫速效性好,耐雨水冲刷,持效期在 20 天以上。

(3)防治柑橘蚜虫:于蚜虫发生期喷药防治,用3%莫比朗乳油 2500~2500 倍液(有效浓度 12~15mg/L)喷雾,对柑橘蚜虫有优良的防治效果和较长的持效性,对柑橘安全,正常使用剂量下无药害。

(十四)杀虫单

1.作用特点。杀虫单是人工合成的沙理毒素的类似物,进入昆虫体内迅速转化为沙蚕毒素或二氢沙蚕毒素。该药为乙酰胆碱竞争性抑制剂,具有较强的触杀、胃毒和内吸传导作用,对鳞翅目害虫的幼虫有较好的防治效果。该药主要用于防治甘蔗、水稻等作物上的害虫。用于 A 级绿色食品生产中。

2.使用方法。

(1)防治水稻害虫:防治水稻二化螟、三化螟、稻纵卷叶螟每公顷用3.6%颗粒剂 45~60kg(有效成分 1620~2160g)撒施;每公顷用90%原粉 600~830g(有效成分 540~747g),加水 1500L 喷雾。防治枯心,可在卵孵化高峰后6~9天时用药;防治白穗,在卵孵化盛期内水稻破口时用药;防治稻纵卷叶螟可在螟卵孵化高峰期用药。

(2)防治甘蔗害虫:防治甘蔗条螟、二点螟可在甘蔗苗,螟卵孵化盛期施药。每公顷用3.6%颗粒剂 60~75kg(有效成分 2160~2700g)根区施药。

(十五)抑食肼

1.作用特点。本品是昆虫生长调节剂,对鳞翅目、鞘翅目、双翅目幼虫具有抑制进食、加速脱皮和减少产卵的作用。本品对害虫以胃毒作用为主,施药后2～3天见效,持效期长,无残留,适用于蔬菜上多种害虫如菜青虫、斜纹夜蛾、小菜蛾等的防治,对水稻稻纵卷叶螟、稻黏虫也有很好效果。用于A级绿色食品生产中。

2.使用方法。

(1)防治菜青虫:在低龄幼虫期施药,每公顷用20%抑食肼可湿性粉剂750～900mL(有效成分150～195g)或用20%抑食肼悬浮剂900～1500mL(有效成分195～300g),加水600～750mL,均匀喷雾,对菜青虫有较好防效。对作物没有药害。

(2)防治斜纹夜蛾:在低龄幼虫盛发高峰期施药,用药量及施药方法同菜青虫。该药对低龄幼虫效果良好,且对作物无药害。

(3)防治小菜蛾:施药适期以小菜蛾幼虫孵化高峰期至低龄幼虫盛发高峰期为好,每公顷用20%抑食肼可湿性粉剂1200～1875mL(有效成分240～375g),加水600～750L,均匀喷雾。

(4)防治稻纵卷叶螟:在幼虫1～2龄高峰期施药,每公顷用20%抑食肼可湿性粉剂750～1500mL(有效成分150～300g),加水750～1125mL,均匀喷雾。

(5)防治水稻黏虫:在3龄幼虫前夜药防治,施药量及施药方法同稻纵卷叶螟。

(十六)络氨铜

1.作用特点。络氨铜是一种保护性杀菌剂,主要通过铜离子发挥杀菌作用。铜离子与病原菌细胞膜表面上的K+、H+等阳离子交换,使病原菌细胞上的蛋白质凝固,同时部分铜离子渗透入病原菌细胞内与某些酶结合,影响其活性。络氨铜对棉苗、西瓜等生长具有一定的促进作用,起到一定的抗病和增产作用。

2.使用方法。

(1)防治柑橘溃疡病:用14%络氨铜以260～300倍液(有效成分467～700mg/L)在春梢修剪后进行第一次喷药,夏秋梢生长期以及幼果期而各施药一次。

(2)防治棉苗立枯、炭疽病:播种前100kg种子用23%络氨铜商品量 430 ~ 574g(有效成分 99 ~ 132g)拌种。

（3）防治西瓜枯萎病：以 23%络氨铜水剂 250 ~ 300 倍液(有效成分 0.2 ~ 0.25g/株)灌根，在枯萎病发病初期开始灌根，隔 10 天再灌一次。

（4）防治水稻纹枯病：发病初期开始喷药，每公顷用氨铜水剂 465 ~ 690g(制剂 2021 ~ 3020g)，加水 1125L，第一次施药后隔 10 天再喷一次。

（5）防治水稻稻曲病：在水稻始穗期和齐穗期各喷药一次，每次每公顷用氨铜水剂有效成分 525 ~ 750g(制剂 2280 ~ 3260g)，加水 1125L。

第五节 有机农业生产的病虫防治实用技术

一、防虫网的使用

防虫网采用高密度聚乙烯为原料拉丝精织而成，具有耐老化，使用寿命 3 ~ 5 年，抗拉强度大，成本低等特点，主要应用于蔬菜生产。应用防虫网覆盖栽培技术可以防止害虫成虫进入，减少害虫危害。在蔬菜种植上，秋季是菜青虫，小菜蛾、斜纹夜蛾、甘蓝夜蛾、蚜虫等多种害虫的多发时期，由于防虫网网眼很小，一般密度为 24 ~ 30 目。采用防虫网覆盖后可以有效地抑制害虫侵入和传播病毒；同时防虫网还可以缓冲暴雨、冰雹等对作物的撞击，并具有防强风、防冻害等功能。

防虫网使用技术要点如下。

1. 全期覆盖。防虫网应全程覆盖，不给害虫入侵的机会，密切注意及时清除产在网上的卵块，以免卵孵化后低龄幼虫钻入网内，这样才能收到满意的效果。防虫网的宽度要比畦宽 1m 左右并压紧，以便以后有机蔬菜长大时有足够的覆盖空间。覆盖时两边用砖块或土块压紧压实，网上用压网线压牢，不能留有害虫进入的空隙。要揭网进行中耕除草和施肥时，在傍晚之前一定要覆盖上。

2. 选择适宜的规格。防虫网的规格主要包括幅宽、孔径、丝径、颜色等。防虫网孔径的大小通常以目数来计算。目前生产上推荐应用的适应目数为 24 ~ 30 目，丝径 14 ~ 18mm，幅宽 1.0 ~ 1.8m，以白色为主。用40目的防虫网能防治蚜虫。

3.与各项农艺措施配套。在网纱隔离前须清除田间杂草,枯枝落叶,有条件可进行漫灌,以清除残留虫源;翻晒土壤,可以杀死部分地下害虫;除防虫网覆盖外,再结合施足基肥,选用抗病品种,生物农药等综合配套措施,就可以获得最佳效果。

4.直播大白菜、小青菜不宜采用小拱棚防虫网覆盖。因播种密度太大,易引发病害,适宜采用大、中棚覆盖,且播种密度不宜太大。

5.妥善保管。田间使用结束后,应及时收下,洗净,晒干,卷好,以延长使用寿命。

二、杀虫灯的使用

在灯光诱杀中,黑光灯与高压汞灯使用得比较多,主要是利用昆虫对紫外线特别敏感的特性,黑光灯可以诱杀玉米螟、蝼蛄、棉铃虫、金刚钻、金龟子、叶蝉、中黑盲椿象等十多种害虫。使用黑光灯应选择无风、温暖的前半夜进行,在灯下放置水盆,盆内放些机油或植物油,以粘住害虫。使用灯光诱杀害虫时要注意灯光对作物的影响和可能导致的灯光周围害虫加剧的风险。因此,要注意开灯的时间选择与持续时间的控制以及安装杀虫灯的密度。

三、肥皂水防治蚜虫、蓟马、红蜘蛛、白粉虱

取150～300g皂化油脂,0.3L酒精、15g食盐加入10L水中,充分搅拌后形成1.5%～2.5%的肥皂水溶液,均匀喷洒在植物上,使用时注意:①要在潮湿条件下才能使用,肥皂水在叶面上至少要保存10分钟不干燥,最好在早上有露水时使用,效果好;②以防为主,早防早治,效果能达到60%;③每隔7天喷一次,持续2～3天,每公顷600L,喷到叶面能滴水为止;④具体用量和浓度要经当地田间实验而定;⑤洗衣粉因含有氯、有机磷等,不能使用。

如果早期控制不及时,害虫大量繁殖,则可使用除虫菊、楝树制剂、鱼藤酮等天然植物性农药防治。植物性农药与肥皂水配合使用效果更好。

四、植物油防治叶螨、红蜘蛛

植物油加水与乳化剂（类脂）配成不同浓度的乳油，1%溶液防治黄瓜害虫，0.5%～2%溶液防治豆类害虫。7～10天喷一次。但是在使用之前，必须要做实验，找到使用最佳浓度。

五、黄板防治蚜虫、潜叶蝇

取 35cm×25cm 的木板，打两个孔，便于悬挂，用广告色调成橘黄色，表面铺上保鲜膜，在保鲜膜上均匀刷上食用油，悬挂高度与作物同高，南北挂最好，根据虫口密度，一般每两块黄板之间距离是 10m，每 100m² 挂 6 块，在化蛹中后期最好，只有对成虫有效果。

六、苏打水防治白粉病

使用0.5%苏打加0.5%～1%的植物油再加乳化剂配制的制剂可用于防治白粉病。使用时要注意：①要早用。初见叶片上有白色斑点时就要使用，每周一次，严重时勤用，对新长出的叶片也要进行预防性的喷洒；②苏打水制剂配成 0.2%～0.25%的溶液进行喷雾，可起预防作用，对于已经发病的作物，浓度最高可达到 1%，但是要先做作物耐受实验；③用药均匀，确保药水能够粘在叶片上，最好在傍晚使用，此药剂对叶螨也有一定的效果。

七、糖醋液的使用

糖醋液诱蛾是利用害虫趋化性而采取的一种诱杀办法。诱饵配制目前主要有以下几种方法。

1. 红糖 0.25kg、醋 0.25kg，酒 0.05kg，清水 0.5kg，混合均匀。

2. 苦楝子 0.75～1kg，加水 1kg，浸泡 3～5 天，再把苦楝子捻碎捞出渣子，加醋 0.25kg，加酒 0.05kg。

3. 酸菜 0.25kg，加水 0.75kg，揉出酸汁，加醋 0.15～0.25kg，酒 0.05kg。

使用方法为任取以上诱饵一种，倒在口径一尺左右的浅钵里，置于田间，每公顷 45～75 钵，搁在高 1m 左右的木架上，每天傍晚开始诱蛾，每 5 天补充新鲜饵料一次。此法对地老虎、黏虫等害虫蛾子的引诱力最强。

八、波尔多液的配置和使用方法

（一）作用特点和剂型

波尔多液是用硫酸铜、生石灰和水配制成的天蓝色悬浮液，呈微碱性，有效成分为碱式硫酸铜。波尔多液由于容易配制、防治病害多、药效好，几十年来一直是杀菌剂中大量使用的品种。波尔多液喷洒在植物上，黏着力强，耐雨水冲洗，药效期长达15～20天，在植物发病前或发病初期使用效果较好，可防治多种植物病害，目前主要用于防治林大果树、蔬菜及经济作物的病害。根据植物种类、施药时期和防治病害的种类，选用的硫酸铜、生石灰和水的比例不同。目前使用的有石灰"半量式""等量式""倍量式"和"多量式"数种。所谓石灰"半量式"，即生石灰的用量为硫酸铜用量的1/2；石灰"等量式"，即生石灰与硫酸铜用量相等，其他依此类推。常用等量式波尔多液为1份硫酸铜、1份生石灰和100～200份水，简写为1∶1∶（100～200）。石灰倍量式波尔多液的配置为2份生石灰、1份硫酸铜、160～240份水，简写为1∶2∶（160～240）。

波尔多液的原料配比，随着作物种类、品种、防治对象、季节和气温的不同，而采用的比例不同。做到具有良好药效，又不至于产生药害。

（二）配制方法

波尔多液的配制方法有多种，应用较多的配制法是将硫酸铜（选用纯蓝色硫酸铜）和生石灰（选用优质生石灰）用等量的水化开，配成硫酸铜水溶液和石灰水，然后同时倒入第3个容器内（不能用铁器），并不停地用棒朝同一方向（顺时针或逆时针方向）搅拌均匀即成，这种方法称两液法。或者用1/10的水化开生石灰，调成浓石灰乳，用9/10的水溶解硫酸铜，配制稀硫酸铜溶液，然后再将硫酸铜溶液倒入浓石灰乳中，并不断地用木棒搅拌均匀而成，这种方法称为稀硫酸铜浓石灰法。采用这两种方法配制的波尔多液，质量好。防病效果好。应当注意：在配制时不可将浓石灰水倒入稀硫酸铜溶液中，否则配制的溶液会很快沉淀，而且易产生药害。最好现配现用，不宜久置，以免影响药效。

(三)使用方法

波尔多液可直接喷雾使用,一般药效可维持两星期左右。防治大田作物及蔬菜病害,常用等量式波尔多液;果树易受铜的药害,常用石灰倍量式;葡萄、黄瓜易受石灰的药害,常用石灰半量式;观赏植物或采收期的果树、蔬菜要求有迅速药效时,常用石灰少量式,以免污染植物。具体施用配比及浓度分述如下。

1.防治蔬菜病害。莴苣、菠菜霜霉病,用0.3%~0.4%石灰等量式。番茄早疫病、晚疫病、斑枯病、叶霉病。茄子棉疫病、褐纹病。辣椒炭疽病、疮痂病,菜豆炭疽病、火烧病,豇豆锈病等用0.5%石灰等量式。马铃薯早疫病、晚疫病用1%石灰等量式。芹菜斑枯病用0.5%石灰半量式。瓜类霜霉病、炭疽病用0.5%石灰半量式。

2.防治果树病害。葡萄黑痘病、霜霉病、褐斑病、炭疽病、白腐病用0.6%石灰量式。柑橘立枯病,清除病株后用0.5%石灰等量式消毒;溃疡病,早春用0.7%石灰倍量式,夏、秋用0.5%石灰等量式;疮痂病、树脂病,在春梢将萌动前用0.5%石灰倍量式。落花2/3时用0.3%~0.5%石灰倍量式。桃细菌性穿孔病,在早春萌芽前用0.8%石灰等量式。梨锈病,花前1次,花后2次,用0.6%石灰等量式;黑星病,用0.5%石灰等量式。梨锈病,花前1次,花后2次,用0.6%石灰等量式;黑星病,用0.5%石灰等量式。柿角斑病,用1∶5∶600波尔多液。

3.防治油料经济作物病害。油菜霜霉病、白锈病,用0.3%石灰等量式。大豆霜霉病、油菜菌核病、芝麻茎枯病,用0.5%石灰等量式。花生叶斑病,用0.5%石灰倍量式。大豆紫斑病,用0.6%石灰等量式。芝麻细菌性斑点病,用1%石灰等量式。

注意事项:在作物花期喷波尔多液,喷药时或喷药后遇阴雨及多雾天气容易发生药害,要慎用。波尔多液对蚕有毒,不宜在桑树上使用。喷雾器施药后要及时洗净,以免腐蚀。果品、蔬菜采收前半个月内不要施药,否则既影响外观,又对人有一定毒害。波尔多液属保护性杀菌剂,只有作物发病前或发病初期喷药,效果才好。

（四）注意事项

1.波尔多液要现用现配，配置时不宜用金属容器，最好用大口陶罐、瓦罐等。

2.不能与肥皂、石硫合剂混合使用。

3.在雨后或露水未干之前不宜使用，以免发生药害。

4.对蚕有毒杀作用，不能在蚕区或桑叶上使用。

5.用过波尔多液的喷雾器应立即洗干净，以免腐蚀。

第六节 有机种植业中轮作和间作技术

一、轮作和间作的含义

间作（intercropping）是指在同一田块上于同一生长期内，分行或分带种植两种或两种以上作物的种植方式。

套作（relay cropping）是指在前季作物生长后期的株行间播种或移栽后季作物的种植方式。

轮作（crop rotation）是指在一块田地上顺序地轮换种植不同作物的种植方式。

连作（continuous cropping）与轮作相反，是在同一田块上连年种植相同作物的种植方式。而在同一田块上采用同一复种方式称为复种连作。

用符号表示的话，"‖"表示间作；"/"表示套作；"—"表示年内复种；"→"表示年间轮作。

二、间作对害虫的控制作用

不同作物间作，对害虫有一定的控制作用（表5-3）。

表5-3　不同作物间作对害虫的控制作用

间作类型	可控制的害虫	起作用的因素
包菜‖红、白苜蓿	甘蓝地种蝇、包菜蚜虫和小菜粉蝶	干扰害虫集落、地表甲虫增加
棉花‖饲料豇豆	棉铃象	寄生蜂的种群增加
棉花‖高粱、玉米	谷实夜蛾	增加捕食者的丰度
棉花‖秋葵荚	跳叶甲	诱集作用
棉花‖苜蓿	植物甲虫	防止害虫迁入,使天敌与害虫同步发生
棉花‖苜蓿+玉米‖大豆	谷实夜蛾和粉纹夜蛾	增加捕食者的丰度
黄瓜‖玉米、花菜	瓜条叶甲	干扰害虫在寄主植物中的运动和停留时间
玉米‖红薯	叶甲和沐蝉	寄生黄蜂增加
谷物‖大豆	叶蝉、叶甲和草地夜蛾	有益昆虫增加干扰集落
豇豆‖高粱	叶甲	干扰气流
桃树‖草莓	草莓镰翅小卷蛾、梨小食心虫	寄生虫种群增加
花生‖玉米	玉米螟	蜘蛛数目增加
芝麻‖玉米或高粱	灯蛾	生长较高的伴随作物对矮作物的掩蔽作用
南瓜‖玉米	带斑黄瓜叶螟	玉米掩蔽南瓜,其茎秆干扰害虫飞行
番茄、烟草‖甘蓝	蔬菜黄条跳甲	非寄主作物的气味妨碍害虫取食
番茄‖甘蓝	菜蛾	化学趋避作用

三、轮作的重要性

(一)土壤病害和土壤肥力

单作和不合理轮作的产量下降和土壤病有关,即作物生长受到阻碍,由于作物抗性降低而经常受病虫害的危害,以致产量下降。土壤病首先被认为是由一些毒性物质引起,降低作物的自我忍受能力。

土壤病是由多因素引起的。首先是养分缺乏和不平衡的营养组成。不同作物吸收土壤中的营养元素的种类、数量、比例各不相同,根系深浅与吸收水肥的能力也各不相同。长期种植一种作物,因其根系总是停留在同一水平上,该作物大量吸收某种特需营养元素后,就会造成土壤中养分偏耗,使土壤中营养元素失去平衡。如禾谷类作物对氮磷硅吸收较多,对钙吸收较少;豆科作物对钙、磷氮吸收较多,对硅吸收较少,但能够固氮,改良土壤;十字花科作物,其根系分泌有机酸,可使土壤中难溶磷得以溶解和吸收,具有富集土壤磷的作用,但是多数作物对于土壤中固定的磷难以吸收。

其次作物残茬。当作物残茬在翻入土壤中时,会释放一些植物体本身产生的毒性物质,他们多数表现出抗菌素的性能,抑制土壤微生物的活动,这样就减少了土壤缓冲力,以致在一些情况下,使土生病虫摆脱了其他土壤生物的控制而得以繁衍。毒性物质还能由微生物分解作物残茬时产生,以致抑制作物的萌发生长。

最后根系分泌有毒物质,引起植物毒素抑制现象。植物毒素对杂草的抑制有相当的效果,但是也要认识到对下茬作物的影响。如大豆根系分泌氨基酸较多,使土壤噬菌素增多,它们分泌的噬菌体也随之增加,从而影响根瘤的形成和固氮能力。

(二)病虫草害控制

轮作是有机种植中病虫草害控制的主要方式。不同季节种植不同作物和进行不同形式的耕作,使得没有哪种杂草能成为优势种,而作物对杂草的竞争能力不同,有些作物能通过竞争或植物毒素作用抑制杂草的生长,而有些作物竞争不过杂草。轮作能轮换地种植这些作物,从而最大限度地降低杂草问题。

如果寄主作物和非寄主作物轮换种植,则可减少病虫从一茬作物传递到另一茬作物。相反,若连续种植同种或同类作物,则为病虫提供了稳定的寄主,会使病虫害发生越来越严重。在实践中,番茄、西瓜、生姜等作物连作容易遭受严重病虫害就是很好的例证。

四、有机蔬菜生产的轮作模式

(一)轮作原则

1.选择产品易销,并有一定经济效益的作物。

2.选择高产易种、产值较高的作物。

3.避免同科蔬菜连作。

4.充分利用地上空间、地下各个土层和各种营养元素。

（二）蔬菜轮作的一般次序

在有机蔬菜生产中,养分消耗和抗病性是决定轮作次序的主要因素。

以养分消耗从低到高的顺序排列,几大类蔬菜的次序为:豆类(大豆、四季豆、豇豆、豌豆、苜蓿等)→块根(茎)类蔬菜(萝卜、山芋、山药、芋头、洋葱、大蒜等)→叶菜类(菠菜、甘蓝、生菜、大白菜等)→瓜果类(番茄、茄子、辣椒、苦瓜、黄瓜、南瓜等)。

从抗病性方面排序,几类蔬菜从高到低次序是:根茎类→豆类→叶菜类→瓜果类。

谷物类抗病能力最强,而瓜果类最弱。

在蔬菜轮作中,一般选择四种蔬菜轮流种植,叶菜类、块根/块茎类、豆类、瓜果类。

不同蔬菜根系分布深浅不同,可利用的土壤养分深度也有差异,轮作不会使土壤超负荷利用。轮作顺序可安排为四种模式:叶菜类→块根/块茎类→豆类→瓜果类;块根/块茎类→叶菜类→瓜果类→豆类;豆类→瓜果类→块根/块茎类→叶菜类;瓜果类→豆类→叶菜类→块根/块茎类。

第六章 有机农业的推广

有机农业作为一种首先从农民开始发起的一种农业生产方式,其产品与特定的有机产品市场相联系的特点,其推广方式也与常规农业不同。多数只以客户为基础的商业性咨询的方式开展的。有机农业作为可持续农业的一部分,在其推广咨询过程中,国际上一些比较流行的为促进农业可持续发展而倡导的推广咨询方法,如参与式技术发展(Participatory Technology Development,简称PTD)、和以农民为中心的技术推广(Farmer-led Extension 简称FLE)得到充分利用。

第一节 有机农业生态工程建设

一、应用生态工程原理指导基地建设

(一)我国有机生产基地现状分析

有机农业在我国出现也有几十年的时间,无论在理论上还是实践上都很不成熟。就目前的状况,大多数都是借鉴国外的经验,按照有机生产的标准进行生产,且主要以国际市场需求为导向,普遍缺乏深层次的基地建设的探讨。现有的基地,其特点可概括为以下几个方面。

1.面积大小不均,分布非常零散。在南方,如上海地区,起点的有机蔬菜生产基地大多在7公顷以内,浙江、江西、安徽的茶叶生产也是在20~30公顷的范围为多,而在北方,由于土壤、气候条件比较适合有机生产,尤其是新开垦地,面积往往很大,可超过1000公顷,但作物品种比较单一,以豆科作物为主,而且也只是在新开垦的前3年能大面积

生产,3年后将面临严重缺乏有机肥的问题。因有机生产在我国所占比例还相当小,现有的基地分布非常零散,基地之间的交流很少。

2.基地多数为单一的作物生产基地,没有形成综合的种、养结合,物质多层次利用,良性循环的生产体系。

从有机生产标准上要求,只要基地没有使用化学合成的农用化学品,符合有机生产与认证管理要求就可以,但从经济效益上讲,现在的有机生产只能依赖于产品的高价格,一旦价格没有提高,则效益往往较低。因此,如何探讨一种科学合理的有机生产基地模式,使基地的经济效益不是唯一地依赖于高价格,而是在于基地整体生产力的提高,是当前发展有机农业迫切需要解决的问题。只有解决了这个问题,有机农业才有可能在区域范围内成规模地发展。

(二)用生态工程原理指导基地建设

针对我国当前有机农业生产基地的现状,急需探讨一个真正能够实现环境、经济和社会三大效益的有机农业生产基地模式。其实有机农业的原理与其基本思想就要求把有机农业生产体系建设为一农林牧副多种生产综合经营系统,要达到这一要求,就必须用生态工程的原理对有机农业基地建设加以指导。生态工程即应用生态系统中物种共生与物质循环再生原理,结构与功能协调原则,结合系统分析的最优化方法、设计的促进分层多级利用物质的生产工艺系统。生态工程的目标就是促进自然界良性循环的前提下,充分发挥资源的生产潜力,防治环境污染,达到经济效益与生态效益同步发展。生态工程的定义与有机农业的原理及其基本思想是相符合的,用生态工程的原理来指导有机农业生产基地的建设就可克服我国目前有机生产基地单一生产,综合性生产力不高,效益过多依赖价格的缺点。因此,要求有机生产基地的设计和实施要以生态工程的原理,特别是整体、协调、自生、循环再生、因地制宜原理为指导,以生态系统自我组织、自我调节功能为基础,在少量人类辅助能的帮助下,充分利用自然生态系统的功能。有机农业生态工程的建设要坚持以下三个原则。

1.因地制宜原则。因地制宜原则是紧紧围绕当地的自然、社会和经济条件进行生态工程设计的基本原则。在不同的地带或地区,都具有不同的自然环境,而种植的作物、饲养的牲畜、栽种的树木、养殖的鱼虾等,都有自身的生长规律和要求,都受自然环境的限制。因此有机生产基地选择种植的作物品种,养殖的动物种类都要充分考虑是否符合当地的自然环境条件,尤其是当前有机产品以市场为导向的情况下。有时一些公司或生产单位急于出口产品,不管什么定单都接下来,结果很容易忽视这种产品,尤其是与当地普遍种植品种类似的品种,是否能在当地生产,能否在规定供货时间收获的考虑,以致最后拿不出合格的产品而遭受重大亏损。社会经济条件也同样是基地建设必须考虑的因素,不同的经济条件下可建立不同类型的有机生产基地,如上海地区经济比较发达,有机生产基地就多为温室大棚,投入大,设施好。管理人员和生产人员的基本素质和生产技能也非常重要,应根据农民的生产技术与习惯发展相适应的有机产品,如长期种植蔬菜的农民就比较容易种好有机蔬菜,因其具备种植蔬菜的基本技术,拥有相匹配的生产工具及相应的服务、信息渠道。

有机农业生产基地的设计与建立不可能存在一个到处都可通用的模式,关键是要在充分遵守和利用当地自然条件和自然资源的基础上,发展与之相适应的有机农业生态工程模式。

2.生态学原则。生态学、生物学原理是有机农业生产的理论基础,有机农业生产基地的建设要遵循生态工程的整体、协调、自生及再生循环等理论以及"天人合一"、"物土不二"的中国传统人类生态观等原则,多方面人为管理,按预期目标因时因地制宜地调整复合生态系统的结构和功能,连接原本无直接联系的不同成分和生态系统形成互利共生网络,分层多级利用物质、能量、空间和时间,促进系统良性循环,以达经济、生态和社会的综合效益。

我国生态农业经过20多年的发展,在生态学、生态经济学、系统工程学等理论的指导下探索了多种多样的农业生态工程模式,如充分利用空间和土地资源的农林牧立体种养结构生态工程类型;物质能量多层次分级利用系统型;水陆交换的物质循环生态系统型(如桑基鱼塘);相互促进的生物物种共生生态系统类型[如稻—鱼(或蟹)—萍共生系统];山区综合并发的复合生态系统类型(如林—果—菜—草—牧—

鱼—沼气)等等。这些成功的模式都可因地制宜地应用于有机农业生产基地的建设中去,从而大大提高整个生产系统的生产力与经济效益。因此,我们现在发展有机农业,一定要在学习、引进国外有机生产与管理方法的同时,结合我国生态农业取得的成就,在生态农业的基础上发展有机农业。

3. 产业化经营原则。产业化经营,就是以市场为导向,以提高效益为中心,以主导产业、产品为重点,优化组合各种生产要素,把生产、加工、流通紧密结合起来,延长农业产业链,实行贸工农一体化经营。随着有机农业的发展,有机产品具有其专门的市场,有机生产的效益也主要在这市场上得到实现,而如何将有机食品成功地打入这个特有的市场,就需要产业化经营的思路。实现有机生产产业化经营,可解决千家万户小农户生产与千变万化的大市场之间的矛盾,家庭经营与规模集约经营的矛盾,小批量生产与贸易大批量出口需求之间的矛盾等。通过几年的实践探索,在有机生产基地建设与经营上已经出现了公司加农户、公司加农民、合作社加农户、土地反租倒包等产业化经营的模式,以后还要在此基础上继续总结经验,根据市场的变化探索新的经营途径。

二、有机农业生态工程建设的过程与步骤

(一)有机农业生态工程建设的一般程序

有机农业生态工程可依照以下步骤进行建设,即基地选择→基地规划→规划的实施(包括人员培训→制定生产技术与质量管理方案→监督方案的实施→申请和接受有机产品的检查认证→获得有机生产或有机转换证书→有机产品的销售)。下面对主要步骤加以简要分析。

1. 基地选择。有机农业是一种农业生产模式,故原则上所有能进行常规农业生产的地方都能进行有机农业生产基地建设,且有机农业强调转换期,通过转换来恢复农业生态系统的活力,降低土壤的农残含量,而非强求首先要有一个非常清洁的生产环境。为了确保所选基地符合农业生产基本条件,在选择基地时,必须首先按照《农田灌溉水

质标准》和《土壤环境质量标准》检测灌溉用水和田块土壤质量，水质要达到相应种植作物的水质标准，土壤至少要达到二级标准。在周围存在潜在的大气污染源的情况下，要按照《保护农作物的大气污染物最高允许浓度GB9137—88》对大气质量进行监测。

选择的基地要充分考虑相邻田块和周边环境对基地产生的潜在的影响。要远离明显的污染源如化工厂、水泥厂、石灰厂、矿厂等，也要避免常规地块的水流入有机地块，避免常规地块种植的基因工程品种对有机系统的污染。另外对于基地的劳动力资源，农民的生产技术，交通运输情况也要加以考虑。

野生植物的有机产品开发，基地必须选择在近三年内没有受到任何禁用物资污染的区域，和非生态敏感的区域。要了解基地的土壤背景值，土壤要符合《土壤环境质量标准》的要求。

2.基地规划。对于选择好的基地或决定转换的基地，则非常重要的工作是对其进行因地制宜的规划，建立良性循环和生态保护的有机生产体系。制定规划要分两个步骤进行。首先，要对基地的基本情况进行调查，了解当地的农业生产、气候条件、资源状况以及社会经济条件，明确当地适合开发的优势产品和有机转换可能遇到的问题；随后在掌握基地基本状况的基础上，为基地制定出具体的发展规划。在规划整体设计上要以上述生态工程的原理为指导，参照我国生态农业中成功的农业生态工程的模式，规划设计符合当地自然、社会、环境条件的有机农业生态工程系统；在具体细节上要据有机农业的原理和有机生产标准的要求制定一详细的有关生产技术和生产管理的计划，有针对性地提出解决有机生产土壤培肥和病虫草害防治的方案，建立起从土地到餐桌的全过程质量控制模式，从而为有机农业的开发在技术和管理上打下了基础。另外，对基地采取的运作形式如公司加农户、公司反租倒包农民土地、公司租赁经营、政府经营、农民以协会或合作社的形式组织生产等、基地建设的保障设施如组织领导、技术、资金投入等都要重点考虑决定。

初次从事有机农业开发的贸易商或生产者，从基地选择到规划要求邀请有机农业开发咨询人员一起参加，以减少盲目性，少走弯路，提高效率,使有机生产从一开始就非常规范地进行。对于以县、乡为单位的有机生产规划,必须划定各村或乡适合发展的有机生产主导品种,并使不同基地之间能够有机地联系在一起(如种植、养殖之间的联系),促使营养物资在区域内循环使用,有效地提高系统的综合生产力与经济效益。

有机生产基地规划的另一重要方面是要将有机产品的检查认证与营销体系包括在内,因有机农业的效益一个重要方面是来自于有机产品的成功销售,没有一个良好的营销策略规划,很难实现发展有机生产的预期目标。

3.规划实施。

(1)人员培训:有机农业是一知识、技术与管理密集型的农业,有机农业生态工程牵涉的技术面更广,因此使农业生产技术人员与生产人员了解并掌握有机农业的生产原理与生产技术、掌握有机农业生态工程建设的原理与方法是有机农业成功开发的关键。因此必须由有机农业专业人员和生态工程专业人员以及相应种植、养殖领域的专家在基地召集与有机生产、加工相关的管理、技术人员、生产人员进行以下几方面内容的培训:有机农业与有机产品的基础知识;有机产品生产、加工标准;有机农业生产的关键技术;生态工程的原理与实践;选定作物的栽培技术,畜禽的养殖技术;有机产品国内外发展状况;有机产品检查认证的要求;有机产品的营销策略。只有当生产者真正具备了有机生产和生态工程的意识,并掌握了相应的技术后,基地建设才能顺利进行。在有机农业生态工程实施中,涉及的技术面很广,是种、养、加、有机生产管理等多方面技术的优化组合,成败在于生产者对各项技术的掌握程度,因此,一定要重视对各相关方面的培训。在许多情况下,理论上的规划是非常可行的,但出于缺乏技术的配套与传授,导致工程的失败。

(2)制定详细的有机生产技术方案:有机农业强调利用生态、自然的方法进行生产,禁止使用人工合成的农用化学品、因此有机生产不是在问题出现之后再试图去解决,而是要预防问题的出现,对于作物的病虫草害,要用健康栽培的方法进行预防,再辅之于适当的生物、物理的方法进行综合防治。这就要求在作物种植之前就应该制定有机生产的技术方案,预测作物生长过程中可能出现的主要病虫害,并提出相应的防治对策。另外,有机生产还强调实行科学的轮作计划和土壤培肥计划。

畜禽有机养殖和有机奶产品的生产要制定畜禽的生存环境(围舍、围栏、野外觅食和活动空间)设计和卫生管理(包括畜禽粪便处理)计划、有机饲料生产/购买计划、畜禽健康计划以及运输屠宰计划。

(3)基地规划与生产技术方案的实施与监督:有机农业生产基地必须建立起一专门负责实施基地规划与生产技术方案的队伍,保证各项措施能够及时地落实到位。根据基地的实际情况,可以以公司加农户或农场的形式组织基地生产,也可以通过地方政府建立专门机构组织农户或农场进行生产,或通过农民专业协会的形式,形成以政府或公司至农场或农户,再至农民或当地技术员为代表的实施与监督基地规划与生产技术方案的三级结构,确保有机生产的顺利进行。

(4)基地申请有机认证:基地开始有机生产转换后,应及早向有机认证机构申请有机生产的检查与认证,做好接受检查的各项工作,使基地能够顺利地通过检查并获得有机生产转换证书或有机生产证书。

(5)销售有机产品:有机产品获得认证后,其证书就是进入国内外有机产品市场的通行证。但有了证书并不意味着产品销售就没问题,就能以高于常规产品的价格出售。为了顺利地出售有机产品,首先需要在生产的同时制定一个切实可行的销售方案,不要等产品收获后再找市场。

(二)有机农业生产转换

1.有机农业转换的概念和意义。有机农业生产还有一个特殊的要求,即从常规生产转向有机生产需要经历一个转换期。有机农业的目标之一是发展充满活力的和可持续发展的农业生态系统,从常规生产转向有机生产的过程称为有机农业转换,转换需要一个转换期,即从有机管理开始至作物或畜禽养殖获得认证的时期。转换期的时间一般一年生作物为2年,多年生作物为3年,从荒地开始的有机生产也要经过至少一年的转换。

有机农业为什么需要设立一个转换期？因为有机农业强调通过这种耕作方法以恢复土壤的生命活力、培育健康的土壤和建立稳定平衡的生态环境，只有健康的土壤才能生长健康的作物和生产健康的食品，只有平衡的生态环境才能防止病虫害的爆发。停止使用人工合成的农药与化肥，并不意味着完成和实现了从常规生产向有机生产的转换，因为平衡系统的建立，土壤肥力的建设和土壤农用化学品残留的降解都要求一定的时间，农民的有机生产经验，基地的生态工程建设也需要一个积累的过程。就我国农民而言，有机转换还存在一个对有机农业的接受和认识理解的过程，思想观念的转换往往比技术的转换更难。

2.有机农业转换计划的制定。一个良好的转换计划是决定农场有机转换成功与否的关键，这是基地建设规划过程中必须完成的重要事项。其内容包括转换目标，整个系统的规划与设计，转换的步伐及时间框架，作物生产技术，作物轮作计划，农场生产设施改进、生产工具的准备，有机生产质量管理体系的建立，产品的销售，农场的经济预算和可能存在的风险与利益等系列问题，使生产者对转换过程中可能存在的问题与风险具有预见性，以致有效地克服转换过程中的各种困难，减少盲目性。

各个基地的情况不同，转换计划的内容也不一样，基本可参照以下格式。

（1）基地/农场的基本情况概述：包括基地所处的地理位置，面积，基本环境状况，主要种植、养殖的品种，农场的特色，经济效益，职工/农户数等信息。

（2）生产基地地块图（包括农场所在地的行政区域图）：地图应清楚地表示基地所有的田块大小和位置、地块号、边界、缓冲区、相邻田块使用情况。同时也要表示出建筑物、树木、河流、排灌设施和其他相应性的地块标志物。在地块图的基础上，每个季节要绘制好地块利用图，即各个地块种植了什么作物。

（3）有机转换的时间安排：制定有机转换的计划和时间框架，即实现整个基地全部转换的步骤。如果一个基地面积比较小，则最好一次性全部转换；基地面年内实现全部转换。

（4）基地田块过去3年的种植历史：描述基地过去3年中种植的作物，产量，使用过的农药、化肥、除草剂等农用化学品的种类与数量。

（5）有机转换生产质量管理体系：即行政管理上与技术上如何保证有机生产的顺利进行，保证有机产品的质量，保证有机产品与常规产品不混淆，如何避免平行生产或使平行生产的操作与有机生产完全区分开等

（6）有机转换产品跟踪审查体系：即如何做好同有机生产有关的各个环节（生产工、贮藏、包装、运输、销售等）的文档记录工作负责。

（7）有机转换的资金保障措施：在转换过程中，基地规划，基地建设，咨询服务，检查认证等都需要一定的资金投入，转换过程中还存在由于减产等造成的经济风险。因此，有机转换需要一定的资金保障措施。

（8）有机转换生产技术方案：围绕以下几个方面制定技术方案，种植作物过程概述（从种子选择至作物收获）；作物生产土壤培肥计划；作物病虫草害种类、发生规律及防治计划；作物间作套种与今后3年的作物轮作计划；作物收获计划。

（9）作物收割、贮藏与销售计划：作物收割时要保证有机作物收割器具不与常规收割共用，或使用前要严格清洗；贮藏是要防止有机产品与常规产品混淆，同时也要有符合有机标准的防虫、防鼠、防霉变的措施；销售计划要先于作物收获就制定，不要等收获后再去寻找市场。

第二节 参与式的技术发展推广模式

有机农业作为一种首先从农民基层开始发起的一种农业生产方式和其产品与特定的有机产品市场相联系的特点，其推广方式也与常规农业不同，多数是以客户为基础的商业性咨询的方式开展的。有机农业作为可持续农业的一部分，在其推广咨询过程中，一些国际上比

较流行的,为促进农业可持续发展而倡导的推广咨询方法和参与式技术发展(Participatory Technology Development,简称PTD)和以农民为中心的技术推广(Farmer-led Extension,简称FLE)得到充分的应用。

一、定义

PTD是一种农业研究和推广的方法,强调农村社区(农民)和农业研究、推广机构之间的创造性的相互作用。将农民的知识与经验同科学知识相结合,以寻求农业生产过程中对当地资源的最佳利用的方法。这种参与式的技术发展,也称为以人为中心的技术发展。PTD的起源应追溯到20世纪70年代的农业系统研究,当时,研究者意识到如果他们想要使其工作和农民有效地联系起来,就必须考虑这些农民从事的农业系统的复杂性。他们还认识到通过他们的研究而发展得来的技术方法都过于单纯化、一般化,并且通常都没有考虑到系统的相互作用。为了能更好地了解农民普遍的耕作条件,就很有必要直接在农场上进行实验,于是就产生了"农场上的研究"的方法论,如今这一方法论已经广泛地发展成为众多不同的方法,如参与式的技术发展,只是它们中农民的参与程度不同而已。

二、发展过程

PID的起源应追溯到20世纪70年代的农业系统的研究。当时研究者意识到如果他们想要使其工作和农民有机地结合起来,就必须考虑这些农民从事的农业系统的复杂性。为了能更好地了解农民普通的耕作条件,就很有必要直接在农场进行试验,于是就产生了农场上的研究。通过PTD可以:①把当地的居住在本地区的人们拉进来,能更有效地确定问题和解决问题;②将当地人们自己发展的技术、信息和外部的信息、技术结合起来,能创造出既不仅仅是科学的,又不仅仅是本地化的知识,当地的知识,经验是创造性工作的基础;③解决问题的方法将会被人们所处的社会及文化背景所接受。

三、PTD推广模式与常规推广模式比较

PID与常规农业推广方法有差别,其差别见表6-1。

表6-1 PID与常规农业推广方法的比较

常规推广	PID推广
试图使推广的技术能适应于广阔的区域	更好关注由当地农民自己开发创造解决问题的方法
仅仅依靠专家来收集和应用知识或信息,使用一些如调查、统计和以研究机构作为基础的实验方法	PTD工作人员在学习当地农民的知识、经济和实践时,选择地使用参与式方法与工具,这些是基于农业工作者与农民间的交流、对话及理解之上的
专家们只是待在办公室或机构里,而不去实地开展工作,且与当地农民几乎没有接触,因此,在理论知识与现实之间存在距离	PTD工作者可以是村民、村领导、农业推广者,喜欢在田间开展工作的研究人员,他们尊重农村生活并有义务推广PTD经验

四、PTD活动的一般方法和程序

1.方法。PTD作为通往外部资源低投入和持续农业的一条途径,其主要方法包括:①对某一特定的农业生态系统的主要特性与变化达成共识;②确定当地问题的重点;③在当地农民或其他地区农民所具有的当地知识和科学知识相结合的基础上确定当地的试验方案;④提高农民的试验能力和加强农民之间的交流。

2.PID程序。程序上包括启动阶段、寻找实验对象阶段、试验设计阶段、试验阶段、交流结果阶段和保持后续阶段等。其工作程序如图6-1所示。

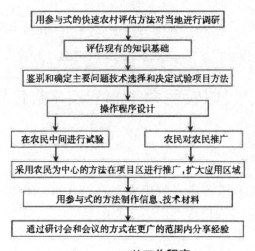

图6-1 PTD的工作程序

3.PTD活动阶段内容。PTD活动分六个阶段:启动阶段、寻找对象阶段、设计阶段、测定阶段、交流结果阶段和保持后继方法阶段,每一阶段活动内容见表6-2。

表6-2 PTD活动的6个阶段

阶段	内容	工作方法	活动结果
启动	建立合作关系;初步分析。	组织资源目录;社区走访;筛选数据;问题和社区调查。	编写目录;社区参与草案;参与技术发展网络编号;提高生态环境保护意识。
寻找实验对象	确定重点;确定当地社区经验;信息;筛选方法和标准。	农民座谈;开发当地知识技术;实地考察。	日程安排;提高当地确认问题和选择改进方法的能力;提高自尊。
试验设计	重温现有试验计划与试验设计,评估草案设计。	改进自然试验方法,农民对农民培训设计座谈会。	管理好有价值的试验设计监测、评估草案,提高当地试验能力
测定试验	实施实验、测定、观测、评价。	逐步实施、定期召开会议,实地考察,互动加强联系。	进行中的项目,提高当地实施、检测和评估实验能力,扩大和加强交流联系。
交流结果	交流基本思想原则、结果和技术进程,培养技能、实验方法。	走访、农民对农民培训,农民自己制作宣传画、实地座谈会。	观点与技术的自动推广,提高当地农民对农民的培训与交流能力,增加参与实验的村庄。
保持后续方法	为继续进行目前试验和农业发展创造有利条件。	组织发展,文字记述试验,参与监测农业生态持续作用。	编写资源材料,巩固和加强机构作用的联系。

第三节 以农民为中心的技术推广模式

一、FLE定义

FLE系指在技术推广过程中农民在外界推广和研究人员的帮助下,成为计划、设计和执行推广活动的主要角色。

二、特点

1.是一多层次多方面的沟通过程(推广人员→农民技术员→其他农民)。

2.由专业推广人员和农民共同执行。

3.一起分享探索和发展知识与技巧(相互学习)借鉴、共同发展。

4.目的是为了满足农业生产的需要和开发创新的能力。

实施FLE的理由是:①人们认识到农村和农业发展的努力必须以当地人的需要和优先要解决的问题为基础;②社会文化知识的普遍提高和农村社会及其成员参与的愿望逐渐加强;③以前的推广工作不是完全按照农村的社会需要来进行的,因此往往不容易获得成功,没有持续性。

FLE与国际乡村改造学院(IIRR)有密切的关系。IIRR是一个非盈利的非政府机构,总部设在菲律宾,它的使命是通过农村重建以提高发展中国家农村人的生活质量,从实践当中探索出一个可持续的、综合的以及以人为中心的发展策略。IIRR是由中国著名的平民教育学家吴阳初博士于20世纪60年代创建的,它的独特的工作信条就是FLE的思想源泉。

三、原则

1.在农业推广活动中,农民和他们的村镇能积极参与。

2.外界知识与农民实践经验相结合。

3.强调授权于农民和发展当地人的能力以促使他们能够自我。

4.倡导平等的精神,对富人和穷人都要平等对待。

5.通过小规模验证试验将研究成果和推广相结合。

6.提供的技术方法既要考虑到广泛的自然资源管理,又要考虑家庭经济收入,不能一味地追求产量的最大化。

四、选择一个好的农民技术员/推广员的指标

1.应该是本地人,并已经在他自己的农场实施推广的技术。

2.他的农场在当地能起到示范作用。

3.有较好的领导能力。

4.愿意和其他对此技术感兴趣的农民,分享和保持这些技术与经验。

5.必须是和他的邻居境况相同的农户,要求有代表性。

五、注意的几个问题

1.开始时传输的新技术数量一定要少,这一点很重要。

2.通过一段时间的工作,增强了能力、积累经验后,在更大的范围内迅速发展。

3.推广组织要建立一定的选择指标。

4.努力使农民的试验更具科学性,要求进行重复试验和统计分析。

5.推广工作和其他农村发展项目相结合。

6.加强对农民技术员的培训和技术帮助。

7.农民技术员是要求不断获取有关新技术和新方法的信息。

8.缺乏对农民技术员的培训是许多项目存在的严重缺陷。

9.为农民技术员提供向专业人员和先进农民代表学习的机会。

六、FLE的几种突出工作形式

1.交叉访问。

(1)提供农民学习和分享经验的机会。

(2)增强农村社区间农民之间的关系。

(3)提供获得新思想和知识的机会。

(4)提供农民技术员发展组织能力的机会。

2.田间活动日。

(1)是一个示范与分享经验的机会。

(2)发挥农民技术员的领导技能。

(3)是对示范户的支持。

(4)是社区交流、聚会的机会。

3.建立农民协会。

(1)是一个纯粹的促进社区发展的农民组织。

(2)协会成立后可以承担推广项目、任务。

(3)可以获得当地政府支持。

（4）协会可使各种推广方式与技术组织化、机构化。

七、PTD和FLE理论与方法在有机农业推广咨询中的应用

我国目前的有机农业的咨询以客户为基础的商业性咨询为主，同时也有一些国际项目支持的推广、咨询活动，如中德合作有机农业发展项目（GTZ项目）在安徽省岳西县进行的有机茶叶与猕猴桃的转换试验、示范项目和中荷扶贫项目在安徽霍山县进行的有机茶叶开发项目，而且还有一些政府农业推广部门执行组织的咨询服务。不管属于哪种形式的推广，PTD和FLE的理论与方法都能全部或部分应用于操作实践中。

以PTD和FLE的理论与方法为基础，有机农业推广咨询过程中必须注意以下几个方面：

第一，参与式的工作方式是做好有机农业推广服务的根本，推广、咨询人员要同农民或农场职工一起制定有机转换计划，避免采取任何强制性的手段。

第二，农民或当地技术员是决定转换是否成功，有机生产能否持续发展的关键，专业推广人员不可能整天在农田与农民一起工作，他的定位是指导、培训农民技术员，为他们寻找新的解决问题的方法与技术，提供农民难以接触到的信息，并掌握如何将理论知识与实际经验相结合。在推广过程中一定要注意对农民技术员的培养。

第三，强化农民和农民技术员的试验意识。用试验验证采用新技术是否适合当地的条件，如何才能最好地应用新技术，并通过PTD找到解决问题的方法，向其他农户展示新技术、新方法的可行性与有效性，另外，试验还能加强农民对农业生产的兴趣，激发他们自己探索新知识、新技能的热情，增强他们的能力。

第四，重视当地知识即由当地人世代相传的带有地方特色的有实践应用价值的知识，如防治病虫害的"土方法"，制作有机肥的特殊方法等在有机生产中的应用，在有机农业领域，非常重视采用当地的知识与品种，PTD相FLE方法能很好地做到这一点；

第五，必要的时候，可组织农民到其他转换成功的有机农场参观

学习。农民之间的交流更容易,更有效;

第六,端正推广人员自己的工作态度,与农民要平等相处,要尊重农民和农民的知识与观点。

第四节 有机农业推广咨询的过程与方法

一、对农民进行有机农业基本理论和方法的培训

1.推广人员为农民讲课。推广人员要深入到农村,组织对有机农业有兴趣的农民进行直接培训。在培训之前,推广人员要做好充分的准备,编好内容全面的教材,用文字结合图画、幻灯计、照片或录像片等农民易于理解的方式向他们阐述有机农业的概念、基本原理、有机农业的起源与发展、发展有机农业的目的和意义、进行有机生产的基本技术方法、有机生产的质量控制等方面的知识。要保证每个参与培训的农民都有一本教材,以帮助他们巩固培训传授的知识。在讲课过程中应针对农民的接受能力,尽量多讲实例,速度不要太快,语言要通俗易懂,也要注意给农民中间休息的时间。

2.农民分小组进行讨论。农民通过听和看,对有机农业的知识会有一个初步的印象和了解,也肯定会有疑问,有发表自己的想法的愿望。培训人员必须给农民这个讨论与发言的机会。在参加人员较多的情况下,可以分成几个小组,每个讨论小组可以将他们的问题与结果都写下来,以便做进一步的交流。通过讨论可活跃课堂气氛,提高大家积极参与的兴趣。

3.请农民代表发言。每个讨论小组选派一位农民代表上台表达他们的讨论结果和存在的疑问,发表自己对有机农业的观点,这样可以进一步加深农民对有机农业基本知识的理解,也能发掘出当地可以用于有机生产的技术。

4.推广人员仔细分析和回答问题。农民会提出各种各样的问题,但常常集中在病虫草害防治和土壤培肥上。如果树病虫害的防治问

题,茶树生产的小绿叶蝉,蔬菜生产的蚜虫、菜青虫如何控制,速效有机肥如何解决,从系统中流失的养分如何补充等问题。针对这些问题,推广人员就必须再次从有机农业的系统观、生态观加以解释,提醒农民有机农业生产中病虫防治是以建立平衡的作物生产体系和健康种植措施进行预防为主,而不是针对某个具体病虫寻求常规防治的替代手段。进行有机生产不能用常规的模式去理解有机系统,要从整体思想观念上进行转变。有机系统通过种植绿肥尤其是豆科绿肥作为土壤培肥的重要手段,有机肥的使用同样要根据作物的生长规律和有机肥的性质科学合理施用。

5.让农民自己构想一下有机生产系统。在认为农民已经基本准确地掌握有机农业的思想之后,可以让农民根据自己经营田块的实际情况设计一个有机生产系统,并向大家讲解他的设想,以此进一步交流思想。推广人员要对每个系统进行评述,使农民进一步剖析自己的想法。

通过以上步骤尽管比较复杂,不像一般培训那样讲完课后就一走了之,这样不仅可以让农民很好地接受有机农业的思想,还能激发他们对有机农业的兴趣。一次在对农民进行过培训后,一位老农在充分认识了有机农业的意义后,激动地说:"有机农业是造福子孙后代的事业,我们一定要进行有机生产。"

二、充分发挥当地农业技术员的作用

有机农业推广人员往往由于离有机农场较远或工作太忙而不能经常去农场进行指导,而当地农业专家却不存在这些问题,因此在对农民进行培训的同时最好邀请地方的农业专家一起参加,或专门对他们进行培训。一般地,农业技术人员对有机农业的思想掌握得比较快,再结合他们自己的专业知识与实践经验,能够很好地给农民提供有效的指导。

当地技术人员的优势在于:①容易掌握有机农业的思想;②有丰富的农业技术知识和实际工作经验;③可以与农民进行无障碍的沟通;④非常熟悉当地的气候、资源环境条件、农业生产现状等。

因此,当地技术人员是进行有机农业推广和帮助农民掌握有机农业的重要力量。

三、推广人员要和农民一起制定有机生产转换计划和技术方案

有机农业是一种发展充满生命活力的和可持续性的农业生态系统的过程。为了达到此目的,进行有机生产要求 2～3 年的转换期,以建立一个有效的有机管理体系,恢复土壤肥力和系统的活力。在转换过程中,第一步就必须制定一个明确的转换计划,指导农民有步骤地进行转换。转换计划不是由推广人员单方面制定并强加给农民的命令,而是要求他们一起根据当地的农业生产条件共同协商制定出一个切合实际、具可操作性的计划与生产技术方案。农民将是有机转换风险的最终承担者,计划必须得到他们的认同。因此,在制定计划中要充分调查当地的农业生产经营情况,广泛征求多数农民的意见,将农民的经验和有机农业的原理和要求结合起来。而且,通过共同协商,农民对有机农业的思想会领会得更加清楚。计划中的内容不是一成不变的,可以根据实施过程的实际情况加以调整,有些措施也只有通过一些试验才能确定是否合理,例如对于水稻田中应用红萍或细绿萍作为培肥的措施,农民就有不同观点,大多数农民认为在海拔较高地区,气温较低,红萍大量繁殖覆盖于水面,阻止阳光的进入,从而降低水温,不利于水稻的生长,而且红萍生长与水稻秧苗同步,从而出现相互竞争肥源的现象,但从理论上讲,红萍能固氮,是很好的绿肥资源。因此,对如何用好这种资源就需进行试验决定。

如果是整个村庄或农场进行转换,牵涉的农户较多,则转换过程中还必须选择出几个积极性高,文化水平较高,有一定组织能力和感召力的技术带头人,他们既是推广人员的联络员,又是解决一般问题的咨询员和督导农户严格执行有机生产标准的内部质量管理人员,将起到很好的模范作用和质量保证作用。他们的角色就是 FLE 中农民推广人员的角色。

四、与农民一起设计试验

农民做实验,大多数比较粗放,没有严格的对照。因此,农业技术

推广人员必须与农民一起进行实验设计,让农民充分发挥自己的能动性,增强他们的自信心。

实验大多数围绕以下几个方面进行:①多样性种植对作物病虫害发生的影响及原因分析;②绿肥的种植与利用技术;③堆肥制作技术;④病虫草害生物、物理防治技术。

五、加强和农民联络

农民一旦接受了有机农业进行转换,则推广人员要经常保持和农民的联系,询问他们的生产进展情况,农民就会认为自己受到重视。推广人员每年可以到转换农户或农场拜访2~4次,对有机生产计划进行评估,实地调查转换效果,并当场回答和解决一些问题,这样可以增强农民的生产信心,促使他们把有机农业生产当作一种自觉的行动。

六、召集农民总结和相互交流经验

通过一定时间的有机转换,可以召集农民一起总结和交流经验。农民可以列举共同成功的举措,并说出自己的体会,其他人可以学习和推广这种经验。如在有机生姜种植过程中,有的农民在种下姜种后,于土表覆盖一层稻草,晒干后点燃,这样可以有效地减少杂草的生长,也大大减少了病虫的发生;而有的农户在姜芦周围放些黄檀的枝条,利用其气味有效地防止玉米螟的蛀害。像这种经验以及试验的结果可要求农民用文字记录下来,更利于传播和推广。对于成功进行有机生产的村庄或农户,可组织正在转换的农民去参观学习,吸取成功的经验,增强有机生产的信心。

通过以上这些措施,可以使农民在接受有机农业知识,提高有机农业生产技术方面从怀疑或试探的心理逐步转变到理解并非常感兴趣,最终掌握有机农业技术,并达到将有机农业当作一种生活的方式,一种生活的追求,把有机生产作为一种艺术的境界。如果农民达到了这种境界,则有机农业将不仅仅只是为了迎合市场的需求而存在和发展,有机农业保护自然资源和环境,为人类提供安全、健康的食品,实现农业生产可持续发展的目标也终将实现。

七、我国有机农业工程实例分析

(一)建设背景

中德技术合作项目"中国有机农业发展"于 1997 年 11 月正式启动,1998 年 4 月中德双方(中方执行单位是国家环保总局有机食品发展中心,简称 OFDC;德方执行单位是德国技术合作公司,简称 GTZ)就项目目标、预期成果、工作计划等方面基本达成共识,1998 年 8 月进入全面的实施。本项目第一阶段的预期成果之一是:为项目试验区的农民引入并制定从传统农业和常规农业向有机农业转换的概念与计划。

经过专家的评估与筛选,安徽省岳西县被选为项目的试验区。岳西县位于皖西南边陲,大别山腹地,跨江淮分水岭,国土面积 237900 公顷,其中耕地 15467 公顷,林地、山场 1811549 公顷,森林覆盖率 72.8%。全县总人口 400870 万人,其中农业人口 361451 万人,1995 年岳西县被列为全国第一批重点贫困县。岳西县地处北亚热带大陆湿润季风气候区,日照充足,气候温和,雨量充沛,四季分明,但由于地形高差引起的小气候变化,包括既有微地域性变化,又具有垂直差异,形成水、热再分配的显著特征。年平均温度 14.5℃,年降水量 1420mm,年际降水不均,春夏偏多,秋冬偏少,常遭秋旱、山洪灾害威胁。年平均相对湿度 76%,平均无霜期 210 天,全年积温大于 5000℃,年平均日照 2091h。由于岳西县的自然环境条件优越,农民保留了很多传统的耕作技术,为有机农业转换提供了很好的基础条件。

在岳西县,选择了本县有代表性的两个村作为试验点,即位于瑶落坪国家自然保护区境内的包家乡石佛村和主簿镇的余畈村。余畈位于岳西县东北部深山区,平均海拔 600~650 米,气候温和湿润,生态环境良好。该村有 15 个村民组,250 户农民,1020 人,耕地 543 亩,山地 15395 亩,其中经济林 2754 亩(包括猕猴桃 1138 亩,杜仲 1124 亩,茶叶 650 亩,银杏 70 亩),项目开始时选择余畈村的主导产品猕猴桃作为转换对象。

为了保证项目点工作的顺利升展,岳西县成立了"岳西县有机农业发展项目办公室"(YPMO),设在县环保局,由局长、副局长专门负责相关的工作,YPMO是岳西县组织项目开展的负责部门,其功能是:①负责与GTZ南京项目办的联系工作;②配合项目派遣的国内外专家在项目点的培训、咨询活动;③负责全县有机农业的人力资源建设,如组织培训与参观学习活动,编辑有机农业定传资料等;④负责与项目点的日常联系与指导工作。

多年工作的经验证明,YPMO的成立与运展对项目点的转换及在全县形成有机农业、有机食品开发的意识,培养当地的有机农业人才方面起到重要的作用。

(二)有机农业生态工程建设过程

整个转换过程中,在项目点开展了大量的工作,包括前期的专家考察调查,各种培训、转换计划的制定、专家技术咨询、有机农业转换咨询站的建立及专业协会的形成、有机转换认证检查等,各种活动的指导思想是从提高参与转换工作的各方面人员的工作能力与知识、技术水平出发,从而将余畈村建设为一有机农业综合发展的生态工程体系。

1.有机转换的过程与步骤。中德合作有机农业发展项目于1997年底正式启动,1998年8月德国专家考奇博士(J. Kotschi)对项目示范点进行了转换调查,内容包括当地的社会、经济与自然条件,提出了有机转换的步骤与建议,及转换计划的框架。1998年,有机食品发展中心的席运宫先生,南京农业大学的何文龙先生,以及德国土壤专家罗马可先生合作编写了"有机农业讲义",并于1998年12月由席运官、何文龙在余畈、石佛两个村庄进行了首次有机农业基础知识培训。1999年至2001年,两个村庄制定了有机转换计划,该项目邀请了国内外知名的水果专家、绿肥专家、土壤专家、有机农业咨询专家对项目点进行了有机生产技术的培训与现场指导,组织农民一起参与技术试验,不断地解决转换过程中遇到的技术问题,同时项目点的农民也不断地参加在外地举行的各种与有机农业、有机食品相关的培训班与研讨会。1999年猕猴桃生产获得合机转换认证,2000年余畈的猕猴桃获有机认证。

对于以上转换过程,农民曾经出现过急躁的情绪,尤其在转换初期,但通过对几年转换实践的回顾,他们认为这种转换过程是正确的,没有几年的转换过程,农民思想上很难真正认识、理解透彻有机农业。思想上的认识是多方面的,需要一个较长的时间与过程,对农民来说,一个新的理论,一种新的技术,尤其是和他们熟悉的想法与做法相差较大时,必须通过实践的体会与检验才能理解与接受它,没有思想上的认识,就不能真正实现有机农业的转换。农民总结道:转换的第一年对有机农业的认识是比较模糊的,认为不用农药与化肥就是有机农业;第二年渐渐清晰,认识到要种植绿肥,要做好养分循环工作,要培育好土壤;第三年才能深刻领会有机农业的真正内涵,能从保护环境,从人类健康,生态平衡,可持续发展的角度认识有机农业,而从思想上也解放开来,能够自觉地组合不同的生产内容,充分利用各种资源,具备了建设有机农业生态工程的思路。因此,观念的转变在有机生产转换中显得特别重要,通过转变观念可以达到如下目的:①正确理解与认识有机农业的方法与意义;②行为上能够自觉地按照有机农业的原理与标准进行操作;③对于病虫害的心态会从以前的盲目担心害怕,到镇定对待一些病虫的发生。

余畈农民的体会是,以前猕猴桃园是见虫必打农药,以至一年至少需要喷洒7~8次农药,而进行有机转换后,对于轻微发生的病虫害或新发现的病虫害,农民是先观察,他们了解一方面系统有自然的调控作用,天敌会帮助控制害虫;另一方面由于病虫害造成的少量落叶、落花、落果起到一种自然的疏花、疏果作用,不会影响产量。在这种观念的指导下,现在一年可以连生物农药都一次不用,不但节省了劳力,也节省了大量的费用。对于杂草也是一样,以前是要把猕猴桃园清除得一草不剩,越干净越好,当认识到杂草也有一定的保持水土,增加系统多样性与稳定性后,也能正确对待杂草,只进行一些必要的清除,同样节约了很多劳力。

从项目点的转换经验中,可将一个有效的转换过程概括如下:基地基本情况调查→有机农业基础知识培训→制定转换计划→专家指导,农民参与,一起解决生产技术问题→农民对有机农业知识不断地得到强化→农民在实践中体会与总结有机生产技术→思想上接受与理解有机农业,行动上主动采取有机农业的技术方法→成功地实现有机转换,并朝有机农业生态工程方向发展,从而降低生产投入成本,提高经济效益——带动周边地区有机农业的全面发展。

2.成立有机猕猴桃协会。岳西县皖奇有机猕猴桃协会的成立是项目开展过程中的重要成果之一。在1998年开始转换时,项目点还没有协会,对于各个独立分散的农户,如何组织他们一起按照有机生产标准进行转换是项目工作人员以及农民一直探讨的问题。首先考虑需要建立一个咨询站,作为农民活动、讨论问题的场所,并作为收集农民反馈的转换信息、解决农民生产问题的中转站,也是示范点与项目办的联络处,于是1999年初在两个示范点分别建立了余畈与石佛咨询站。在此基础上,农民感觉到需要一个核心组织来进行有机生产的组织与管理工作,保证有机转换的顺利进行,因此在项目办的建议下,参照国外有机农业发展的经验,在余畈成立了岳西县皖奇有机猕猴桃协会(下称协会),选举了协会负责人,制定了协会的章程和协会内部质量控制规则。这样,在示范点就有了一个为有机转换负责任的机构,有了带头人与负责人。

协会的成立,为有机生产达到以下作用:①协会对广大农民起到带头作用,会员之间可以相互交流,取长补短,促进生产技术的提高;②协会坚持每个月16日开例会,内容包括生产技术交流,质量控制,规范标准的执行。通过例会使协会产生相当大的凝聚力;③协会也学习、采用参与式的培训、交流方式,加强了相互之间的沟通,协会成员深深体会到沟通的重要性,可以交流经验,消除误解与隔阂,有利于工作的开展;④协会是有机生产的技术与信息流转中心。通过协会可以接受外界的技术、产品等信息,再向会员传播。例如,通过协会,接触了解了水生蔬菜"茭白"的种植技术,并通过试种总结经验,然后在协会中大力推广;⑤协会在产品销售中将起到越来越重要的作用。协会已经制定了初步的产品销售计划,申请了注册商标——"皖奇",为生产的有机产品创建品牌打下了基础。

总结协会成功的经验,一个农民协会能否起作用,取决于以下几方面。

第一，协会需要一个核心组成单位。余畈猕猴桃研究所就是协会的核心，一方面核心单位的工作和技术基础就是协会的基础；另外、协会成立之初，没有经济基础，协会的日常活动缺乏经费（如组织会员参观，会员外出参加培训班及研讨会等），而核心单位可以承担这方面的义务。

第二，需要几个乐于奉献的人负责协会的运转。在余畈，协会的几个负责人是有机生产的技术带头人，非常热心于有机生产，对新加入的会员能无私地对其进行技术指导，并定期地进行猕猴桃园实地考察。他们的这种奉献精神与人格魅力一方面促进了有机生产技术的发展；另一方面吸引了更多的人参加到协会中来，结果协会成员从当初成立时来自一个村庄的18户，发展到包括4个村庄的43户成员，猕猴桃有机生产面积从当初的44.2亩，发展到229亩，其中44.2亩获有机认证，41.8亩获转换认证。

第三，协会成员对有机农业的向往是协会发挥作用的基础。这种向往期望通过转换获得较好的经济效益是一方面，更重要的是认识清楚了发展有机农业的意义，感觉到自己从事有机生产是有利于人类身体健康和子孙后代的事业，值得去做。对有机农业的这种思想观念与认识程度没有多次的培训和农民自身一定时间的有机生产实践是不可能的。

第四，外界的支持。中德合作项目、国家环保总局有机食品发展中心、南京环球有机食品研究咨询中心、岳西县项目办等以及各方面的咨询专家的支持与指导，是协会发展壮大的重要因素。

3.余畈有机农业生态工程建设的主要内容。经过4年的有机生产转换，余畈村初步进行了以下有机农业生态工程建设内容。

第一，猕猴桃园种植绿肥。通过项目聘请专家的帮助与指导，从1999年秋季开始，农民试种了白三叶、黑麦串、苕子、紫花苜蓿、紫云英等绿肥品种，除紫花苜蓿外，其余四种绿肥均获成功。2001年进行了大面积推广（协会要求全部转换面积的2/3都要种绿肥），并认识到绿肥要在有机生产的土壤培肥方面占主导地位。

第二，通过有机转换和整个系统生态环境的保护，猕猴桃生产可以不用任何制剂而达到控制病虫害发生的目的。

第三，猕猴桃园放养蜜蜂。从1999年开始，在猕猴桃开花季节（5月中旬）在猕猴桃园放养蜜蜂，一方面为花授粉；另一方面又可生产高质量的蜂蜜。实践表明，效果很明显，授粉完全，使果形正，果子大，质量好。以前要通过人工授粉，每亩需要花费40元的人工授粉费，而现在不仅可节约劳力成本，还可产出几十元的蜂蜜效益。

第四，从2001年开始在猕猴桃园养鹅，放养少量的鸡，以利用绿肥资源，并防治一些害虫。

第五，2001年，开始引进肉羊，综合利用绿肥，猕猴桃树叶，山上的杂草等资源。

第六，2001年开始水生蔬菜——茭白的有机种植，并探讨在茭白地养黄鳝的技术。

第七，协会注册了商标，制定了有机产品的营销方案，包括广阔山场的野生资源开发在内的有机生产、有机产品的全面开发，走有机生产产业化经营的道路。

第八，2002年开始修建沼气池。

第九，2002年由中德合作项目聘请专家对余畈村全村实施有机农业产业化经营进行了围绕"以实现经济、生态、社会效益为中心，以生态保护为基础，市场开拓为龙头"的整体发展规划。

4.有机转换过程中当地创新的技术。余畈村在有机猕猴桃转换过程中，通过余畈猕猴桃研究所，猕猴桃协会的努力，在专家的指导与启发下，采用PTD的方法，农民有了创新与解决技术难题的能力。几年来，农民创新的技术总结如下。

（1）猕猴桃的嫁接技术：一般情况下是冬季实行嫁接，出种改种的需要，将嫁接改为夏季进行，即在7月份实行劈接，顶部接嫩技。这样成活率高，长势快。此为农民无意中的发现，属集体创造的成果。

（2）雌雄比例：猕猴桃种植书上介绍雌雄株比例为8:1，但农民发现这样授粉太远，授粉效果不好，因此发明了在每棵雌株上嫁接一个雄枝，这样占有的空间只有1/20，而花粉授粉均匀，有利于风媒与虫媒传播。

（3）猕猴桃半地下式通风库贮藏：猕猴桃协会负责人在半山腰建立半地下式的通风储藏库，有冬暖夏凉的效果，冬季室外温度零下15℃时，室内温度为0℃，夏季中午时分，室内较室外低7～8℃。实践证明储存效果良好，猕猴桃果实的储存时间可从10月份最长储存到第二年的7月份，这样可以拉开果实供应的时间，错开储藏高峰期，稳定价格，实现了可观的经济效益。如猕猴桃品种791（魁蜜），储存过程中损耗不足8%，与冷库效果差不多，而效益明显，果实高峰期才卖0.6元/千克，而贮存的果实最高时可卖1.2元/千克。

（4）猕猴桃园铺稻草覆盖地表：经过试验，效果不错，主要表现在：能调节温差，冬防冻，夏防热，松土，保温，抑制杂草，防止水土流失。稻草8个月才会腐烂。能否起作用，关键在于用草的量，每亩通常要1500～2000kg。

（5）地下通气排灌技术：在湖北农科院水果专家张力田教授的指导下进行的。在地块中开89cm深，30cm宽沟，两头保持一定的高差，用小红砖砌好，再添上泥土。结果表明能使猕猴桃扎根深，抗寒抗旱、吸肥，减轻根腐病发生。

（6）干牛粪烧穴法提高猕猴桃苗成活率：具体做法如下，定点开穴，将干牛粪放在穴中，用火种引燃牛粪后，盖上细土，于顶端用木棒放打一个通气孔，使燃烧的牛粪不易熄灭。待烧尽熄火后，打开此堆，搅拌，下雨后即可移栽。此法可使猕猴桃苗成活率达98%。

第七章 有机农业技术应用与前景

第一节 有机农业与农村经济发展

一、有机农业是农村能源综合利用的先进生产方式

有机农业核心是综合利用能源,在广大农村,农业生产的废弃物在经过科学合理处理后,都可作为有机农业生产的物质,它对改善农村生态环境、降低生产成本、解决生产投入物质具有积极的作用。有机农业能源利用的主要措施或环节见表7-1。

表7-1　有机农业能源利用的主要措施或环节

措施或环节	经济效果	社会效果	生态效果
优化种植结构	增产增收	搞活经济	系统协调、用养结合
绿化(种草种树)	远期增收	改善生活环境	改善农田小环境,防风固沙
发展经济作物	增产增收	提供安全产品	系统投入、产出平衡
种养结合	转化增收	提供优质产品	充分利用饲料资源,农牧相互促进,物质循环,合理利用资源
水产养殖	增收增产,转化增收	提供安全优质产品	水面利用,废弃物利用,促进循环
沼气利用	节省燃料开支	提供补充能源	开发新能源、肥源,促进有机物再循环,控制污染
有机肥和秸秆还田	降低生产成本,减少投入	节约石油能源,提供优质产品	有机物再循环,提高土壤肥力

措施或环节	经济效果	社会效果	生态效果
综合防治,减少农药	减低生产成本	提供安全食品	控制污染,保护环境和生物资源
科学施肥	降低生产成本	提供安全优质产品	保护水土资源,养分收支平衡
质量控制体系	预防意外事件造成更大损失	保证产品质量和产品信誉	

二、有机农业对农村经济的影响

限制有机农业发展的主要原因是人们认为有机农业系统没有经济上的生命力。然而,农业成本尽最大可能降低的压力,迫使农场主重新考虑他们的农事活动,转而青睐低外部投入的有机农作方式。有机农业生产者认为有机农业的较低的投入将能补偿其产量的降低,特有的生产方式(节约能源、保护环境)、生产过程(劳动的付出)和产品特点(营养健康的食品)使得有机农产品的价格高于常规生产方式的农产品,在经济上是可行的。

(一)产量

瑞士 1979—1981 年的数据统计显示了有机和常规农业产量的相似程度(表7-2)。近期从同样的资料来源所作的更多的分析表明:有机农业与常规农业一样,普遍呈现递增的趋势。

表7-2 瑞士有机、常规农场产量比较

作物(t/hm²)	有机农场	常规对照农场	地区平均产量
小麦	3.9	4.5	4.7
稞麦	4.4	/	4.5
玉米	4.4	4.7	4.9
燕麦	4.2	5.0	4.9
大麦	3.9	4.5	4.5
马铃薯	31.1	31.4	36.3

注:对比农场面积、土壤类型相似。

有些时候,在转换期,产量会下降,那是因为新的有机生产体系刚刚建立。有机体系是一种生物过程,它需要一定的时间。尽管这不是一个长期问题,在转化期间产量降低的情况不能作为一个标准来衡量有机体系建立后的产量潜在能量。在 Baden-Wurttemberg 地区的研究中 Bockenhoff 指出产量与有机体系的建立时间长短有关(表7-3)。

表7-3 农场有机管理时间与年度平均产量(t/hm²或kg/奶牛)

	农场有机管理时间(年)					
	<2	3～5	6～10	>10	平均	常规
谷类	2.9	2.7	3.2	3.3	3..1	4.3
马铃薯	21.0	11.4	16.8	16.1	16.2	22.2
甜菜根	9.2	25.0	28.0	33.6	29.9	32.6
胡萝卜	13.8	23.0	40.9	43.1	40.5	42.3
牛奶(kg/牛)	3912	3685	3895	4216	4013	4231

根据我国台湾以有机轮作为主要措施的有机种植农场分析,该农场以两种轮作制度及有机、折中和惯行等三种农耕法,评估长期实施有机农耕法,对农作物产量、病虫害、品质、杂草发生与栽培效益的影响,发现有机农耕法的产量受作物种类与种植季节的影响较大,秋季种植甘蓝、萝卜及甜玉米等,以有机方式管理,分别比常规管理减产10.8%～29.15%,12.3%～42.6%及5.5%～6.9%;但有机方式管理的春季甜玉米比常规管理增产4.5%～26.2%。毛豆及矮性菜豆于夏季水稻之后种植,以有机方式种植较好。以有机方式种植的夏季水稻,前二轮显著减产,但第三轮回时则与常规种植方法相近。

从产量看,R1和R2的轮作模式中,从总体上看,以有机种植方式生产的水稻、蔬菜、牧草、玉米等产量均高于常规生产方式(除了1983年春季的玉米和1984年春季的水稻)(表7-4);杂草发生方面以水田杂草最少,旱作中秋作杂草数较春作多,且均以有机及折衷两农耕法较多。病虫害方面除1984年夏作水稻胡麻叶枯病和同年秋作毛豆夜盗虫为害遍及三种生产方式且较为严重外,其他均未达到危害作物发育的程度。

表7-4 不同农耕法对两种轮作系统(R1及R2)各作物产量影响之比较

轮作型	期作	作物	产量(t/hm²)		
			常规方式	折中方式	有机方式
R1	1983年夏	田菁	22.88	24.38(+6.5)	26.88(+17.4)
	1983年秋	莴苣	10.45	13.68(+30.9)	12.6(+20.6)
	1984年春	玉米	11.21	11.55(+3.0)	12.03(+7.3)
	1984年夏	水稻	5.91	5.97(+1.0)	6.32(+7.0)
	1984年秋	毛豆	7.74	8.13(+5.0)	8.30(+7.2)
	1985年春	玉米	10.31	10.51(+1.9)	10.61(+2.9)
R2	1983年夏	田菁	29.13	23.63(−18.9)	29.25(+0.4)
	1983年秋	甜玉米	10.34	10.24(−1.0)	9.27(−10.3)
	1984年春	水稻	6.01	5.57(−7.3)	5.24(−12.8)
	1984年夏	水稻	5.95	6.18(+4.0)	6.25(+5.0)
	1984年秋	毛豆	7.85	7.88(+0.4)	8.20(+4.5)
	1985年春	水稻	6.42	6.35(−11)	6.48(+1.0)

(二)有机农产品的价格

在农业竞争的压力下,有机农产品的较高的价格经常被人们所提及,它也是人们对扩大有机农产品生产的兴趣的主要原因。在英国有机面粉的价格是常规面粉的2倍,在德国价格为3倍还多。在英国的一些地方,有机蔬菜的价格比常规价格高100%。尽管价格高,但还是供不应求。

有机产品价格升值空间高的有机作物主要是蔬菜和粮食类。有机产品价格的波动与市场是紧密联系的。表7-5、表7-6是英国Ex-农场粮食蔬菜价值表。

表7-5 英国Ex-农场粮食作物价值(英镑/t)

	代表价格	平均价格	升值额(%)
制面包小麦	230(180)	210~250	100+(70)
其他磨粉小麦	180(170)	/	70(60)
饲用小麦	200(150)	180~220	100(50)
啤酒小麦	170(—)	/	60(—)

续表

	代表价格	平均价格	升值额(%)
饲用大麦	155(135)	/	50(35)
燕麦	175(160)	165～180	70(35)
稞麦	200(190)	200～220	70(60)
豆类	195(200)	190～200	20(20)

这些有机小麦、燕麦的升值空间与其质量紧密联系。差些的小麦升值35%而优质的升值80%～100%。燕麦的升值空间在30%～60%,也按质论价。

表7-6 英国Ex-农场有机蔬菜价值(英镑/t)

	代表价格	平均价格	升值额(%)
主栽马铃薯	200	160～250	100
早马铃薯	/	＞700	100+
胡萝卜	330	200～530	50～150
羽衣甘蓝	200	110～260	0～50
洋葱	440	330～500	30～50
青葱	550	260～770	25+
甜菜根	220	180～260	50～80
欧洲防风	440	330～550	50～150
白甘蓝	200	130～330	0～50
绿皮南瓜	330～550	180～880	0～50

(三)生产成本

成本的变化是常规农业与有机农业最主要的不同,在产量减少、升值空间变小时,低成本会起到补偿的作用(表7-7)。

表7-7 12种小麦(6种有机、6种常规)平均利润

	常规农业	有机农业
生产成本(英镑/hm²)		
种子	40.60	48.80
化肥	118.28	0.00
农药	96.43	0.00

	常规农业	有机农业
总量	255.31	48.80
其他花费（英镑/hm²）		
中耕	65.38	75.72
收获	58.00	58.00
总量	387.69	182.52
产量（t/hm²）	7.4	4.4
价格（英镑/t）	108.32（115.00）	160.00（200.00）
产出（英镑/hm²）	801.60（506.00）	704.00（880.00）
毛利润（英镑/hm²）	546.29（457.20）	655.20（697.48）
毛利润减其他花费	422.91（323.48）	521.50（697.48）

对大多数粮食作物来说，可变成本包括：购买种子的费用、肥料和农药的费用。

对于种植蔬菜来说，除了生产粮食作物的可变成本外，生产过程的锄草费用明显增加。

（四）固定成本

人们通常认为有机农场的劳动需求要大于常规农场，实际上这只是少数现象。它主要出现在那些需要特别额外输入劳动的农场。如需要手工除草的有机蔬菜农场。

Vine 和 Bateman 的研究表明，有机农场的劳动支出比常规农场小。但将农场主和其家人的劳动也算在内的话，两者相差不多。

表 7-8 是一个来自瑞士的有机、常规农场劳动需求的比较表。Steinmann 研究分析了不同农场的支出分配比，发现有机农场中蔬菜种植所扮演的角色重于常规农场。这也可以用来解释为什么有些时候每公顷所需劳动力在一定程度上要大于种植粮食作物的农场。

表7-8 瑞士有机农场与对照常规农场劳动需求比较

农场(个)	有机农场	常规对照	地区平均
	21	21	1030
农场(SMD)	799	674	614
家庭(SMD)	469	430	446
劳动支出(SMD)	330	244	168
家庭占总和的(%)	59	64	73
耕种面积/劳动面积	7.1	8.1	8.0
SMD/公顷可利用面积	46	40	41
SMD/公顷耕种面积	43	37	37

注:SMD=标准人天(Standards Man Days)

生物动力学和常规农场的冬小麦的比较显示(表7-9),在种床(Seed bed)的准备和条播方面二者的劳动需求是相似的。但是有机农场在杂草的控制和生物动力学的准备方面所需劳动量要高一些。生物动力学的准备需要一个较长的时间和额外的劳动需求。

表7-9 Baden-Wuttemberg地区不同计划的生物动力学农场和常规农场的劳动需求
(h/hm^2)比较

单位:h/hm^2

面积与作物	农场(个)	种床准备、犁地	杂草控制、施肥、生物动力学准备	收获	总和
2~5hm²冬季谷物					
常规平均	4	15.1	3.1	9.6	27.8
常规范围		6.0~29.3	2.1~4.7	6.6~15.4	17.7~41.3
生物动力学平均	6	12.7	17.2	14.1	44.0
生物动力学范围		7.2~24.0	11.1~27.5	9.2~22.0	27.5~59.0
1~4hm²马铃薯					
常规平均	3	13.0	21.8	69.1	103.8
常规范围		7.4~20.7	8.4~46.8	51.0~95.1	78.7~124.2
生物动力学平均	4	39.2	81.9	163.2	284.3
生物动力学范围		7.9~64.0	66.6~121.1	116.3~270.5	233.8~375.1

续表

面积与作物	农场(个)	种床准备、犁地	杂草控制、施肥、生物动力学准备	收获	总和
小于1hm²饲用甜菜					
常规平均	4	14.0	88.8	119.5	222.3
常规范围		7.5~26.7	54.8~116.2	62.5~240.0	158.1~321.5
生物动力学平均	4	25.5	261.0	152.2	438.7
生物动力学范围		10.0~53.3	158.6~389.0	96.1~209.0	238.6~608.8

（五）其他固定支出

由于专门化的生产,缩小了生产资本的需求,因为化肥、农药等成本减少;机械维修、折旧及一些扩大的借贷利息的固定支出可能缩小。Vine 和 Bateman 的研究发现,有机农场的固定支出总数要低于常规农场。

（六）毛利润

说明低产量、高价格、低可变成本之间关系的最简单的办法,是看各农场收支计划中的毛利润。表7-10为某种植业有机农场毛利润统计表。

表7-10　种植业有机农场的毛利润

	豆类	小麦	燕麦
产量(t)	3.50	4.00	4.00
价格(英镑/t)	260.00	220.00	200.00
产出(英镑/hm²)	910.00	880.00	800.00
可变成本(英镑/hm²)			
种子	125.00	65.00	65.00
绿肥	0	30.00	30.00
总和	125.00	95.00	95.00
中耕(英镑/hm²)	182.50	182.50	202.50
毛利润减支出(英镑/hm²)	602.50	602.50	502.50

1977 年在西德 Baden-Wurttemberg 地区的研究表明,尽管有机农场的产量较之常规农场要低10%~25%,但较低的可变成本使其毛利润

与常规农场所差不多,这还不包括有机产品升值的那一部分(表7-11)。

表7-11 Wurttemberg地区生物动力学农场和与之相似的常规农场谷物产量与毛利润之间关系的比较(常规=100)

地区	1	2	3	4
产量	90	74	86	91
毛产出	116	85	118	120
可变成本	68	63	86	69
毛利润(a)	137	95	133	141
毛利润(b)	101	80	86	100

注:(a)实际收入价格;(b)常规价格。

单单看各农场收支计划中的毛利,有可能让人作出错误的判断。有机系统中各项计划的相互影响作用非常大,如轮作就是十分重要的一方面。这意味着粮食作物和蔬菜的高额毛利润只有在作为一个平衡轮作系统中的一部分时才能达到。这个系统还应该包括家畜的饲养和牧草的种植。这些计划表面上会抵消一部分毛利润,然而它会因为粮食作物的更好产出而得到补偿。因此也没有必要单单用养牛和产奶的升值价格来与常规农场相比较。

农场系统发展组织(The Development of Farming Systems)在荷兰的Nagele地区进行的试验已经有十多年了。该地区包括了三个系统:常规农业、联合型农业(限制化学物质的使用)和生物动力学系统。三个系统的土质完全一致,面积也相当。结果由于较低的成本和较高的价格,虽然生物动力学系统的产量有所下降,但结果是它的纯利润最高(表7-12)。

表7-12 Nagele地区三种市场主要作物平均自然、经济产量评估

	常规农场			联合农场			生物动力学农场		
	马铃薯	榨糖甜菜	小麦	马铃薯	榨糖甜菜	小麦	马铃薯	榨糖甜菜	小麦
产量	52.1	9.39	7.9	36.6	9.53	7.0	23.6	8.26	5.3
产出	10.45	7.10	4.22	10.94	7.10	3.80	11.02	6.06	4.94

续表

	常规农场			联合农场			生物动力学农场		
	马铃薯	榨糖甜菜	小麦	马铃薯	榨糖甜菜	小麦	马铃薯	榨糖甜菜	小麦
支出	5.51	1.82	1.28	4.49	1.61	1.08	2.43	1.11	0.62
纯利润	4.94	5.28	2.94	6.45	5.49	2.72	8.59	4.95	4.32

注:产量(t/hm²)甜菜产量指每公顷甜菜所榨之糖。
产出为价格(荷兰盾/t)×产量(t/hm²)。
支出包括杀虫剂、化肥、雇佣劳动、种子、保险和利息。
纯利润为产出减去支出。

高效农场的平均成本通常比低效的农场要低25%~50%。很明显经济效率高的农场应该是低投入的系统。机械投入、化肥和杀虫剂及利息的花费比例在每个农场单位的生产成本中都各不相同。

(七)农场总收入

Schluter(1986年)在Wurttembergde小规模研究了一些生物动力学农场。其结论为作物产量有增加,家畜产出有降低,其他方面近似。所以利益和每公顷农场收入都比同等条件的常规农场高。通常情况下,第一年有机农场各家庭劳动单位的利益和每个全职劳动力的收入比常规农场要低,第二年就会比它们高。

[实例7-1]有机大米生产经济核算(表7-13)。

表7-13 有机米肥、药成本与经济效益(单位:元/66.7hm²)

	商品有机肥	沼气肥	对照(化肥)
总产值	613.32	716.28	337.98
总投入	352.5	295.7	152.55
肥料	226.8	68.0	67.55
施肥劳动力	21.0	123.0	21.0
农药	64.7	64.7	24.0
喷药用工	40.0	40.0	40.0
利润	260.82	420.58	185.43
投入:产出	1.74	2.42	2.21
谷价(元/50kg)	120	120	60
亩产(kg/66.7hm²)	298.45	255.55	281.65

[实例7-2]有机草莓种植,经济效益分析(表7-14)。

表7-14　草莓种植系统中的经济投入产出分析

处理	有机区	无机区
总产值(元/hm²)	17503.50	15804.80
草莓产出(元/hm²)	16902.00	15363.00
地面产出(元/hm²)	479.20	261.60
杂草产出(元/hm²)	122.30	180.20
总投入费用(元/hm²)	9787.02	9489.98
种子费用(元/hm²)	2484.38	2119.40
人工费用(元/hm²)	5262.50	4653.50
肥料费用(元/hm²)	734.38	1354.32
能耗费用(元/hm²)	62.50	119.50
其他费用(元/hm²)	1243.26	1243.26
纯收入(元/hm²)	7716.48	6314.82
产出:投入	1.79	1.67

注:①苗为0.02元/株;②人工为1.00元/h;③沼肥为0.50元/10kg;④复合肥为0.66元/kg;⑤电耗为0.50元/kw·h;⑥其他费用为围、隔试验田所用的网和塑料,若是常规种植草莓可免;⑦草莓价格为1.50元/kg;⑧地面产出(草莓茎时)按0.20元/kg计算;⑨杂草按0.10元/kg计算。

[实例7-3]德国有机农业与常规农业整体经营情况对比分析(表7-15)。

表7-15　有机农业与常规农业经营情况对比

内容	单位	有机农业	常规农业
企业数量	个	95	388
企业规模	hm²(农业用地)	35.16	37.04
劳力	人/企业	1.92	1.6
家庭劳力	人/企业	1.41	1.49
比较值	马克/hm²	1256	1168
种植面积	hm²/企业	20.74	20.62
谷物	%	57.6	63.5
马铃薯	%	3.9	2

续表

内容	单位	有机农业	常规农业
甜菜	%	0.9	2.3
蔬菜等	%	9.7	10.5
青贮玉米	%	1.8	12.6
其他饲料	%	26	9.2
载畜量	大家畜单位*/100hm²	97.2	113.6
其中			
奶牛	大家畜单位/100hm²	45.6	55.3
其他牛类	大家畜单位/100hm²	38.4	50.6
猪	大家畜单位/100hm²	6.4	6.9
家禽	大家畜单位/100hm²	2.1	0.5
产量：			
小麦	kg/hm²	3690	5870
黑麦	kg/hm²	2820	4600
马铃薯	kg/hm²	16110	28900
牛奶	kg/头	3881	4683
价格：			
小麦	马克/t	1025.8	328.8
黑麦	马克/t	944.1	318.1
马铃薯	马克/t	599	192
牛奶	马克/100kg	71.21	65.24
企业收益	马克/hm²	4728	41.62
其中			
种植业	马克/hm²	1177	625
养殖业	马克/hm²	2190	2584
企业支出	马克/hm²	3408	3010
其中			
肥料	马克/hm²	43	236
植保	马克/hm²	10	96
购买家畜	马克/hm²	114	136
饲料	马克/hm²	200	301

内容	单位	有机农业	常规农业
人员工资	马克/hm²	324	103
利润率	%	27.9	27.7
利润	马克/hm²	1321	1152
利润	马克/家庭劳力	32871	28542
利润	马克/企业	46431	42676

注:*一个大家畜单位=500kg牛

三、应用实例

2001年8月自治区农业厅优质农产品开发中心和中国农业大学有机农业技术研究中心决定在凌云县沙里浪伏茶场和西林县古障茶厂实施建设有机茶(白毫茶)生产示范基地项目,组建了由广西优质农产品开发服务中心、广西汇珍农业有限责任公司和百色市农业局、百色市茶叶开发中心等在凌云县浪伏茶场、西林县古障茶场实施《广西有机茶(白毫茶)生产技术研究与开发》项目,采用欧共体有机农业标准EEC 2092/91及美国有机农业标准生产。经过三年实施,项目区实施有机茶(白毫茶)基地4720亩,其中凌云县浪伏茶场2710亩、西林县古障茶场2010亩。

1.示范基地经营情况。按基地采摘、加工销售产量统计,项目区2003年茶叶平均亩产42.58kg,比项目实施前三年平均亩产34.01kg,增产8.57kg,增产25.2%,2003年茶叶总产量9.92×10⁴kg。

按基地销售统计,项目区2003年每千克平均价45.25元,比项目实施前三年平均19.4元增加25.85元/kg,增长133%;2004年每公斤平均价54.5元,比项目实施前三年平均19.4元增加35.1元/kg,增长181%。

2004年平均每66.7hm²产值1861.7元,比项目实施前三年平均每66.7hm²产值659.89元,增加1201.8元/66.7hm²,增长182.1%(表7-16、表7-17、表7-18)。

表7-16　凌云县沙里浪伏茶场历年经营基本情况

年度	面积 (66.7hm²)	投产面积 (66.7hm²)	产量(t)	平均产量 (kg/66.7hm²)	产值(万元)	均价(元/kg)
1999	900	280	2.8	10	4.48	16
2000	900	280	4	14.28	8	20
2001	2030	400	5	12.5	10.8	21.6
2002	2710	600	8	13.33	40	50
2003	2710	600	12.7	21.17	83.82	66
2004	2710	600	13.1	21.83	110.04	84

表7-17　西林县古障茶场茶叶经营基本情况表

年度	面积 (66.7hm²)	投产面积 (66.7hm²)	产量(t)	平均产量 (kg/66.7hm²)	产值(万元)	均价(元/kg)
1999	1510	1350	67	49	126	18.8
2000	1510	1350	81.5	60	159.74	19.6
2001	1710	1350	83	61	169.32	20.4
2002	2010	1350	86.15	63	188	22.82
2003	2010	1350	86.5	64	212	24.5
2004	2010	1350	86	63.7	215	25

表7-18　浪伏茶场、古障茶场效益对比

	场名	产量(t)	产值(万元)	均价(元/kg)	注
前三年平均数	浪伏	3.93	7.76	19.20	
	古障	77.17	151.68	19.60	
	合计/平均	81.1	159.44	19.40	
2004年度	浪伏	13.17	110.04	84	
	古障	86.0	215	25	
	合计/平均	99.17	325.05	54.5	
前三年平均数	增加量(%)	18.1	165.61	35.1	
2004年度	增加量(%)	22.3	103.8	181	

2.社会效益和生态效益。

（1）项目的实施提高了项目区广大干部、群众对环境和产品安全问题的认识:项目区广大茶叶生产者增强了有机农业生产意识,广泛普及应用有机农业生产技术,向市场提供了大量的优质有机茶(白毫茶),满足生活水平日益提高的消费者对茶叶产品安全、营养、多样化的需求。

(2)提高农民的收入:农民可以从茶叶生产的成本降低(减少化肥、农药等的购买)和较高的有机茶(白毫茶)产品的价格中得到实惠(表7-19)。

表7-19 浪伏茶场有机茶(白毫茶)生产前后茶农人均收入对比

年份	平均单价(元/kg)	人均产值(元)	比上年增收(元)	比上年增收%
2000	20	960		
2001	21.6	980	20	2%
2002	50	1724	744	76%
2003	66	3612	1888	109.5%
2004	84	4743	1131	31.3%

注:投产600亩,全场职员232人,从事茶叶生产60户。

(3)有利于提高劳动就业率:有机茶(白毫茶)生产是一种劳动集约和技术集约的产业,需要较多的劳动力。两个有机茶(白毫茶)生产基地建立后,园茶农的需求比原来增加,除解决当地剩余劳动力就业外,还吸引了云南、贵州、凤山等外地的近200名劳动力到茶场就业。

(4)可向社会提供优质安全茶叶:消费者可通过市场上的任何一盒有机产品追溯这盒产品的销售者——加工者——鲜叶提供者——茶园地块——生产时间——使用的生产资料情况等有关资料,满足人们日益提高的生活质量需要。

(5)项目的实施,树立起了百色有机茶(白毫茶)品牌:品牌的建立提高了产品市场竞争能力。由于有机茶(白毫茶)生产技术规范推广应用,吸引了其他地区及外省乃至国外商家的注意,特别是北京、上海、广州市、深圳市等高档茶叶消费城市更是对百色茶叶钟爱有加。外贸公司、同行老板、商家前来百色考察、参观、商谈合作意向,广州市政府领导亲自到浪伏有机茶(白毫茶)生产基地实地考察,出资650万元进行移民 200 户，以帮助浪伏茶场因缺乏劳动力造成茶园投产慢的情况，为浪伏有机茶(白毫茶)生产基地解决今后发展的难题。

(6)生态效益显著：本项目的一个突出特点是在项目区内全面推广应用生物有机、生物农药和洁净的灌溉用水，结合采用先进适用的农业防治措施，大大减少了各种农药的使用，减少化学肥料特别是氮肥的使用，减少其对农田及其周围环境的污染，维持了生态平衡，保证了项目区茶叶生产的可持续发展。

(7)促进广西有机农业的发展：有机白毫茶生产项目的实施，走出了一条"生态林—养殖业—有机茶(白毫茶)"种植业、养殖业与加工业有机结合三位一体的生态茶园建设之路，在农学、生态学、环境科学、生产、加工、贮运、销售以及有关的科研等方面，取得了不少的成绩，并为茶农带来较大的经济收入。各级政府、广大茶农和茶叶生产企业，消费者都非常支持该项目的实施。乐业县顾氏茶叶有限公司于 2004 年 5 月申请 1000 亩茶园建立有机茶(白毫茶)生产基地，并于 2004 年 8 月经"北京中绿华夏有机食品认证中心"认证进入"有机茶(白毫茶)生产转换期"，并计划于 2005 年扩展到 4000 亩。凌云县茶叶公司也正在申请"有机茶(白毫茶)生产"6000 亩。到 2004 年底，百色市有机茶(白毫茶)生产面积已达到 1.17 万亩，2005 年百色市将有 1.5 万亩以上茶园申请进入"有机茶(白毫茶)生产"行列。项目实施不仅带动了项目区茶叶生产质量、效益的提高，也为我区茶叶生产向安全优质高效转型起到了很好的示范带动作用。

第二节 有机农业与农业生态环境

在有机农业生产体系中，作物秸秆、畜禽粪肥、豆科作物、绿肥和有机废弃物是土壤肥力的主要来源；作物轮作以及各种物理、生物和生态措施是控制杂草和病虫害的主要手段。

一、有机农业生产的环境保护优势

(一)生产区的环境因素

在有轻度污染的城郊结合处改造环境开发有机食品,使环境条件达到有机食品的生产要求,在有明显水土流失的地区从事有机生产,必须采取极其有效的水土保持措施。

有机农业强调避免农事活动对土壤或作物的污染及生态破坏,要求制定有效的农场生态保护计划,采用植树种草、秸秆覆盖、不同作物间作等方法避免土壤裸露,控制水土流失,防止土壤沙化和盐碱化;要求建立害虫天敌的栖息地和保护带,保护生物多样性。禁止毁林、毁草、开荒发展有机种植。在土壤和水资源的利用上,要求充分考虑资源的可持续利用。

有机农业的耕作方法可以改进土壤的物理结构,增加孔隙度,使土壤吸收和保持雨水的能力增加,防止土壤侵蚀,降低雨水的流失比率,从而减少洪水危险。

因此,有机农业对环境保护的贡献远较仅仅是利用和保护现有的环境条件更大。

二、生产过程的环境因素

1.在种子种苗的选择方面。要求有机作物生产所用的种子和种苗必须来自认证的有机农业生产系统。选择品种时应注意其对病虫害有较强的抵抗力;严禁使用化学物质处理种子;不使用由转基因获得的品种。

2.在水肥管理方面。有机农业生产严禁使用人工合成的化学肥料、污水、污泥和未经堆制的腐败性废弃物。禁止使用硝酸盐、磷酸盐、氯化物等营养物质,以及会导致土壤重金属积累的矿渣和磷矿石。

重视栽培方式,可以建立包括豆科植物在内的作物轮作体系,进行作物的间、套种,采用合理的耕作措施,禁止使用化肥,定量施用有机肥,施肥的目标是培育土壤,增强土壤的肥力,提高土壤自身的活力,从而形成健康的土壤微生态,再通过土壤微生物的作用供给作物养分,提高作物自身的免疫能力,减少病害的发生。

禁止使用合成肥料和农药,代之以堆制腐熟的有机肥料和利用生物多样性,改善了土壤结构和水的渗透。管理良好的有机农业保持养分的能力增强,大大减少了地下水被污染的风险。有机农业能够把碳截留在土壤中,其使用的少耕制、秸秆还田、轮作、间作套种固氮豆科作物等管理方法,可以使更多的碳返回土壤,有助于碳贮存,帮助了减轻温室效应和全球变暖。

倡导使用堆制腐熟的有机肥。有机肥为长效肥,有利于对生产区的土壤进行改造,使其保水保肥能力增强,不仅可以减少灌溉用水,也可以减少硝态氮向土壤下部的淋溶,减少对地下水的污染。同时,减少地表径流,从而减少随地表径流流失的氮、磷等营养物质,减少对地表水体的影响和河流、湖泊的富营养化。

有机水产养殖禁止使用对环境有害的物质,其底泥中又富含有机质,因此封闭的有机养殖水体中的底泥应该作为有机肥源供农业生产使用,从而避免和减少对水环境的污染。

3.有机农业强调生产区内的循环生产。有机农业的投入物料以自己园区的产出为主,将本园区的一切副产品均为己用,既提高了有机物的投入和土壤的肥力,还达到了没有废弃物排放的目的,从而使环境得到保护。

强调以有机肥作为土壤培肥的主要手段,提倡种植业和养殖业之间的协调和平衡,充分、合理地利用有机肥,可以解决农村环境和畜禽粪便的污染。

有机农业既强调保护人类健康,又强调充分利用资源,保护生态环境,因此获得有机认证的农场是禁止随意焚烧秸秆和杂草的。至于农膜等焚烧后会产生有害污染物质的农用材料则更不允许任意焚烧,而要予以回收利用或处置。这样避免了由于焚烧而消耗贵重的有机物、杀害细菌、真菌、原生动物和其他有益的土壤生物及野生生物,保持土壤中的水分,保护土壤结构及其肥力。如果将秸秆和杂草合理加工利用,还会给土壤带来大量腐殖质,从而提高土壤的肥沃度(见图7-1)。

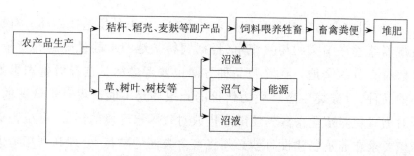

图7-1 秸秆和杂草的合理加工利用

通过采用适当的模式,利用生物防治病虫害。有机农业的病虫草害防治主要就是要保持生产体系及周围环境的基因多样性。采取各种非农药的自然防治法,促使益虫益菌能够与害虫病菌维持在良好的生态平衡状态。例如:轮作、间套种模式,通过合理安排间作套种和轮作倒茬可以均衡利用土壤养分,改善土壤理化性状,调节土壤肥力,通过形成一个良好的以食物链为中心的各组成要素之间建立相生相克关系的生态系统,达到预防病虫草害、减轻杂草危害的目的,从而间接地减少肥料和农药的投入,保护环境。以沼气为核心的种植模式,通过合理配置形成以沼气为能源,以沼液、沼渣为肥源,实现种植业和养殖业相结合的能流、物流的良性循环系统,实现对农业资源的高效利用和生态环境建设等。

4.有机农业强调重视水土保持和生物多样性保护。要求制定有效的农场生态保护计划,采取植树种草、秸秆覆盖、不同作物间作等方法避免土壤裸露,控制水土流失,防止土壤沙化和盐碱化,防止过量或不合理使用水资源等;建立害虫天敌的栖息地和保护带,保护生物多样性。禁止毁林、毁草、开荒发展有机种植。充分利用作物秸秆,禁止焚烧处理。至于农膜等焚烧后会产生有害污染物质的农用材料则更不允许任意焚烧,而要求予以回收利用或处置。在土壤和水资源的利用上,充分考虑资源的可持续利用。包括有机养殖业在内的有机农业的目标之一就是要保护世界的生物多样性,其中包括遗传基因的多样性,因此,提倡选择能适应当地环境条件的作物和动物品种,禁止使用胚胎移植、克隆等对生物的遗传多样性会产生严重影响的人工或辅助性繁殖技术。

5.有机农业对畜禽养殖的要求是不能对生态环境造成破坏。有机畜禽养殖遵守国家的相关规定,根据饲料基地的承载量确定养殖量,并留有充分的余地。在养殖品种方面也要考虑尽量选择对生态影响小的品种,以破坏生态环境为代价的养殖场是不能获得有机认证的。同时为避免养殖业畜禽粪便随意排放对我国水环境的污染,有机畜禽养殖要求在养殖场建设时就必须将畜禽粪便的贮存、处理和利用考虑在内。同时,由于有机养殖场的粪便正是有机农业需要的大量有机肥的极佳原料,将有机畜禽养殖场的粪便加工成供有机农场使用的有机肥既解决了养殖场粪便污染问题,保护了环境,又充分利用了资源,为有机农业提供了有机肥。

(三)产品生命周期的环境因素

有机产品从原料来源、生产、加工、贮藏、运输、销售到使用,甚至废弃物都应符合环境要求,这是有机食品环境优势的最高要求。例如,加工厂的建设必须进行环境影响评价,运转期间必须接受当地环境监测或相关部分的环境监测,并备份有环境影响评价报告和监测报告,废弃物的排放必须达到相应的标准,否则不予认证;有机产品的包装要求简单实用,能尽量体现出有机产品的自然、环保本色,摒弃豪华和过度包装,以减少由于对资源的浪费而造成的对生态环境的间接破坏。由于人类尚未完全了解生物遗传改变对环境和健康的潜在影响,有机农业谨慎小心,鼓励保护环境的生物多样性。在有机粮食生产过程中,不仅禁止使用转基因的种子,同时要求有隔离带,除了防止生产区域外的污染,还要防止基因漂移,加工或搬运阶段,不允许使用遗传改变生物。因此,有机标签的作用不仅是本身品质的证明,同时具有完整性和可追溯性的特质,而且证明在有机产品的生产和加工过程中未有意识地使用遗传改变生物。

由此我们可以看出,有机农业是传统农业与现代科技的结晶,生产中绝对禁止使用化学物质,因此,有机农业生产方式不仅可以解决化肥、农药对土壤的侵蚀和所造成的环境污染,还可以防止有益天敌因化学农药而大量死亡,以及害虫因化学农药而产生抗药性的负面影响,增加生物种群的多样化,维持生态系统的稳定性。同时有机农业还可以减少农产品有毒物质的残留,生产出健康有益的安全产品(食品),还利于保护生态环境,使其土壤形成和改良、保持水土、废物循环利用、碳截留、养分循环利用、保持和建立生物多样性、促进生态系统的生态平衡等生态服务功能大大增强。可以实现农业增效、农民增收,实现农业向优质、高效、安全和可持续方向发展。

我国已经具备开发有机食品的很多有利条件,在我国适度规模地发展有机农业、开发有机食品是切实可行的。要想使有机食品这一特殊的环保产业得到迅速发展,就需要我们转变观念、切实解决有机生产技术难题,还需要政府部门的支持和参与。发展有机食品产业前途光明,任重而道远。

二、废弃物综合利用

农村的生产、生活废弃物,如畜禽粪便、秸秆、加工业的残留物、餐余垃圾等,是当前造成农村环境污染的重要原因之一,但是这些物质大都是一些放错了位置的资源。有机农业生产强调以有机肥作为土壤配肥的主要手段,充分、合理地利用有机肥,可解决畜禽粪便对农村环境的污染;有机农业还提倡利用秸秆还田来保持和增加土壤有机质含量,将禁止焚烧的指令性行为逐步转变成为变废为宝的自觉行为,在进行有机生产时,施用农家肥是对土壤进行改良、为植物提供有机营养物质的重要方式。堆制农家肥时可以使用的原料主要有:①农林副产品。如稻谷类、谷糠、米糠、绿肥、农产品的残渣、落叶、树皮、锯末、木片、腐叶土、野草、废饲料、中药渣子、土炭、褐煤、芝麻饼类和包括其他类似物质;②水产副产品。如鱼粉、鱼渣子、海草渣子、蟹壳,包括海产物和市场上的副产品;③人畜粪尿等动物的粪尿。如人粪尿处理残渣、牛粪尿、猪粪尿、鸡粪、厩肥等其他动物的粪尿;④食物垃圾、食品制造业、流通业等通过各种销售行业所发生的动植物残留物。如屠畜—加工贮藏肉、制酪业、果实和蔬菜、罐头和贮藏加工、动植物油脂类、面包和面条、白糖或饼干、配合饲料、调味料、豆腐或其他;⑤从饮料和烟草制造业所发生的动植物性残留物。如酒精、白酒、人参酒、蒸馏酒、药酒、浊酒、清酒、葡萄酒、啤酒、清凉饮料、烟草制造业等其他动植物性残留物。

由此,可以看出,农产品及其加工中产生的绝大部分的剩余物质均为堆制农家肥的上好原料,经过精心细致的制造,即可生产出低价、高效、优质的农家肥,同时减少废弃物排放,保护农村环境。而优质的农家肥,可以恢复地力、促进植物根系生长发育、预防植物生理病害、促进根系对磷肥的吸收、增强储存养分的能力、增强保水能力、缓冲对土壤的作用、增强土壤温度的调节能力、提高土壤的保肥能力、促进难溶性物质变成可溶性物质、促进微生物的繁殖,从而提高作物的产量和品质。

例如,北京平谷区的光远岩巍有机桃园,为了提供 66.7hm² 桃园的有机肥,他们承包了平谷一家有机鸡场的所有鸡粪和大厂一家有机牛场的 10000m³ 牛粪,不仅满足了部分桃园的有机肥的需要,而且减少了畜禽养殖粪肥的堆积和排放,保护了环境。

米业公司的产品剩余物质稻壳和稻渣的处理是一般米业公司头痛的事情。河北省隆化县发展有机水稻,其米业公司的稻壳用来加工,生产出草木灰和稻醋液,草木灰可以给果园用来补钾,稻醋液可以给果园和养殖场消毒杀菌,具有抗病、防虫、促进植物生长、增加产量等明显效果,是一种非常适用的现代生物有机肥料。

三、种植养殖的物质循环

有机畜禽养殖是有机农业的重要组成部分,离开畜禽的有机农场不是一个完整的有机农场,种养结合、牧草一作物结合、生物多样性和物质循环,才是有机农业的主要特征。

由于有机农业需要使用大量的有机肥,而有机养殖场一般都建在农村地区,因此,有机养殖场的粪便正是有机肥的极佳原料。将有机畜禽养殖场的粪便加工成供有机农场使用的有机肥,既解决了养殖场粪便污染问题,又充分利用了资源,为有机农业提供了有机肥。

有机畜禽养殖要求根据饲料基地的承载量确定养殖量,并留有充分的余地。在养殖品种方面也要求尽量选择对生态影响小的品种。养殖所用饲料和饲料添加剂要求必须符合有机标准,并且最好使用自己单位的饲料,提倡以牧草—作物的轮作,强调饲喂畜禽的牧草应尽量自给,必须要有自己的饲料生产基地,或在本地区有合约的饲料生产基地。也就是说,如果一个有机养殖场想饲养一定量的畜禽,就必须有与之相适应的饲料生产基地,才能保证有机养殖饲料供应和生态环境之间的平衡。在种养结合的农场,用秸秆充当饲料,使其过腹还田,既发展了养殖业,又综合利用了农田废弃物,充分体现了经济与环保的有机结合。例如,在果园和茶园发展有机畜牧业和养殖业,利用禽畜粪还田,或在果园和茶园中直接养羊、养鸡等,协调生态环境,达到林、牧生态效应的良性循环,促进有机水果和有机茶生产。

四、农业生态系统的良性循环

有机农业生态系统是一个吸收自然生态系统的稳定、持续和相对封闭物质循环的精华,又融合了农业生态系统的经济和发展目标的综合生态系统,是一个遵从自然生态系统的结构和功能的环境、作物和人类需求相协调的系统。这一系统在保护和增殖自然资源,保护与改造建设环境的同时,向系统输入与自然环境相容的物质,通过多样化的种植,逐步建立稳定的生态系统,逐步减少人工物质的投入,以自然力的自我调控为主,通过外部调控、内部协调提高系统的生产力。充分利用系统内部的有机物和矿物质,在维持系统输入输出平衡的前提下,略有节余,系统持续稳定发展。其目的是谋求经济、生态、社会效益的统一和增长。例如,发展复合种植模式,即借助接口技术或资源利用在时空上的互补性所形成的两个或两个以上产业或组分的复合生产模式,挖掘农林不同产业之间的相互促进、协调发展的能力。

有机农业生态系统形成良性的物质循环。有机农业生态系统的组成包括生物组分和环境组分。生物组分包括生产者、消费者和分解还原者三大部分;环境组分包括阳光、空气、无机物质、有机物质和气候因素。如北方"四位一体"的生态模式,在这种模式中,利用沼气、太阳能等可再生能源,以土地资源为基础,保护地栽培(如大棚蔬菜),日光温室养猪等,将种植业和养殖业相结合,通过能流、物流的传递和转换,在全封闭的状态下,使沼气池、猪禽舍、厕所和日光温室等形成一个良性的循环系统,既可以节电、节煤,同时减少畜禽养殖排放的 CO_2,又使得农村庭院面貌整齐、清洁、卫生,完全改变了"人无厕所猪无圈,房前屋后多粪便,烧火做饭满屋烟,杂草垃圾堆满院"的旧面貌。

在该系统内,通过各种有机生产技术和措施,调节物质循环朝着健康、合理的方向发展。因此要因地制宜,合理投入。即外界的投入,包括水、肥等要根据生产的要求,达到供需平衡,防止盲目施用、开采和排放;保护水资源、植被资源和土壤肥力的稳定性,实现生态系统的持续稳定;充分发挥微生物在分解有机废弃物,净化废水、废物、垃圾和粪便中的作用;建立良好的物质的再循环、再生和再利用。

有机农业生态系统就是要发挥农业生态系统内的自然调节机制,建立平衡的生态系统。有机农业生产体系中,通过建立多样化的种植模式和多种作物,从生态系统中的绿色植物入手,人工种植或保留有益植物,建立多样化的生态子系统;通过套种、间种,建立镶嵌式环境,为天敌的生存创造良好的环境,从而遏制害虫的繁衍;增加生物多样性,建立复杂的食物链,从而形成稳定的生态系统;通过增加土壤有机质,提高微生物的数量,从而促进污染物的自然消解,达到零污染;倡导经济与生态的有机结合,以保护和改善生态环境为前提,以经济效益为指标,两者相辅相成,达到生态环境的保护和经济的发展的"双赢"。例如,稻田养蟹,稻蟹共生,蟹能清除稻田杂草,吃掉部分害虫,促进水稻生长,减少农药的使用,排泄物可肥田,促进水稻生长,减少肥料施用,而稻田又为河蟹生长提供丰富的天然饵料和良好的栖息环境,促进河蟹生长,形成良性循环系统。

五、应用实例

(一)北京蟹岛绿色生态度假村

北京蟹岛绿色生态度假村位于首都机场辅路朝阳区金盏乡,占地3000余亩,其中,90%左右的土地用于有机农业生产,10%左右的土地用于发展旅游业。几年前这里曾是荒地,遍布着被废弃的机场导航系统。蟹岛按照完全本土化的思维方式做企业,用中国农民精耕细作的方式充分地利用土地上的每一寸资源,形成一个集种植、养殖、旅游、休闲度假、农业观光于一体的环保型农业产业链。

蟹岛建立的是资源多级循环利用模式和种养结合加工增值模式。资源多级循环模式中,人畜粪便、庄稼秸秆等在沼气池中经过高温发酵,产生沼气、沼液和沼渣。沼气通过管道,一部分供应度假区餐厅作为燃料,一部分转化为电能作为污水处理厂曝气动力。沼液和沼渣则输入温室大棚作为作物肥源,其所富含的有机质、维生素及钙、锌、铁等微量元素得到了充分的利用,既变废为宝、节约原料,又保护了生态环境,为生产有机食品提供了充足的肥源。沼渣、沼液则作为有机肥料施用于农田、菜地,不仅肥效突出更具有杀虫、杀菌作用,大大减少了作物生理病害的发生。

种养结合加工增值模式则是首先在种植业子系统中,作物通过光合作用将物质和能量转化为如水稻、小麦、玉米、大豆、绿肥等有机农产品。其中种植业主要分为两大部分:一是大田种植区;二是温室大棚种植区;其中大田种植区总占地面积为1100亩,品种主要有水稻、玉米、小麦、大豆等;温室蔬菜种植面积为300亩,有果菜类、叶菜类等蔬菜近百个品种;其他还有花卉苗圃、观光农业数百亩,有各种花草、灌木、乔木以及各种作物。近2000亩的种植面积每年可产粮食、蔬菜等450万 kg 以上,这些农产品大部分被农业生态子系统内部职工消费和输出到旅游生态子系统被游客消费。还有相当一部分,约35万 kg 农产品和副产品(粮食加工的麸皮等)以及数百吨的干物质(农作物秸秆等)作为饲料输送到养殖场和鱼塘。采用种养结合模式,解决了农业废弃物的处理问题,同时为养殖业提供了充足的饲料来源,极大地降低了养殖成本,一般饲养猪每长一斤肉需要成本为3.57元,而园区内每头猪每长一斤肉需要成本为1.85元。养殖场饲养鸡、鸭、驴、羊、猪等,每年节约成本117万元。

更值得一提的是蟹岛的稻蟹混养模式,根据生态学原理,把稻和蟹互相促进的物种组合在一个系统内,使物质之间形成互惠互利关系,既可以增加粮食的产量,又有利于蟹的生长,达到共同增产,实现良性循环的目的。稻田养蟹,稻蟹二者存在着共生互利的关系。水稻可为蟹遮阴,稻田的杂草、浮萍、病虫以及昆虫是蟹的优质饵料;而螃蟹能疏松土壤,具有除草、灭虫、保肥、造肥、中耕的作用,促进水稻的生长发育、达到水稻增产的效果,使每亩收益由原来的1100元提高到3600元。水稻收割后,把稻草制作成蔬菜大棚冬季保温防寒的草帘被,而生产出来的大米供给饭店食用,稻壳、稻糠用于加工酿酒,酒糟则用于喂猪,猪供给饭店用,猪的粪便通过沼气池发酵返还至稻田,形成了一个完整的生态链条。

2001年,蟹岛又将翁旗海金山的18万亩地有机农业规模的载体。在这里也形成了种养结合模式,即种植业为养殖业提供充足的精饲料和粗饲料,养殖业除向市场提供产品,还为种植业提供充足的有机肥料,形成完整的能量循环系统,采用"公司+大户"的联合模式,统一技术管理,形成完善的有机食品原料基地,形成中国农产品品牌——蟹岛牌,建立完善的循环经济体系。

蟹岛由于采取了一系列的生态模式,实现了经济与生态的协调统一,不仅取得了良好的经济效益,而且也取得了环境效益。沼气替代了液化气减少了CO_2排放量。燃烧170立方米沼气可比燃烧同样热值的液化气减少CO_2的排放量达到80~90t/年;其次,利用粪便等废弃物做沼肥,可以杀死粪便中的病原菌、寄生虫,防止了粪便恶臭对环境的影响和对人畜健康的危害,美化了环境,也保护了人畜健康;再次,使用沼肥代替化肥能够改善土壤结构、使土壤团粒增多,提高土壤的保水、保肥能力,既保证了基地的有机肥料的来源,也避免了因使用化学肥料而降低了土壤的质量。另外,沼液可作为有效的生物防治剂,对"禾谷镰刀菌"有很强的杀抑作用,对蚜虫、红蜘蛛等有很好的防治效果,可以替代农药的使用,防止农药带来的污染,提高农产品的安全程度,使产品达到有机农产品的标准。蟹岛水资源利用效率非常高,万元GDP耗水量仅为同期北京平均水平的63.6%。农业亩均灌溉用水仅为北京亩均灌溉用水量的53.3%。利用中水进行灌溉,不但节约了大量地下水资源,保护了环境,同时节省了电力的消耗。通过污水处理,实现了水资源再生利用,减少了地下水的开采量。污水通过污水处理厂以及氧化塘处理后达到了农田用水标准,可以将其用于农业和林业。按照蟹岛农业和林业需水量,处理后的水(中水)基本上可以满足需要。因而可以减少地下水的开采量,有效保护了北京市地下水资源。

(二)北京大兴留民营

留民营村位于首都北京东南郊大兴区长子营镇境内,距市区仅有25公里,全村占地面积146hm²,现有农户242户,人口861人。留民营村是联合国环境规划署正式承认的中国生态农业第一村。

留民营村建立的是以沼气为核心的种养结合生产模式。即打破单一的生产结构,以种植业为基础,大力发展畜牧养殖,二者相互依存、互相促进。这个生态农业系统,以沼气为中心,将农、林、牧、副、渔都串联了起来,物质的循环由少到多,能量的利用也更加充分。

在这种模式中,秸秆粉碎加工成牲畜的饲料,饲料问题解决了,畜牧业就发展起来,六畜兴旺提供了源源不绝的有机肥,这样就大大减少了化肥的使用量,不仅降低了农业成本,还改良了土壤。

种植业和畜牧业生产中的废物用来生产沼气,不但为庄稼提供了新的肥源,而且还解决了生活能源问题。把牲畜的粪便和秸秆投入沼气池,在微生物的分解作用下产生沼气,沼气的应用不仅节约了大量烧柴和秸秆,而且既卫生又方便,还可用来发电。沼气渣经过了发酵分解,肥效比一般的肥料高很多,沼气渣上地,地肥苗壮;沼气水浇菜,菜长得又快又好。此外,沼渣沼水还能抗病虫害,农药的使用也大大降低。沼气渣又可以投入鱼塘养鱼,能够促使微生物大量繁殖,为鱼群提供了丰富的饵料,鱼的粪便又变成了塘泥,鱼塘的塘泥又可以回到种植业,成为庄稼和果树的有机养料。如此循环往复、相辅相成,农林牧副渔全获丰收。

除了全村的大循环,还实现了一家一户的小循环。每家都建了一个小型的沼气池,蔬菜叶用来喂鸡,鸡粪喂猪,猪粪又用来发酵产生沼气,沼气渣又用来肥地种菜。栽了将近6万棵树,林木覆盖率现在达到了30%。虫害防治则主要依靠灭虫灯、防虫网、天敌昆虫、黄板和沼水等生物治理方法。

(三)日本宫崎县菱镇循环型农业

日本宫崎县菱镇1988年7月该镇首次发起并通过了"发展自然农业条例"。镇政府规定禁止使用农药、化肥和其他所有的非有机肥料，从而有效地阻断了有毒物质向粮食传播的途径，保证了农业发展的安全性和长期性。菱镇所有的有机农产品在销售前都要根据"发展自然农业条例"来划分等级，在给每一种农产品定出等级前，管理委员会的委员们要亲自去视察农产品和产出农产品的农田。除此之外，菱镇还对厨房垃圾进行统一收集和处理，厨房垃圾通常被收集后制成有机肥。镇民花100日元可以买10kg有机肥，或者交付1t有机肥可得到3000日元。日本菱镇以有机农业生产为主的资源循环型农业生产模式，该模式通过将小规模下水道污泥、家禽粪便以及企业的有机废物作为原料进行前处理后投入到甲烷气体发酵设备，产生的甲烷气体用于发电，剩余的半固体废渣进行固液分离后，固态成分进行堆肥和干燥，液态成分处理后再次利用或者排放，排放的废物已基本对环境无害，实现了废物的高度资源化和无害化。18年来，发展以有机农业为主的资源循环型农业使菱镇的生态环境大大改善。

第三节 有机农业与农产品质量

一、提高农产品营养品质

试验表明以有机生产方式(如堆肥)种植的蔬菜，其有益成分的含量远远高于用化肥种植出来的蔬菜(见表7-20)。

表7-20　有机蔬菜与常规蔬菜营养成分的差异比较

		蛋白质(g)	胡萝卜素(μg)	维生素C(mg)	钾(mg)	钠(mg)	钙(mg)	镁(mg)	铁(mg)	锰(mg)	锌(mg)	铜(mg)
白萝卜	相对差值(%)	+7.78	—	+7.62	+73.99	-19.09	+141.67	+43.75	+60.00	+11.11	+0.00	—
心里美	相对差值(%)	+40.00	+188.00	+58.26	+140.52	-61.36	-60.29	+61.76	+64.00	+25.00	+23.53	
白菜	相对差值(%)	-24.29	-30.38	-10.36	+94.44	-81.20	+8.57	+10.00	+33.33	+37.50	+67.21	
大葱	相对差值(%)	+34.12	+71.67	+33.53	+5.556	-52.08	+65.52	+0.00	-37.14	+25.00	+32.50	+37.50
韭菜	相对差值(%)	+0.83	+17.73	+92.08	+115.38	-72.84	+128.57	+32.00	+62.50	-30.23	+30.23	+25.00
番茄	相对差值(%)	-17.78	-6.18	+53.16	+44.79	+160.00	+50.00	+55.56	+25.00	+25.00	+23.08	+66.67
黄瓜	相对差值(%)	-3.75	+151.11	-31.33	+68.63	-59.18	-20.00	-6.67	+60.00	+66.70	+10.00	-40.00

说明：+为有机蔬菜高于常规蔬菜；-为有机蔬菜低于常规蔬菜。

二、保证食品安全

食品的安全程度取决于不同的生产方式和生产标准。目前，在市场上，按照不同标准生产的食品有无公害、绿色食品和有机食品，因其生产过程采取的标准不同和生产方式的不同，食品的安全程度也不同。从食品的安全程度讲，有机食品的安全程度最高，其次是绿色食品和无公害食品。

影响食品安全程度的因素包括农药（兽药）残留、硝酸盐、重金属和致病菌等，农药（兽药）的残留是影响食品安全的最重要因素。

"有机"标志并不是健康声明，是生产、加工的声明。它的核心是在有机农场里减少化学合成品的投入。通过研究安全、品质、生产体系之间的关系,证明了有机方法生产的食品有农药残留量和动物药剂残留量明显低于常规产品,而且硝酸盐含量也很低。用有机方法饲养的牲畜,也降低了由动物引起的食品的污染。

在化学物方面,有机农业与传统农业不同,因为它控制使用人工合成的农业投入物。如人工杀虫剂、除草剂、肥料、杀真菌剂、兽药(如抗生素、生长激素)、人工防腐剂、添加剂和辐射物质。因此,在最大程度上预防了人工合成投入物残留所造成的潜在危险性。形成了有机食品健康的基础。

(一)有机农产品农药残留显著降低

通过对有机产品的杀虫剂残留量调查研究,证明了有机食品上的杀虫剂残留量减少了,但不能确保完全无杀虫剂。

有机认证明确指出了在有机生产前,该土地必须无化学投放2~3年。然而,由于以前土地使用而可能出现的杀虫剂残留现象意味着微量的杀虫剂或其他污染物可能偶尔会在获得认证的有机食品上出现。当所有其他的证明所需的条件都得到满足,这种现象并不妨碍该食品被认为是有机食品。有机产品上出现的低水平的杀虫剂残留问题可以用从常规管理的田块中漂移来的化学喷雾来解释。但是有机产品上的残留要明显低于常规食品。并且这些残留量严格控制在政府所制定的正确的法规规则所允许的范围内。

在有机管理中,生物控制是害虫治理中最优先选择的控制方法。但有机生产者不是不能使用所有的杀剂,从天然物中提取的杀虫剂是可以使用的。天然杀虫剂必须处于安全性的评估管理之下,用在有机操作中的天然杀虫剂通常都受到认证系统的限制。在有机食品标准中明确了可以用来控制植物病虫害的物质清单。

(二)有机农产品硝酸盐残留明显降低

硝酸盐也能削弱血液的携氧能力,并且有可能产生变性血红素的风险。研究结果表明,硝酸盐的出现是因为速溶性矿物源肥料的使用,有机农业禁止使用速溶性肥料,因此,有机蔬菜中的硝酸盐含量低,有机生产的作物,尤其是食叶、根和块茎的作物的硝酸盐含量明显低于常规生产的产品的含量。除了耕作系统外水中硝酸盐含量也是很重要的,所以,鼓励农民向有机产品转换,提高水资源的质量,也是减少硝酸盐的重要举措。

(三)有机畜禽产品的兽药和污染物残留显著降低

根据有机农业标准,有机系统中的动物健康管理禁止使用对症疗法的人工化学合成的药物产品作为预防性措施。有机生产系统中的动物健康管理应该主要基于预防。通过一些措施,比如对于饲料和饲料添加剂的正确选择,建立一个平衡的高质量的饮食和一个良好的环境。大众健康关心激素和抗生素促使消费者转向消费有机的动物产品。在美国,这种需求是以年增长率35%的速度增长的。在欧盟的几个国家中,有机牛奶的需求市场是巨大的,而且这种需求是急剧增长的。在丹麦,目前有机牛奶占全部奶产品的20%左右,政府的目标是提高有机牛奶的消费量,使之在5年内达到全国牛奶市场的50%,在10年内全部消费有机牛奶。现在丹麦国内学校供应的牛奶全是有机产品。

动物饲料中的残留物,比如杀虫剂残留、农业和工业化学品、重金属和放射性核物质,会增加动物的食物原料的危险性,因此,在有机农业标准中,用有机生产的饲料饲养的牲畜才是有机生产的牲畜,有机牲畜中的杀虫剂残留比传统畜牧方式生产的牲畜的农业化学物残留大大减少了。

(四)有机农产品的微生物污染减少

1.天然肥料污染减少。动物肥料和其他有机废料是有机农业中主要使用的肥料,使用天然肥料可能会引起污染问题,因此,有机农业对肥料的种类和操作方式都进行了明确的规定。

没有处理或没有正确处理过的粪便和生物体废料作为肥料或是土壤营养成分后,无论在有机或无机农业中,都将导致产品污染或水源污染。动物和人类排泄物中含有许多人类的病原微生物寄生虫及卵。正确处理过的粪便和生物体废料是高效和安全的肥料。种植者应该遵从规范的农业生产措施，处理好这些天然肥料，使微生物污染危害减少到最低程度。最近的研究报告表明，在堆肥条件下，病原微生物能存活大概60天。

2.大肠杆菌污染减少。美国疾病控制中心证明了人类传染病E类大肠杆菌的主要来源是屠宰过程中被污染的肉类。康奈尔大学经过研究已经证明了有毒的E类大肠杆菌病原物，如E.coli O157：H7，是在主要以淀粉类谷物为食的牛的消化道中繁殖的。以干草为食的奶牛粪便中发现的E.coli不到以谷物为主食的动物粪便中E.coli的1%。有机耕作的一个最重要的目标是保证营养循环封闭，反刍动物像牛和绵羊饲用高比例的青草、青贮饲料和干草的饲料来喂养。这样可以减少E.coli传染病的潜在风险。

3.霉菌毒素减少。霉菌毒素是一些在合适的环境下能生长在特定的食品产品上的特定的霉菌所产生的有毒的副产物。黄曲霉素是这些复合物中最毒的物质，吸收很少的剂量后，在一段时间后，可能产生肝癌。因为有机生产中不允许使用杀真菌剂，霉菌毒素就构成了一个主要的健康危害。在有机生产中制定了严格的生产、加工和贮藏标准，使霉菌生长和毒素污染的风险达到最小。Woess研究发现有机牛奶中的黄曲霉素M1的含量比常规牛奶中的低。因为有机喂养的家畜主要以含有较大比例的干草、青草和青贮饲料的饲料为食。因此，它减少了因食入被毒素污染了的饲料而产生被毒素污染的牛奶的机会。

参考文献

[1]毕璋友,檀根甲,李萍.植物病害防治技术[M].合肥:合肥工业大学出版社,2013.

[2]曹志平.有机农业[M].北京:化学工业出版社,2010.

[3]杜相革,董民.有机农业导论[M].北京:中国农业大学出版社,2006.

[4]高振宁,赵克强,肖兴基,等.有机农业与有机食品[M].北京:中国环境科学出版社,2009.

[5]韩南荣.二十一世纪的有机农业[M].北京:中国农业大学出版社,2006.

[6]索全义,李跃进.土壤培肥与施肥实用技术[M].呼和浩特:内蒙古人民出版社,2010.

[7]王就光.蔬菜病虫害防治及杂草防除[M].北京:农业出版社,1990.

[8]徐明岗,卢昌艾,李菊梅,等.农田土壤培肥[M].北京:科学出版社,2009.

[9]邹国元.有机农业种植技术[M].北京:中国农业出版社,2006.

[10]邹勇.有机农业种植技术探究[M].咸阳:西北农林科技大学出版社,2018.